1+X证书制度试点培训用书 · **Python程序开发**

中慧云启

# Python

## 程序开发

## （高级）

中慧云启科技集团有限公司｜主编

人民邮电出版社

北　京

**图书在版编目（CIP）数据**

Python程序开发：高级 / 中慧云启科技集团有限公司主编. -- 北京：人民邮电出版社，2022.3
1+X证书制度试点培训用书
ISBN 978-7-115-58355-0

Ⅰ．①P… Ⅱ．①中… Ⅲ．①软件工具－程序设计－教材 Ⅳ．①TP311.561

中国版本图书馆CIP数据核字(2021)第264064号

## 内 容 提 要

本书以《Python 程序开发职业技能等级标准》为编写依据，内容主要由数据收集与清洗、数据可视化与数据分析、人工智能应用 3 个部分组成，涵盖了 NumPy、pandas、数据处理、数据可视化、机器学习、深度学习和推荐系统等相关知识。

本书以模块化的结构组织各个章节，以任务驱动的方式安排内容，以培养学生能力为目的，充分体现了"做中学，学中做"的思想。本书可用于 1+X 证书制度试点工作中的 Python 程序开发职业技能培训，也可以作为期望从事 Python 程序开发人员的自学参考用书。

◆ 主　　编　中慧云启科技集团有限公司
　　责任编辑　王海月
　　责任印制　马振武

◆ 人民邮电出版社出版发行　　北京市丰台区成寿寺路 11 号
　　邮编 100164　电子邮件 315@ptpress.com.cn
　　网址 https://www.ptpress.com.cn
　　三河市君旺印务有限公司印刷

◆ 开本：787×1092　1/16
　　印张：16　　　　　　　　　2022 年 3 月第 1 版
　　字数：387 千字　　　　　　2022 年 3 月河北第 1 次印刷

定价：69.80 元

读者服务热线：(010)81055493　印装质量热线：(010)81055316
反盗版热线：(010)81055315
广告经营许可证：京东市监广登字 20170147 号

# 编辑委员会

为深入贯彻《国家职业教育改革实施方案》和全面落实教育部等四部门在院校开展"学历证书"+"若干职业技能等级证书"制度试点工作要求，应对新一轮科技革命和产业变革的挑战，促进人才培养供给和产业需求全方位的融合，促进教育链、人才链与产业链、创新链有机衔接，推进人力资源供给侧结构性改革，深化产教融合、校企合作、项目育人的"德技并重、理实一体"人才培养模式。依据教育部《职业技能等级标准开发指南（试行）》中的相关要求，在遵循有关技术规程的基础上，以专业技能为核心，中慧云启科技集团有限公司组织企业工程师、高职和本科院校的学术带头人共同撰写了《Python 程序开发职业技能等级标准》。本书以《Python 程序开发职业技能等级标准》中的职业素养和岗位技能为重点目标，以专业技能为模块，以工作任务为驱动进行编写，帮助读者掌握 Python 程序开发的专业知识和技能。

Python 是当今流行的面向对象编程语言之一，在网络爬虫、科学计算、数据处理、数据分析和人工智能等诸多领域得到了广泛的运用。Python 是一种解释型、动态数据类型的高级程序设计语言，其语法简洁、功能强大、易学易用、代码可读性强，其编程模式非常符合人类的思维方式和习惯，具有很高的效率。Python 是一种跨平台的计算机程序设计语言，支持命令式编程、函数式编程，完全支持面向对象设计，拥有大量功能强大的内置对象、标准库和扩展库，使各领域的科研人员、策划人员甚至管理人员能够快速实现和验证自己的思路与创意。随着版本的不断更新和新功能的增加，Python 越来越多地被用于独立的大型项目开发。

本书在知识体系架构和章节结构上进行了精心的编排，在确保知识体系完整的情况下，增强了实用性和趣味性。本书使用了丰富的案例，通过以成果为导向的学习模式，读者能够在项目实操中学习，在实践中充分掌握 Python 编程技术。

本书将 Python 程序设计相关知识分为 3 篇（数据收集与清洗、数据可视化与数据分析、人工智能应用），共 8 章，具体介绍如下。

第一篇为数据收集与清洗（第 1 章~第 3 章），主要介绍 Python 中的 NumPy、pandas 及数据处理。第 1 章介绍 NumPy，包括 ndarray 对象的创建、索引、切片、基本运算等常用操作，NumPy 通用函数等。第 2 章介绍 pandas，包括 pandas 的核心数据类型 Series 和 DataFrame 的基本操作、pandas 读写数据及数据索引、排序和排名等。第 3 章是利用 pandas 对数据进行各个维度的分析处理，包括数据清洗、数据计算、数据分组、数据转置与数据位移、数据合并等。

第二篇为数据可视化与数据分析（第 4 章~第 5 章），主要介绍 Python 数据可视化技术及常用数据分析方法。第 4 章介绍数据可视化，包括可视化库 Matplotlib 和 Seaborn 的安装、使用，以及常用图表绘制 API 和实例。第 5 章介绍数据分析，涵盖列表分析、协方差分析、直方图分析和对比分析等数据分析方法。

　　第三篇为人工智能应用（第6章~第8章），主要介绍人工智能领域中的主流技术及经典算法。第6章介绍机器学习，内容包括认识机器学习，认识及安装 Scikit-Learn，常用的回归、分类、聚类模型等。第 7 章介绍深度学习，包括神经网络的原理、神经网络结构、深度学习框架 Keras 的使用及基于卷积神经网络实现图像分类。第8章介绍推荐系统，包括协同过滤算法的原理及推荐系统的构建，并基于用户相似度实现电影推荐系统。

　　本书配备了丰富的教学资源，包括教学 PPT、源代码、习题答案，读者可通过访问链接（ https://exl.ptpress.cn:8442/ex/b/58ae8693 ），或扫描下方二维码免费获取相关资源。

　　本书虽经编写团队的老师多次讨论、修改和完善，但仍可能存在一些问题，敬请广大读者批评指正，我们将会在不断修正及迭代中逐步完善。衷心希望本书能为您的教学、培训等工作提供参考。

编者

2021 年 5 月

# 目 录

## 第一篇 数据收集与清洗

# 第二篇 数据可视化与数据分析

# 第三篇　人工智能应用

# 第一篇
# 数据收集与清洗

# 01

# 第1章
# NumPy

## 本章导学

NumPy 是 Python 语言的一个科学计算库，底层基于 C 语言实现，它弥补了 Python 语言本身数值计算能力较弱的缺陷。NumPy 中的一切操作都基于多维数组对象（ndarray），我们可以通过多种方法快速创建一个 NumPy 数组。NumPy 支持矢量化的数学运算，运算规则和标量运算有所不同，它在运算时一般使用 C 语言对循环进行处理，这使得代码更加简洁，可以大大提高其运算效率。NumPy 提供了较多的通用函数，通过这些函数可以求最值、求和、排序、获取特征值的下标、求方差和标准差等。NumPy 支持矩阵运算，它为矩阵运算提供了大量的函数库，如矩阵乘法、矩阵求逆等，并在科学计算领域有着广泛的应用。NumPy 还提供了大量字符串处理函数，以便对字符串进行追加、变换、替换等操作。

## 学习目标

（1）了解 NumPy 的特点，掌握其安装方法。
（2）掌握 NumPy 数组的创建、索引和切片操作方法。
（3）掌握 NumPy 数组的基本数学运算方法。
（4）掌握常见的 NumPy 通用函数。
（5）掌握 NumPy 矩阵运算。
（6）掌握 NumPy 字符串处理方法。

## 1.1 介绍和安装开发环境

### 1.1.1 Python 开发环境介绍

Anaconda 可以便捷获取包并对包进行管理，同时统一管理环境。Anaconda 包含了 Conda、Python 等超过 180 个科学包及其依赖项。

Anaconda 具有开源、安装过程简单、性能好、能够使用 Python 和 R 语言，以及免费的社区支持等特点。Anaconda 可以安装在 Windows、MacOS、Linux（x86/Power8）等计算机操作系统中。Anaconda 安装文件大小约为 500MB，所需空间约为 3GB。

### 1.1.2　安装 Anaconda3

（1）在 Anaconda 官方网站下载 Anaconda3，Anaconda3 下载界面如图 1-1 所示，根据计算机操作系统类型，选择需要下载的软件版本即可。

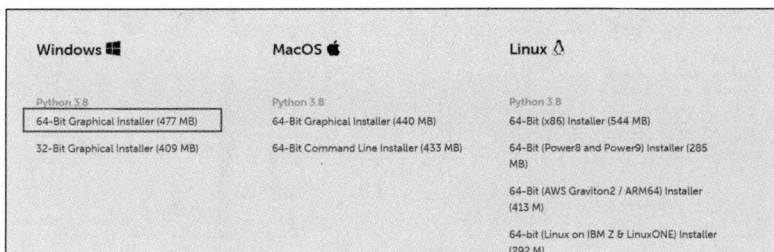

图 1-1　Anaconda3 下载界面

（2）双击下载的程序文件，例如"Anaconda3-5.2.0-Windows-x86_64.exe"，单击"Next"按钮，显示 Anaconda3 安装许可协议对话框，如图 1-2 所示。

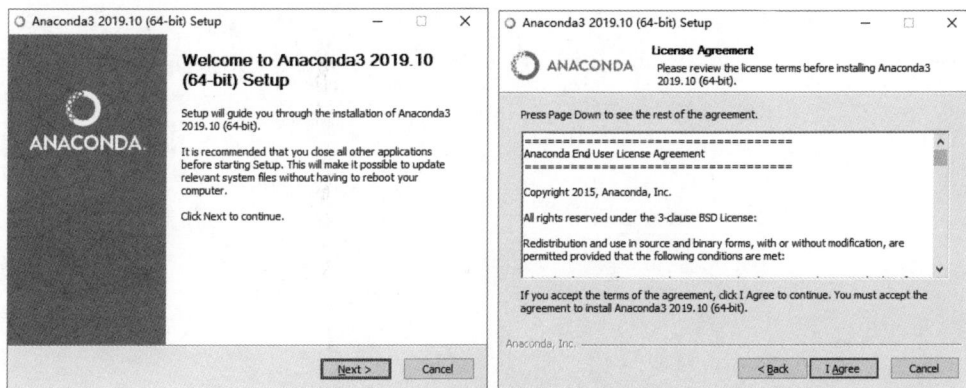

图 1-2　Anaconda3 安装许可协议对话框

（3）在图 1-2 中，单击"I Agree"按钮，显示 Anaconda3 选择安装类型对话框，如图 1-3 所示。

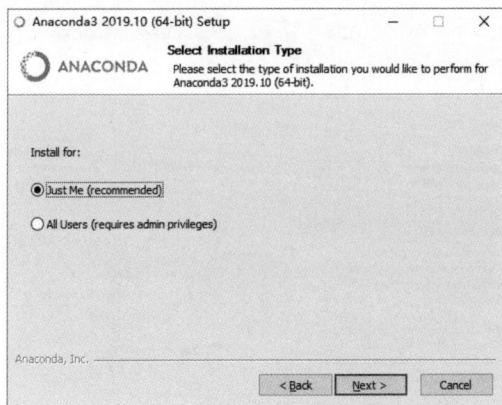

图 1-3　Anaconda3 选择安装类型对话框

（4）在图 1-3 中，选择"All Users(requires admin privileges)"选项，单击"Next"按钮，

显示 Anaconda3 安装路径对话框，如图 1-4 所示。

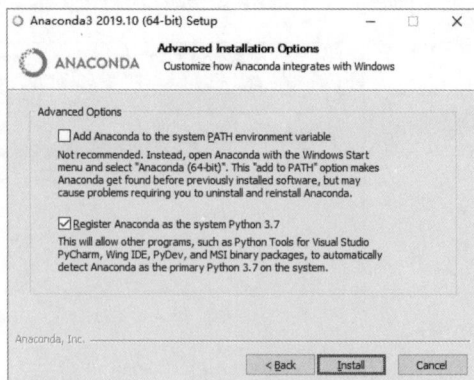

（5）在图 1-4 中，选择 Anaconda3 的安装路径，单击"Next"按钮，显示 Anaconda3 高级安装选项对话框，如图 1-5 所示。

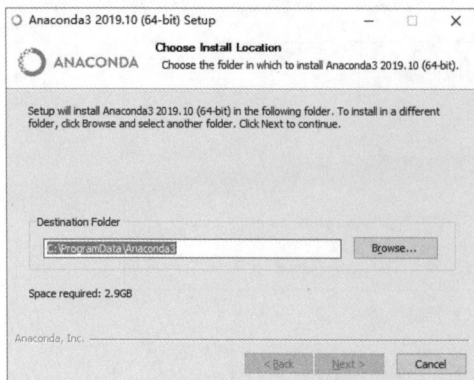

图 1-4　Anaconda3 安装路径对话框　　　　图 1-5　Anaconda3 高级安装选项对话框

（6）在图 1-5 中，勾选两个复选框：第一个是添加 Anaconda3 的环境变量，第二个是 Anaconda3 默认使用 Python 3.7，单击"Install"按钮，显示 Anaconda3 安装进度对话框，如图 1-6 所示。

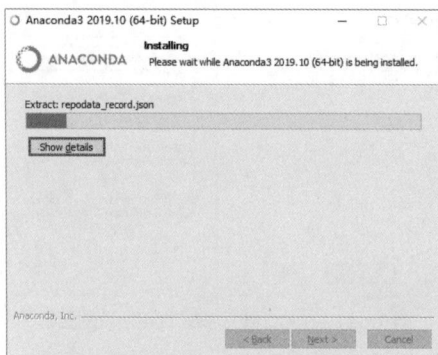

图 1-6　Anaconda3 安装进度对话框

（7）在图 1-6 中，单击"Show details"按钮，可以查看安装细节，单击"Next"按钮，显示 Anaconda3 安装完提示信息对话框，如图 1-7 所示。

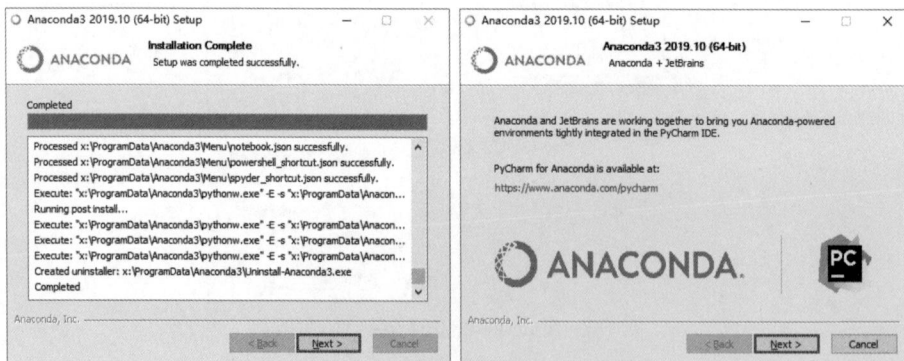

图 1-7　Anaconda3 安装完提示信息对话框

（8）在图 1-7 中，单击 "Next" 按钮，显示 Anaconda3 安装结束对话框，如图 1-8 所示。

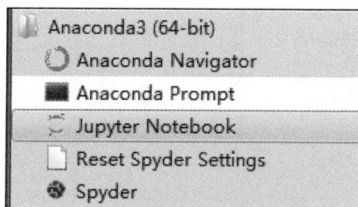

（9）在图 1-8 中有两个选项，提示打开 Anaconda 主页和 Anaconda 云平台页面，选中两个选项，然后单击 "Finish" 按钮，就会打开对应的两个网页。

（10）Anaconda3 安装完成后，可在 "开始" 菜单中找到 Anaconda3 文件夹，查看文件夹包含的内容，如图 1-9 所示。

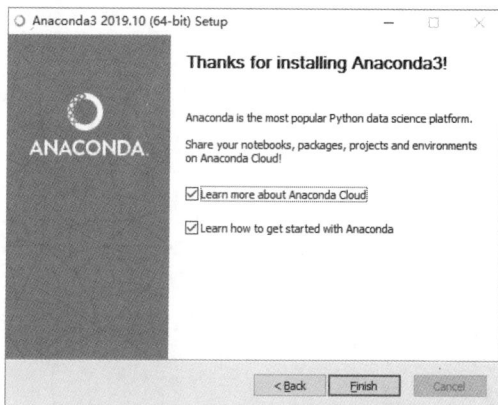

图 1-8　Anaconda3 安装结束对话框　　　　图 1-9　Anaconda3 文件夹

（11）单击 "Jupyter Notebook" 即可启动 Jupyter Notebook，Jupyter Notebook 窗口页面如图 1-10 所示。

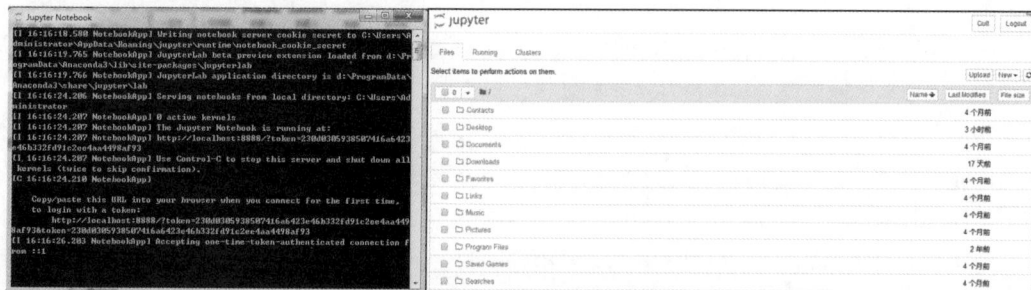

图 1-10　Jupyter Notebook 窗口页面

## 1.1.3　Jupyter 编辑平台

Jupyter Notebook 是基于网页的用于交互计算的应用程序，支持运行几十种编程语言。Jupyter Notebook 的本质是一个 Web 应用程序，便于创建和共享流程化程序文档，支持实时代码、数学方程、数据可视化和 Markdown 语法。Jupyter Notebook 的主要特点如下。

（1）具有语法高亮、缩进、Tab 补全的功能。

（2）可直接通过浏览器运行代码，同时在代码块下方展示运行结果。

（3）以富媒体格式展示计算结果。富媒体格式包括 HTML、LaTeX、PNG、SVG 等。

（4）编写说明文档或程序语句时，支持 Markdown 语法。

Jupyter Notebook 的快捷键如下。

编辑模式下的 Jupyter Notebook 快捷键如表 1-1 所示。

表 1-1　　　　　　　　　　　　　编辑模式下的 Jupyter Notebook 快捷键

| 快捷键 | 功能 | 快捷键 | 功能 |
|---|---|---|---|
| Tab | 代码补全/缩进 | Ctrl+ → | 光标右移一个词 |
| Shift+Tab | 工具提示/反缩进 | Ctrl+Backspace | 删除前一个词 |
| Ctrl+[ | 缩进 | Ctrl+Delete | 删除后一个词 |
| Ctrl+] | 反缩进 | Ctrl+M/Esc | 进入命令模式 |
| Ctrl+A | 全选 | Ctrl+Shift+P | 打开命令选择板 |
| Ctrl+Z | 撤销 | Shift+Enter | 运行当前代码块并选中下一代码块 |
| Ctrl+Y/Ctrl+Shift+Z | 重复 | Ctrl+Enter | 运行当前代码块 |
| Ctrl+Home | 移动光标到代码块开头 | Alt+Enter | 运行当前代码块并在下方插入新代码块 |
| Ctrl+End | 移动光标到代码块结尾 | Ctrl+Shift+ – | 按光标位置分割当前代码块 |
| Ctrl+ ← | 光标左移一个词 | Ctrl+S | 保存并设置检查点 |

## 1.2　安装 NumPy

　　NumPy（Numerical Python）诞生于 2005 年，是一个开源的 Python 科学计算库，是数据分析和科学计算领域中的必备扩展库之一，提供了多维数组对象、各种派生对象（如掩码数组和矩阵），以及用于数组快速操作的各种API，包括数学、逻辑、形状操作、排序、选择、输入/输出、离散傅里叶变换、基本线性代数、基本统计运算和随机模拟等。

　　NumPy 不是 Python 的标准库，所以必须在使用之前进行安装。如果是在 Anaconda 开发环境下，那么 NumPy 已经集成到 Anaconda 环境中，不需要再进行安装，使用时只需用 import 语句将其导入即可；如果是在官方的 Python 开发环境下，则需要安装 NumPy。在命令提示符下输入命令：pip install numpy 后，按<Enter>键，等待 NumPy 安装，当界面出现"Successfully installed numpy-1.20.3"信息时，表示 NumPy 安装成功，如图 1-11 所示。

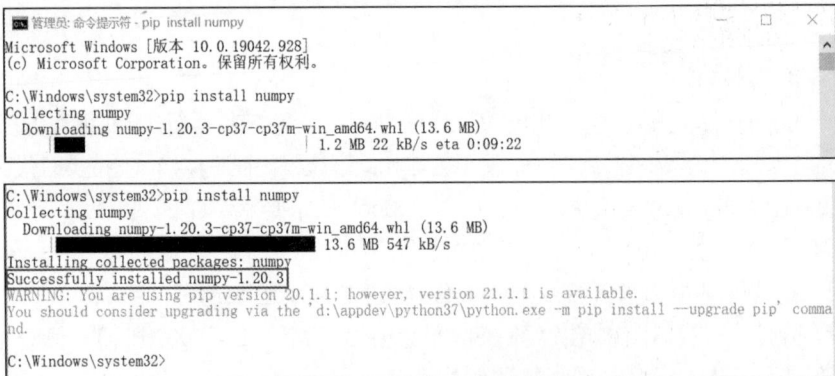

图 1-11　NumPy 安装成功界面

NumPy 安装完成后，可以测试 NumPy 是否安装成功。在图 1-11 中的提示符状态下输入：python 后按<Enter>键，进入 Python 的交互式环境，然后输入语句：import numpy，按<Enter>键后，若出现图 1-12 所示的界面，则表明 NumPy 安装成功。

```
C:\Windows\system32>python
Python 3.7.9 (tags/v3.7.9:13c94747c7, Aug 17 2020, 18:58:18) [MSC v.1900 64 bit (AMD64)] on win32
Type "help", "copyright", "credits" or "license" for more information.
>>>
```

```
C:\Windows\system32>python
Python 3.7.9 (tags/v3.7.9:13c94747c7, Aug 17 2020, 18:58:18) [MSC v.1900 64 bit (AMD64)] on win32
Type "help", "copyright", "credits" or "license" for more information.
>>> import numpy
>>>
```

图 1-12　导入 NumPy 成功界面

## 1.3　NumPy 数组

### 1.3.1　NumPy ndarray 对象

NumPy 最重要的一个特点就是基于多维数组对象，即 ndarray 对象，该对象具有矢量算术运算能力和复杂的广播能力，可以执行一些科学计算。ndarray 对象的常用属性如表 1-2 所示。

表 1-2　　　　　　　　　　　　　　　　ndarray 对象的常用属性

| 属性 | 说明 |
| --- | --- |
| ndim | 数组的维度，如一维、二维、三维等 |
| shape | 数组的形状，如一个 2 行 3 列的数组，它的 shape 属性为（2，3） |
| size | 数组元素的总个数，等于 shape 属性中的数组元素乘积，如 3 行 4 列的数组元素总个数为 12 |
| dtype | 数组中元素类型的对象 |
| itemsize | 数组中元素的字节大小，如元素类型为 int32 的数组有 4（32/8）个字节 |

【案例 1-1】ndarray 对象的常用属性。

```
import numpy as np  # 导入 NumPy 库
# arange()函数用于生成一系列等差数字元素的数组，差值默认为 1
# reshape()函数用于重建数组的行数、列数和维度
n1 = np.arange(6).reshape(2,3)
print(n1)
```

🔊说明

在本书后面的讲解中，np 代表导入 NumPy 库后，为 NumPy 库取的别名。

运行结果为：

```
array([[0, 1, 2],
       [3, 4, 5]])
```

```
n1.ndim  # 数组的维度为 2，表示数组是一个二维数组
```

运行结果为：2

n1.shape　# 数组的形状为（2，3），表示数组是一个2行3列的数组

运行结果为：(2, 3)

n1.size　# 数组元素的总个数，表示数组中共有6个元素

运行结果为：6

n1.dtype　# 数组元素的类型为dtype('int32')，表示数组中的元素类型都是int32，要想获取数据类型的名称，
　　　　　# 可通过访问name属性获取，如numpy1.dtype.name

运行结果为：dtype('int32')

n1.itemsize　# 数组元素的字节大小为4，表示数组中每个元素的大小都是4字节

运行结果为：4

### 1.3.2 创建 NumPy 数组的常用函数

创建 NumPy 数组的方式有多种，如表1-3所示。

表 1-3　　　　　　　　　　　　　创建 NumPy 数组的常用函数

| 函数 | 说明 |
| --- | --- |
| array() | 用于将输入数据（列表、元组等）转换为ndarray |
| arange() | 类似于 Python 内置的range()函数，区别在于arange()函数主要用来创建数组，而非列表 |
| linspace() | 创建在指定范围内的等差数列数组 |
| empty() | 根据给定的维度和数值类型返回一个新的数组，其元素为随机浮点数 |
| zeros() | 创建指定长度或形状的全0数组 |
| ones() | 创建指定长度或形状的全1数组 |
| eye() | 创建指定行和列的对角矩阵，对角线元素为1，其他元素为0 |
| diag() | 创建 $N \times N$ 的对角矩阵，对角线元素为0或指定值，其他元素为0 |
| full() | 根据指定的长度或形状创建数组，数组元素为指定的值 |

#### 1. array()函数

array()函数用于将输入数据（列表、元组等）转换为ndarray。

语法格式如下。

numpy.array(object,dtype,ndmin)

参数说明如下。

（1）object：表示数组或嵌套的数列。

（2）dtype：表示数组元素的数据类型，可选项。如果未给出 dtype，则通过其他输入参数推断数据类型。

（3）ndmin：表示指定生成数组的最小维度。

【案例1-2】使用array()函数创建数组。

n2 = np.array([10,20,30,40])　# 向array()函数传入列表类型元素，创建一维数组
n2

运行结果为：

array([10, 20, 30, 40])

```
n3 = np.array([[10,20],[30,40]])  # 向 array()函数传入列表类型元素，创建二维数组
n3
```

运行结果为：

```
array([[10, 20],
       [30, 40]])
```

```
n4 = np.array((50,60,70,80))  # 向 array()函数传入元组类型元素，创建一维数组
n4
```

运行结果为：

```
array([50, 60, 70, 80])
```

```
n5 = np.array((50,60,70,80),ndmin=2,dtype='float64')  # 指定创建二维数组，类型为 float64
n5
```

运行结果为：

```
array([[50., 60., 70., 80.]])
```

📢说明

在创建数组时，NumPy 会为新建的数组选择合适的数据类型，并保存在 dtype 中，当序列中有整数和浮点数时，创建的数组类型为浮点型数据类型。

### 2. arange()函数

arange()函数用于创建一个有起点和终点（不包含）的固定步长的数列数组。

语法格式如下。

```
numpy.arange(start,stop,step,dtype)
```

参数说明如下。

（1）start：起始值，为可选项，默认起始值为 0。

（2）stop：结束值，但不包含该数字。

（3）step：步长，为数字，可选项，默认步长为 1，如果指定了 step，则必须给出 start。

（4）dtype：表示输出数组元素的数据类型，为可选项。如果未给出 dtype，则从其他输入参数推断数据类型。

【案例 1-3】使用 arange()函数创建数组。

```
n6 = np.arange(1,10,2)  # 创建一个从 1 到 10 等差为 2 的一维数组
n6
```

运行结果为：

```
array([1, 3, 5, 7, 9])
```

### 3. linspace()函数

linspace()函数用于创建指定范围内的指定元素个数的等差数列数组。

语法格式如下。

```
numpy.linspace(start,stop,num,endpoint,retstep,dtype)
```

参数说明如下。

（1）start：指定生成等差数列的起始值。

（2）stop：指定生成等差数列的结束值，如果 endpoint 的取值为 True，则数列包含该值。

（3）num：指定生成等差数列的元素个数，可选项，默认值为50。

（4）endpoint：指定生成等差数列是否包含 stop 值，可选项。如果 endpoint 的取值为 True，表示包含 stop 值；如果 endpoint 的取值为 False，表示不包含 stop 值，如果未给出 endpoint，则默认为 True。

（5）retstep：指定是否显示产生等差数列的间隔值，可选项。如果 retstep 设置为 True，表示显示间隔值；如果 retstep 设置为 False，表示不显示间隔值，如果未给出 retstep，则默认为 False。

（6）dtype：表示数组元素的数据类型，可选项。如果未给出 dtype，则默认为浮点型数据类型。

【案例 1-4】使用 linspace() 函数创建数组。

```
n7 = np.linspace(1, 7, 7)
n7
```

运行结果为：

```
array([1., 2., 3., 4., 5., 6., 7.])
n8 = np.linspace(1, 5, 10, endpoint=False, retstep=True)
n8
```

运行结果为：

```
(array([1. , 1.4, 1.8, 2.2, 2.6, 3. , 3.4, 3.8, 4.2, 4.6]), 0.4)
```

### 4. empty()函数

empty() 函数用于创建指定维度和数值类型的数组，其元素不进行初始化，产生的元素值为随机浮点数。

语法格式如下。

```
numpy.empty(shape,dtype)
```

参数说明如下。

（1）shape：指定创建数组的维度，该参数的取值为整数或者整数组成的元组，例如（3，3）。

（2）dtype：指定数组元素的数据类型，可选项，如果未给出 dtype，则默认为浮点型数据类型。

【案例 1-5】使用 empty() 函数创建数组。

```
n9 = np.empty([3, 3])
n9
```

运行结果为：

```
array([[0.00000000e+000, 0.00000000e+000, 0.00000000e+000],
       [0.00000000e+000, 0.00000000e+000, 5.43472210e-321],
       [0.00000000e+000, 0.00000000e+000, 9.85840985e-312]])
```

### 5. zeros()函数

zeros() 函数用于创建根据给定的形状和类型用 0 填充的数组。

语法格式如下。

```
numpy.zeros(shape,dtype)
```

参数说明如下。

（1）shape：指定创建数组的形状，该参数的取值为整数或者整数组成的元组，例如（2，2）或者 2。

（2）dtype：指定数组元素的数据类型，可选项，如果未给出 dtype，则默认为浮点型数据类型。

【案例 1-6】使用 zeros() 函数创建数组。

```
n10 = np.zeros([2, 2])
n10
```

运行结果为：

```
array([[0., 0.],
       [0., 0.]])
```

### 6. ones() 函数

ones() 函数用于创建根据给定的形状和类型用 1 填充的数组。

语法格式如下。

```
numpy.ones(shape,dtype)
```

参数说明如下。

（1）shape：指定创建数组的形状，该参数的取值为整数或者整数组成的元组，例如（2，4）。

（2）dtype：指定数组元素的数据类型，可选项，如果未给出 dtype，则默认为浮点型数据类型。

【案例 1-7】使用 ones() 函数创建数组。

```
n11 = np.ones([2, 4])
n11
```

运行结果为：

```
array([[1., 1., 1., 1.],
       [1., 1., 1., 1.]])
```

# 1.4　数组的索引与切片

## 1.4.1　数组的索引

索引是一种利用下标访问数组中元素的技术。

### 1. 一维数组的索引

一维数组的索引相对简单，就像列表和其他 Python 序列类型一样。

语法格式如下。

```
数组[下标]
```

【案例 1-8】一维数组的索引。

下标的值大于等于 0 时，为正向索引。正向索引的下标从 0 开始，代表数组中的首个元素，往后依次加 1，最后一个元素的下标为（数组长度-1）。

```
s = np.array([1, 2, 3, 4, 5])
s[0]
```

运行结果为：1

下标的值小于 0 时，为反向索引。反向索引的下标从-1 开始，代表数组中的最后一个元素，往前依次减 1，首个元素的下标为（-数组长度）。

```
s = np.array([1, 2, 3, 4, 5])
s[-1]
```

运行结果为：5

如果索引的值超出了数组的长度范围，则会引发 IndexError。

```
s = np.array([1, 2, 3, 4, 5])
s[5]
```

运行结果为：

- - - - - - - - - - - - - - - - - - - - - - - - - - - - - - -

IndexError                       Traceback (most recent call last)
    <ipython-input-45-b5dece75d686> in <module>
    - - > 1 s[5]
    IndexError: index 5 is out of bounds for axis 0 with size 5

### 2. 多维数组的索引

多维数组的每个维度都有一个索引，这些索引以逗号隔开，每个维度的索引规则和一维数组一致。

语法格式如下。

```
数组[…,页号，行号，列号]
```

（1）二维数组。

【案例1-9】二维数组的索引。

```
s = np.arange(9).reshape(3, 3)
s
```

运行结果为：

```
array([[0, 1, 2],
       [3, 4, 5],
       [6, 7, 8]])
```

```
s[1, 1]   # 第1行第1列
```

运行结果为：4

```
s[-1, -1]   # 最后1行最后1列
```

运行结果为：8

（2）三维数组。

【案例1-10】三维数组的索引。

```
s = np.arange(24).reshape(2, 3, 4)
s
```

运行结果为：

```
array([[[ 0,  1,  2,  3],
        [ 4,  5,  6,  7],
        [ 8,  9, 10, 11]],
       [[12, 13, 14, 15],
        [16, 17, 18, 19],
        [20, 21, 22, 23]]])
```

三维数组的 3 个维度被称为页、行、列，就类似一本书，每一页具有相同的行数，每一行又具有相同的列数，如图 1-13 所示。

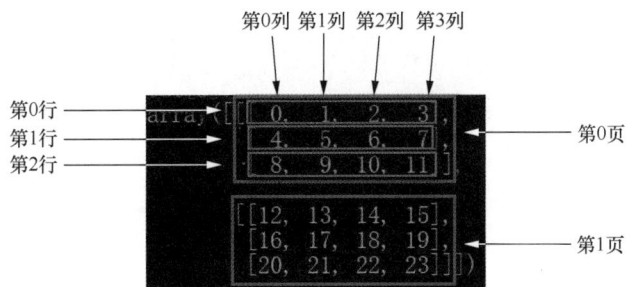

图 1-13　三维数组的维度示意

```
s[0, 1, 2]  # 第 0 页第 1 行第 2 列
```
运行结果为：6

```
s[0, 1]  # 第 0 页第 1 行，列缺失，则代表取所有的列
```
运行结果为：array([4, 5, 6, 7])

> 说明
>
> 当提供的索引少于维度数时，缺失的维度被认为是取该维度所有的数据。

### 3. 布尔索引

布尔索引也被称为掩码，是将使用布尔型的数组当作一个数组的索引，它可以从原数组中筛选出我们所需要的数据。

语法格式如下。

```
数组[布尔型数组]
```

【案例 1-11】布尔索引。

（1）布尔型数组和原数组形状相同。

```
s = np.arange(9).reshape(3, 3)
s
```
运行结果为：
```
array([[0, 1, 2],
       [3, 4, 5],
       [6, 7, 8]])
```

```
b = s > 4  # 通过比较运算符得到一个布尔型数组
b
```
运行结果为：
```
array([[False, False, False],
       [False, False,  True],
       [ True,  True,  True]])
```

```
s[b]  # 获取位置为 True 的数据的值
```
运行结果为：array([5, 6, 7, 8])

（2）布尔型数组为一维数组。

此方式针对原数组的第一个维度，给出一个和该维度长度相同的一维布尔型数组，从而实现筛选数组中数据的功能。

```
b1 = np.array([True, False, True]) # (0 行，1 行，2 行)
s[b1]    # b1 为要筛选行的数据，其长度必须和 s 数组行数保持一致
```

运行结果为：

```
array([[0, 1, 2],
       [6, 7, 8]])
```

### 4. 花式索引

花式索引是使用整型数组（也可以是 Python 中的列表）作为索引，它可以根据整型数组从原数组中取值，索引的整型数组可以是一维数组，也可以是多维数组。

语法格式如下。

```
数组[整型数组]
```

（1）索引数组是一个一维数组。

此时可以根据索引数组中的每一个值去索引原数组中相应的数据，再将索引到的数据作为一维数组的元素拼接起来，此时索引的是原数组中第一个维度的数据，如三维数组索引页、二维数组索引行等。

【案例 1-12】花式索引。

```
s = np.arange(12).reshape(4, 3)
s[[1, 2]]    # 取第 1 行和第 2 行
```

运行结果为：

```
array([[3, 4, 5],
       [6, 7, 8]])
```

```
s = np.arange(24).reshape(4, 3, 2)
s
```

运行结果为：

```
array([[[ 0,  1], [ 2,  3], [ 4,  5]],
       [[ 6,  7], [ 8,  9], [10, 11]],
       [[12, 13], [14, 15], [16, 17]],
       [[18, 19], [20, 21], [22, 23]]])
```

```
s[[0, 1]]    # 取第 0 页和第 1 页
```

运行结果为：

```
array([[[ 0, 1],   [2, 3], [4, 5]],
       [[ 6, 7],   [8, 9], [10, 11]]])
```

（2）索引数组是一个多维数组。

分别将多维数组中的每个元素当作索引去索引原数组中相应的数据，再将索引到的数据按索引数组的形状拼接起来。

```
b = np.array([[0, 2], [1, 2]])
s[b]
```

运行结果为：

```
array([[[[ 0,  1], [2,  3], [4,  5]],   # s[0]
```

```
        [[12, 13], [14, 15], [16, 17]]],   # s[2]
        [[[ 6,   7], [ 8,   9], [10, 11]],   # s[1]
         [[12, 13], [14, 15], [16, 17]]]])   # s[2]
```

（3）索引数组是多个数组。

每个数组的维度必须一致，传入的索引数组分别对应原数组的不同维度。

```
b1 = np.array([[1, 2], [0, 1]])
s[b, b1]   # b 数组对应 s 数组中的页，b1 数组对应 s 数组中的行
```

运行结果为：

```
array([[[ 2,   3],    # 第 0（来自 b 数组）页第 1（来自 b1 数组）行
        [16, 17]],    # 第 2（来自 b 数组）页第 2（来自 b1 数组）行
        [[ 6,   7],    # 第 1（来自 b 数组）页第 0（来自 b1 数组）行
        [14, 15]]])   # 第 2（来自 b 数组）页第 1（来自 b1 数组）行
```

### 1.4.2　数组的切片

切片是一种利用下标从数组中截取部分元素的技术。

#### 1.　一维数组的切片

一维数组的切片规则和 Python 中的列表或者其他序列的切片规则一致。根据设定起始索引、终止索引和步长从数组中截取部分数组元素，可以分为正向切片和反向切片。

语法格式如下。

数组[(起始索引 b)：(终止索引 e)(：(步长 s))]

注："()"里的内容可以省略。

语法说明如下。

（1）起始索引是切片开始切下的位置，0 代表第一个元素，−1 代表最后一个元素。

（2）终止索引是切片结束的位置（但不包含终止索引）。

（3）步长是切片每次获取当前索引后移动的方向和偏移量。

对切片的步长的说明如下。

（1）默认步长，此时步长为 1，相当于取值完成后向后移动一个索引的位置。

（2）当步长为正整数时，取正向切片，起始索引的默认值为 0，终止索引的默认值为 len(s)。

（3）当步长为负整数时，取反向切片，起始索引的默认值为−1，终止索引的默认值为 len(s)+1。

【案例 1-13】一维数组的切片。

```
s = np.arange(1, 10)
s
```

运行结果为：array([1, 2, 3, 4, 5, 6, 7, 8, 9])

```
s[1:7:1]
```

运行结果为：array([2, 3, 4, 5, 6, 7])

```
s[1:6]#  此时为默认步长，相当于步长为 1
```

运行结果为：array([2, 3, 4, 5, 6])

```
s[:8:2]  # 步长为 2，默认起始值，相当于起始值为 0
```

运行结果为：array([1, 3, 5, 7])

s[1::3]  # 步长为3，默认终止值，相当于终止值为9（数组长度）

运行结果为：array([2, 5, 8])

s[:]  # 默认步长，即步长为1，默认起始值，相当于起始值为0，默认终止值，相当于终止值为9

运行结果为：array([1, 2, 3, 4, 5, 6, 7, 8, 9])

s[-4:-1]  # 步长为-1，反向切片，默认起始值，相当于起始值为-1

运行结果为：array([9, 8, 7])

s[-7::-1]  # 步长为-1，反向切片，默认终止值，相当于终止值为-10[-（数组长度+1）]

运行结果为：array([3, 2, 1])

### 2. 多维数组的切片

多维数组每个维度均可用切片技术予以处理，每个维度的切片规则与一维数组的切片规则相同，且可以和索引配合来使用。

语法格式如下。

数组[起始位置：终止位置：位置步长，…]

【案例1-14】多维数组的切片。

```
s = np.arange(24).reshape(2, 3, 4)
s
```

运行结果为：

array([[[ 0,  1,  2,  3], [ 4,  5,  6,  7], [ 8,  9, 10, 11]],
    [[12, 13, 14, 15], [16, 17, 18, 19], [20, 21, 22, 23]]])

s[:, 0, 0]  # 页全切，第0行，第0列

运行结果为：array([ 0, 12])

s[0, :, :]  # 第0页，行和列全切

运行结果为：

array([[ 0,  1,  2,  3],
    [ 4,  5,  6,  7],
    [ 8,  9, 10, 11]])

s[0, ...]  # 效果同上，当连续的维度全切时，可以用"..."代替

运行结果为：

array([[ 0,  1,  2,  3],
    [ 4,  5,  6,  7],
    [ 8,  9, 10, 11]])

s[0, 1, ::2]  # 第0页，第1行，列正向切片，步长为2

运行结果为：array([4, 6])

s[:, ::-1, ::-1]  # 页全切，行和列反向切片，步长为1

运行结果为：

array([[[11, 10,  9,  8],
    [ 7,  6,  5,  4],
    [ 3,  2,  1,  0]],
    [[23, 22, 21, 20],
    [19, 18, 17, 16],
    [15, 14, 13, 12]]])

```
s[-1, 1, 2:]  # 最后 1 页，第 1 行，列从下标 2 开始切到末尾
```
运行结果为：array([18, 19])

## 1.5　基本数学运算

数组可与单个标量进行加、减、乘、除等运算，也可以与数组进行运算。当数组与单个标量进行运算时，数组中的每个元素都会与该标量进行运算。如果是数组与数组进行运算，运算规则为数组对应位置的元素分别进行运算。进行加、减、乘、除等运算操作即将对应位置的元素进行加、减、乘、除运算。若进行运算的数组中的元素类型不同，在进行加、减、乘、除等运算时，结果将自动向精度高的类型转换，如整型数据和浮点型数据进行运算时，得到的结果为浮点型数据。

### 1.5.1　数组与标量的运算

【案例 1-15】数组与标量的运算。

```
s = np.arange(10, 101, 10)
s
```
运行结果为：

array([ 10,  20,  30,  40,  50,  60,  70,  80,  90, 100])

```
s + 10  # 加
```
运行结果为：

array([ 20,  30,  40,  50,  60,  70,  80,  90, 100, 110])

```
s - 5  # 减
```
运行结果为：

array([ 5, 15, 25, 35, 45, 55, 65, 75, 85, 95])

```
s * 2  # 乘
```
运行结果为：

array([ 20,  40,  60,  80, 100, 120, 140, 160, 180, 200])

```
s / 2  # 除
```
运行结果为：

array([ 5., 10., 15., 20., 25., 30., 35., 40., 45., 50.])

```
s // 3  # 向下取整
```
运行结果为：

array([ 3,  6, 10, 13, 16, 20, 23, 26, 30, 33], dtype=int32)

```
s % 3  # 求余
```
运行结果为：

array([1, 2, 0, 1, 2, 0, 1, 2, 0, 1], dtype=int32)

```
s ** 2  # 幂运算
```
运行结果为：

array([  100,   400,   900,  1600,  2500,  3600,  4900,  6400,  8100, 10000], dtype=int32)

### 1.5.2  数组与数组的运算

【案例 1-16】数组与数组的运算。

```
s1 = np.arange(1, 10)
```

```
s1
```
运行结果为：
```
array([1, 2, 3, 4, 5, 6, 7, 8, 9])
s2 = np.arange(11, 20)
s2
```
运行结果为：
```
array([11, 12, 13, 14, 15, 16, 17, 18, 19])
s1 + s2  # 数组相加，对应位置的数组元素相加
```
运行结果为：
```
array([12, 14, 16, 18, 20, 22, 24, 26, 28])
s1 - s2  # 数组相减，对应位置的数据元素相减
```
运行结果为：
```
array([-10, -10, -10, -10, -10, -10, -10, -10, -10])
s1 * s2  # 数组相乘，对应位置的数组元素相乘
```
运行结果为：
```
array([ 11,  24,  39,  56,  75,  96, 119, 144, 171])
s1 / s2  # 数组相除，对应位置的数据元素相除
```
运行结果为：
```
array([0.09090909, 0.16666667, 0.23076923, 0.28571429, 0.33333333,
       0.375, 0.41176471, 0.44444444, 0.47368421])
s2 // s1  # 数组对数组向下取整
```
运行结果为：array([11,  6,  4,  3,  3,  2,  2,  2,  2], dtype=int32)

## 1.6  NumPy 通用函数

NumPy 提供了大家熟悉的数学函数，这些数学函数被称为"通用函数"（universal function，ufunc），在 NumPy 中，这些函数在数组上按每个元素进行运算，产生一个数组作为输出。NumPy 中的通用函数主要有 mean()函数、average()函数、sum()函数、min()函数、max()函数、argmax()函数、maximum()函数、minimum()函数、median()函数、var()函数、std()函数、sort()函数、loadtxt()函数等。

### 1.6.1  mean()函数

mean()函数用于计算一个数组中元素的算术平均值，语法格式如下。

```
numpy.mean(a, axis=None)
```
参数说明如下。

（1）a：NumPy 数组。

（2）axis：计算的轴向，默认情况下会计算传入数组的所有元素的平均值。可通过该参数指定要计算平均值的轴向，例如，对二维数组，0 表示求每列的平均值，1 表示求每行的平均值。

【案例 1-17】mean()函数的用法。

```
s = np.arange(1, 10).reshape(3, 3)
s
```

运行结果为：

```
array([[1, 2, 3],
       [4, 5, 6],
       [7, 8, 9]])
```

```
np.mean(s)  # 求数组中所有元素（9个）的平均值
```

运行结果为：5.0

```
np.mean(s, axis=0)  # 求每列的平均值
```

运行结果为：array([4., 5., 6.])

### 1.6.2　average()函数

average()函数用于求一个数组中元素的加权平均值。

语法格式如下。

```
numpy.average(a, axis=None, weights=None)
```

参数说明如下。

（1）a：NumPy 数组。

（2）axis：计算的轴向，默认情况下会计算传入数组所有元素的加权平均值。可通过该参数指定要计算加权平均值的轴向，例如，对二维数组，0 表示求每列的加权平均值，1 表示求每行的加权平均值。

（3）weights：权重，默认情况下会为要计算加权平均值的数组元素分配相等的权重。可通过该参数为参与计算的数组元素分配权重。

【案例 1-18】average()函数的用法。

```
s = np.arange(1, 13).reshape(3, 4)
s
```

运行结果为：

```
array([[ 1,  2,  3,  4],
       [ 5,  6,  7,  8],
       [ 9, 10, 11, 12]])
```

```
np.average(s)  # 没有传入 axis，表示求数组所有元素的加权平均值，没有传入 weights，表示为所有数组元素
               # 分配相等的权重，相当于求所有元素的算数平均值
```

运行结果为：6.5

```
np.average(s, axis=0, weights=[10, 100, 50])  # 求每一列的加权平均值，权重数组的元素个数必须和每一列
                                              # 的元素数量一致
```

第一列的加权平均值的算法为：（1×10+5×100+9×50）/160=6。

运行结果为：array([6., 7., 8., 9.])

```
np.average(s, axis=1, weights=[5, 20, 50, 150])  # 求每一行的加权平均值，权重数组的元素个数必须和每
                                                 # 一行的元素数量一致
```

运行结果为：array([ 3.53333333, 7.53333333, 11.53333333])

### 1.6.3  sum()函数

sum()函数用于求一个数组中元素的和，语法格式如下。

```
numpy.sum(a, axis=None)
```

参数说明如下。

（1）a：NumPy 数组。

（2）axis：计算的轴向，默认情况下会计算传入数组所有元素的和。可通过该参数指定要计算和的轴向，例如，对二维数组，0 表示求每列的和，1 表示求每行的和。

【案例 1-19】sum()函数的用法。

```
s = np.arange(1, 10).reshape(3, 3)
s
```

运行结果为：

```
array([[1, 2, 3],
       [4, 5, 6],
       [7, 8, 9]])
```

```
np.sum(s)  # 求数组所有元素的和
```

运行结果为：45

```
np.sum(s, axis=1)  # 求每行元素的和
```

运行结果为：array([ 6, 15, 24])

### 1.6.4  min()函数

min()函数用于求一个数组中元素的最小值，语法格式如下。

```
numpy.min(a, axis=None)
```

参数说明如下。

（1）a：NumPy 数组。

（2）axis：计算的轴向，默认情况下会计算传入数组所有元素的最小值。可通过该参数指定要计算最小值的轴向，例如，对二维数组，0 表示求每列的最小值，1 表示求每行的最小值。

【案例 1-20】min()函数的用法。

```
s = np.arange(10, 100, 10).reshape(3, 3)
s
```

运行结果为：

```
array([[10, 20, 30],
       [40, 50, 60],
       [70, 80, 90]])
```

```
np.min(s, axis=0)  # 求每列元素的最小值
```

运行结果为：array([10, 20, 30])

### 1.6.5  max()函数

max()函数用于求一个数组中元素的最大值，语法格式如下。

```
numpy.max(a, axis=None)
```

参数说明如下。

（1）a：NumPy 数组。

（2）axis：计算的轴向，默认情况下会计算传入数组所有元素的最大值。可通过该参数指定要计算最大值的轴向，例如，对二维数组，0 表示求每列的最大值，1 表示求每行的最大值。

【案例 1-21】max() 函数的用法。

```
s = np.arange(10, 100, 10).reshape(3, 3)
s
```

运行结果为：

```
array([[10, 20, 30],
       [40, 50, 60],
       [70, 80, 90]])
```

```
np.max(s, axis=0)   # 求每列元素的最大值
```

运行结果为：array([70, 80, 90])

### 1.6.6　argmax() 函数

argmax() 函数用于求一个数组中元素的最大值的下标，当数组中有多个最大值时，则获取第一个最大值的下标。

语法格式如下。

```
numpy.argmax(a, axis=None)
```

参数说明如下。

（1）a：NumPy 数组。

（2）axis：计算的轴向，默认情况下会对传入的数组做扁平化处理，以获取最大值的下标。可通过该参数指定要计算最大值下标的轴向，例如，对二维数组，0 表示求每列最大值的下标，1 表示求每行最大值的下标。

【案例 1-22】argmax() 函数的用法。

```
s = np.array([[3, 1, 2],[1, 2, 3], [5, 4, 1]])
s
```

运行结果为：

```
array([[3, 1, 2],
       [1, 2, 3],
       [5, 4, 1]])
```

```
np.argmax(s, axis=0)   # 求每列最大值的下标
```

运行结果为：array([2, 2, 1], dtype=int64)

### 1.6.7　maximum()/minimum() 函数

maximum()/minimum() 函数用于将两个同维数组中对应元素中的最大/最小元素构成一个新的数组。

语法格式如下。

```
numpy.maximum(x1, x2)
```

参数说明如下。

（1）x1：NumPy 数组。

（2）x2：NumPy 数组，维度必须和 x1 相同。

【案例 1-23】maximum()/minimum() 函数的用法。

```
a = np.random.randint(10, 100, 4).reshape(2, 2)
a
```
运行结果为：
```
array([[15, 39],
       [18, 97]])
```
```
b = np.random.randint(10, 100, 4).reshape(2, 2)
b
```
运行结果为：
```
array([[78, 21],
       [11, 87]])
```
```
np.maximum(a, b)
```
运行结果为：
```
array([[78, 39],
       [18, 97]])
```
```
np.minimum(a, b)
```
运行结果为：
```
array([[15, 21],
       [11, 87]])
```

### 1.6.8 median()函数

median() 函数用于求一个数组中元素的中位数。中位数即将数组中的元素由小到大排列后，在中间位置的元素。数组 s（已排序）的中位数的计算公式如下。

```
(a[int((len(s)-1)/2)]+a[int(len(s)/2)])/2
```
语法格式如下。
```
numpy.median(a, axis=None)
```
参数说明如下。

（1）a：NumPy 数组。

（2）axis：计算的轴向，默认情况下会计算传入数组的所有元素的中位数。可通过该参数指定要计算中位数的轴向，例如，对二维数组，0 表示求每列的中位数，1 表示求每行的中位数。

【案例 1-24】median() 函数的用法。

```
s = np.array([[1, 10, 21],[20, 5, 40],[3, 9, 17]])
s
```
运行结果为：
```
array([[ 1, 10, 21],
       [20,  5, 40],
       [ 3,  9, 17]])
```
```
np.median(s)   # 将数组 s 做扁平化处理并排序，然后取中间位置的元素
```
运行结果为：10.0
```
np.median(s, axis=1)   # 按行求中位数
```
运行结果为：array([10., 20., 9.])

### 1.6.9　var()函数

var()函数用于求一个数组中元素的方差。方差是用数组中的各项元素减去平均值的平方求和后再除以数组的长度。

假设现有一个数组 S=[s1, s2,…, sn]。

平均值：m = (s1+s2+…+sn)/n。

离差，即各数据偏离均值的程度：D = [d1, d2,…, dn], di = si−m。

离差方（离差的平方数组）Q = [q1, q2,…, qn], qi = di ** 2。

总体方差：v = (q1+q2+…+qn)/n。

样本方差：v = (q1+q2+…+qn)/(n−1)。

语法格式如下。

```
numpy.var(a, axis=None, ddof=0)
```

参数说明如下。

（1）a：NumPy 数组。

（2）axis：计算的轴向，默认情况下会计算传入数组的所有元素的方差。可通过该参数指定要计算方差的轴向，例如，对二维数组，0 表示求每列的方差，1 表示求每行的方差。

（3）ddof：非自由度，默认值为 0，计算得出的是总体方差，如果该参数为 1，则计算得出的是样本方差。

【案例 1-25】var()函数的用法。

```
s = np.array([[1, 10, 21],[20, 5, 40],[3, 9, 17]])
s
```

运行结果为：

```
array([[ 1, 10, 21],
[20,  5, 40],
[ 3,  9, 17]])
```

```
np.var(s)  # 计算总体方差
```

运行结果为：131.33333333333334

```
np.var(s, ddof=1)  # 计算样本方差
```

运行结果为：147.75

```
np.var(s, axis=0) # 按列求总体方差
```

运行结果为：array([ 72.66666667, 4.66666667, 100.66666667])

### 1.6.10　std()函数

std()函数用于求一个数组中元素的标准差。标准差即方差开方，语法格式如下。

```
numpy.std(a, axis=None, ddof=0)
```

参数说明如下。

（1）axis：计算的轴向，默认情况下会计算传入数组的所有元素的标准差。可通过该参数指定要计算标准差的轴向，例如，对二维数组，0 表示求每列的标准差，1 表示求每行的标准差。

（2）ddof：非自由度，默认值为 0，计算得出的是总体标准差（总体方差开方），如果该参数为 1，则计算得出的是样本标准差（样本方差开方）。

【案例 1-26】std() 函数的用法。

```
s = np.array([[1, 10, 21],[20, 5, 40],[3, 9, 17]])
s
```

运行结果为：

```
array([[ 1, 10, 21],
       [20,  5, 40],
       [ 3,  9, 17]])
```

```
np.std(s)   # 总体标准差
```
运行结果为：11.460075625114056

```
np.std(s, axis=0)   # 按列求总体标准差
```
运行结果为：array([ 8.52447457,  2.1602469 , 10.03327796])

## 1.6.11  sort()函数

sort()函数用于对 NumPy 数组进行排序。

语法格式如下。

```
numpy.sort(a, axis=-1, kind= 'quicksort')
```

参数说明如下。

（1）a：需要排序的 NumPy 数组。

（2）axis：要排序的维度，默认值为-1，即按照最后一个维度排序。

（3）kind：排序类型，quicksort 为快速排序，mergesort 为归并排序，heapsort 为堆排序。

【案例 1-27】sort()函数的用法。

```
s = np.array([[4, 3, 2], [2, 1, 4]])
s
```
运行结果为：

```
array([[4, 3, 2],
       [2, 1, 4]])
```

```
np.sort(s)   # 默认按行排序
```
运行结果为：

```
array([[2, 3, 4],
       [1, 2, 4]])
```

```
np.sort(s, axis=1)   # 按行排序
```
运行结果为：

```
array([[2, 3, 4],
       [1, 2, 4]])
```

```
np.sort(s, axis=0)   # 按列排序
```
运行结果为：

```
array([[2, 1, 2],
       [4, 3, 4]])
```

## 1.6.12  loadtxt()函数

loadtxt()函数用于读取数据，语法格式如下。

```
loadtxt(fname, dtype=float, delimiter=None,converters=None, usecols=None, unpack=False)
```

参数说明如下。

（1）fname：文件路径。

（2）dtype：元素类型，默认为 float。

（3）delimiter：分隔符，默认为一个空格。

（4）converters：转换器字典，键为列索引，值为转换函数，它会将读取到的数据通过函数转换后返回。

（5）usecols：需要读取的列，默认读取所有的列。

（6）unpack：是否展开，默认为 False，不展开，如果设置为 True，可以获得每一列的数据。

【案例 1-28】loadtxt() 函数的用法。

load_txt.csv 文件如图 1-14 所示，接下来我们将通过 loadtxt() 函数读取它的数据。

```
1,zhangsan,20,beijing,95
2,xiaowang,22,guangzhou,90
3,xiaoli,23,shenzhen,89
```

图 1-14　load_txt.csv 文件

```
# 读取 load_txt.csv 文件，指定分隔符为逗号，读取 1,2,3,4 列，指定数据类型为字符串
data = np.loadtxt('load_txt.csv', delimiter=',', usecols=(1, 2, 3, 4), dtype=np.str_)
data
```

运行结果为：

```
array([['zhangsan', '20', 'beijing', '95'],
       ['xiaowang', '22', 'guangzhou', '90'],
       ['xiaoli', '23', 'shenzhen', '89']], dtype='<U9')
```

```
# 读取 1,2,3,4 列，分别指定每列的类型为包含 10 个字符的 Unicode 字符串、1 字节整型、包含 10 个字符的
# Unicode 字符串、1 字节整型，unpack=True 表示展开
data = np.loadtxt('load_txt.csv', delimiter=',', usecols=(1, 2, 3, 4), dtype='U10,i1,U10,i1', unpack=True)
data
```

运行结果为：

```
[array(['zhangsan', 'xiaowang', 'xiaoli'], dtype='<U10'),
 array([20, 22, 23], dtype=int8),
 array(['beijing', 'guangzhou', 'shenzhen'], dtype='<U10'),
 array([95, 90, 89], dtype=int8)]
```

运行结果为一个列表，列表里面有 4 个数组，每一个数组代表一列的数据。

```
# 读取 1,2,3,4 列，分别指定每列的类型为包含 10 个字符的 Unicode 字符串、1 字节整型、包含 10 个字符的
# Unicode 字符串、1 字节整型，unpack=True 表示展开，通过 converters 将年龄加 10 岁
data = np.loadtxt('load_txt.csv', delimiter=',', usecols=(1, 2, 3, 4), dtype='U10,i1,U10,i1', unpack=True,
converters={2: (lambda x: int(x)+10)})
data
```

运行结果为：

```
[array(['zhangsan', 'xiaowang', 'xiaoli'], dtype='<U10'),
 array([30, 32, 33], dtype=int8),
 array(['beijing', 'guangzhou', 'shenzhen'], dtype='<U10'),
 array([95, 90, 89], dtype=int8)]
```

## 1.7　NumPy 字符串处理

NumPy 提供了一系列针对字符串的处理函数，这些函数基于 Python 内置库中的标准字符串函数，它们在字符数组类（numpy.char）中定义。常见的 NumPy 字符串处理函数如表 1-4 所示。

表 1-4　　　　　　　　　　　　　常见的 NumPy 字符串处理函数

| 函数 | 描述 |
|---|---|
| add() | 逐个对两个数组的元素进行拼接 |
| multiply() | 将数组元素进行多次重复 |
| center() | 字符串居中 |
| capitalize() | 字符串首字母大写 |
| title() | 字符串每个单词的首字母大写 |
| lower() | 将所有字符串转换为小写 |
| upper() | 将所有字符串转换为大写 |
| split() | 通过指定分隔符对字符串进行分割，并返回数组列表 |
| splitlines() | 以换行符（\r、\n、\r\n）作为分隔符来分隔字符串，并返回数组 |
| strip() | 移除字符串左右空白字符，还可以通过参数指定移除特定字符 |
| lstrip() | 移除字符串左边空白字符 |
| rstrip() | 移除字符串右边空白字符 |
| join() | 通过指定分隔符来连接数组中的元素 |
| replace() | 字符串替换 |

### 1.7.1　add()函数

add()函数用于字符串拼接。

【案例 1-29】add()函数的用法。

```
np.char.add(['hello'], ['world'])  # 拼接字符串
```

运行结果为：

```
array(['helloworld'], dtype='<U10')
```

```
np.char.add(['hello', 'nihao'], ['world', 'shijie'])  # 如有多个元素，将对应元素进行拼接
```

运行结果为：

```
array(['helloworld', 'nihaoshijie'], dtype='<U11')
```

### 1.7.2　multiply()函数

multiply()函数用于多次重复数组中的元素。

【案例 1-30】multiply()函数的用法。

```
np.char.multiply('hello', 3)
```

运行结果为：

```
array('hellohellohello', dtype='<U15')
```

```
np.char.multiply(['hello', 'hi'], 3)
```

运行结果为：

array(['hellohellohello', 'hihihi'], dtype='<U15')

### 1.7.3　center()函数

center()函数可将字符串居中。

【案例 1-31】center()函数的用法。

np.char.center('hello', 20, fillchar='*')

运行结果为：

array('*******hello********', dtype='<U20')

np.char.center(['hello', 'hi'], 20, fillchar='*')

运行结果为：

array(['*******hello********', '*********hi*********'], dtype='<U20')

### 1.7.4　capitalize()函数和 title()函数

【案例 1-32】capitalize()函数和 title()函数的用法。

np.char.capitalize('i love china')　# 字符串首字母大写

运行结果为：

array('I love china', dtype='<U12')

np.char.title('i love china')　# 字符串每个单词的首字母大写

运行结果为：

array('I Love China', dtype='<U12')

### 1.7.5　lower()函数和 upper()函数

【案例 1-33】lower()函数和 upper()函数的用法。

np.char.lower(['I', 'LIKE', 'CHINA'])　# 将所有字符串转换为小写

运行结果为：

array(['i', 'like', 'china'], dtype='<U5')

np.char.upper(['i', 'like', 'china'])　# 将所有字符串转换为大写

运行结果为：

array(['I', 'LIKE', 'CHINA'], dtype='<U5')

### 1.7.6　split()函数

【案例 1-34】split()函数的用法。

np.char.split('do you like me?')　# 默认按空格分隔

运行结果为：

array(list(['do', 'you', 'like', 'me?']), dtype=object)

np.char.split('yes,i like you,very much', sep=',') # 按逗号分隔

运行结果为：

array(list(['yes', 'i like you', 'very much']), dtype=object)

### 1.7.7　splitlines()函数

【案例 1-35】splitlines()函数的用法。

```
np.char.splitlines('I\rLove China')
```
运行结果为：

```
array(list(['I', 'Love China']), dtype=object)
```

```
np.char.splitlines('I\nLove China')
```
运行结果为：

```
array(list(['I', 'Love China']), dtype=object)
```

```
np.char.splitlines('I\r\nLove China')
```
运行结果为：

```
array(list(['I', 'Love China']), dtype=object)
```

### 1.7.8 strip()函数

【案例 1-36】strip()函数的用法。

```
np.char.strip('  \r\nabcd\t  ')    # 移除字符串左右的空白字符
```
运行结果为：

```
array('abcd', dtype='<U11')
```

```
np.char.strip('abca', 'a')    # 移除字符串左右的 a 字符
```
运行结果为：

```
array('bc', dtype='<U4')
```

```
np.char.strip(['\t\rabcd\n', ' def \n'])    # 如果有多个元素，则每个元素均予以移除
```
运行结果为：

```
array(['abcd', 'def'], dtype='<U7')
```

### 1.7.9 lstrip()函数和 rstrip()函数

【案例 1-37】lstrip()函数和 rstrip()函数的用法。

```
np.char.lstrip('   abcd\t\r')    # 移除字符串左边的空白字符
```
运行结果为：

```
array('abcd\t\r', dtype='<U9')
```

```
np.char.rstrip('   abcd\t\r')    # 移除字符串右边的空白字符
```
运行结果为：

```
array('   abcd', dtype='<U9')
```

### 1.7.10 join()函数

【案例 1-38】join()函数的用法。

```
np.char.join(':', 'hello')
```
运行结果为：

```
array('h:e:l:l:o', dtype='<U9')
```

```
np.char.join([':', '-'], ['hello', 'world'])
```
运行结果为：

```
array(['h:e:l:l:o', 'w-o-r-l-d'], dtype='<U9')
```

### 1.7.11 replace()函数

【案例 1-39】replace()函数的用法。

```
np.char.replace('i love china', 'ov', 'ik')
```

运行结果为：

```
array('i like china', dtype='<U12')
```

# 1.8　项目实训——苹果公司股票数据分析

## 1.8.1　项目需求

aapl.csv 文件中存储的是苹果公司 30 日的股票数据，包括日期、开盘价、最高价、最低价、收盘价、成交量，要求如下。

（1）读取股票数据，包括日期、开盘价、最高价、最低价、收盘价、成交量。

（2）计算收盘价的成交量加权平均价格。

（3）计算时间的加权平均价格。

（4）计算最高价的最大价格及最大价格对应的日期。

（5）计算最低价的最小价格及最小价格对应的日期。

（6）计算最高价和最低价的波动情况（最大−最小）。

（7）计算收盘价的中位数。

（8）通过卷积计算收盘价的 5 日移动平均值和 10 日移动平均值。

## 1.8.2　项目实施

```
import numpy as np
# 定义函数将读取到的日期列由"日-月-年"转换为"年-月-日"
def dmy2ymd(dmy):
    dmy = dmy.decode('utf-8')
    ymd = '-'.join(dmy.split('-')[::-1])
    return ymd
# 1.读取股票数据，包括日期、开盘价、最高价、最低价、收盘价、成交量
dates, opening_prices, hightest_prices, lowest_prices, closing_prices, volume = np.loadtxt(
    'aapl.csv', delimiter=',', usecols=(1, 3, 4, 5, 6, 7), unpack=True,
    dtype='M8[D],f8,f8,f8,f8,f8', converters={1: dmy2ymd})
print("日期: ", dates)
print("开盘价: ", opening_prices)
print("最高价: ", hightest_prices)
print("最低价: ", lowest_prices)
print("收盘价: ", closing_prices)
print("成交量: ", volume)
# 2.计算收盘价的成交量加权平均价格
volume_avg_prices = np.average(closing_prices, weights=volume)
print("成交量加权平均价格: ", volume_avg_prices)
# 3.计算时间的加权平均价格
# 首先将时间转换为整型
days = dates.astype(int)
time_avg_prices = np.average(closing_prices, weights=days)
print("时间加权平均价格: ", time_avg_prices)
```

```
# 4.计算最高价的最大价格及最大价格对应的日期
hight_index = np.argmax(hightest_prices)
print("最高价的最大价格：%s" % hightest_prices[hight_index])
print("最大价格对应的日期：%s" % dates[hight_index])
# 5.计算最低价的最小价格及最小价格对应的日期
lowest_index = np.argmin(lowest_prices)
print("最低价的最小价格：%s" % lowest_prices[lowest_index])
print("最小价格对应的日期：%s" % dates[lowest_index])
# 6.计算最高价和最低价的波动情况（最大–最小）
hightest_ptp = np.ptp(hightest_prices)
lowest_ptp = np.ptp(lowest_prices)
print("最高价的极差：%s" % hightest_ptp)
print("最低价的极差：%s" % lowest_ptp)
# 7.计算收盘价的中位数
closing_median = np.median(closing_prices)
print("收盘价中位数：%s" % closing_median)
# 8.通过卷积计算收盘价的 5 日移动平均值和 10 日移动平均值
sma5_conv = np.ones(5) / 5
sma5 = np.convolve(closing_prices, sma5_conv, 'valid')
print("收盘价 5 日移动平均值：%s" % sma5)
sma10_conv = np.ones(10) / 10
sma10 = np.convolve(closing_prices, sma10_conv, 'valid')
print("收盘价 10 日移动平均值：%s" % sma10)
```

运行结果为：

日期：['2011-01-28' '2011-01-31' '2011-02-01' '2011-02-02' '2011-02-03'
 '2011-02-04' '2011-02-07' '2011-02-08' '2011-02-09' '2011-02-10'
 '2011-02-11' '2011-02-14' '2011-02-15' '2011-02-16' '2011-02-17'
 '2011-02-18' '2011-02-22' '2011-02-23' '2011-02-24' '2011-02-25'
 '2011-02-28' '2011-03-01' '2011-03-02' '2011-03-03' '2011-03-04'
 '2011-03-07' '2011-03-08' '2011-03-09' '2011-03-10' '2011-03-11']

开盘价：[344.17 335.8  341.3  344.45 343.8  343.61 347.89 353.68 355.19 357.39
 354.75 356.79 359.19 360.8  357.1  358.21 342.05 338.77 344.02 345.29
 351.21 355.47 349.96 357.2  360.07 361.11 354.91 354.69 349.69 345.4 ]

最高价：[344.4  340.04 345.65 345.25 344.24 346.7  353.25 355.52 359.   360.
 357.8  359.48 359.97 364.9  360.27 359.5  345.4  344.64 345.15 348.43
 355.05 355.72 354.35 359.79 360.29 361.67 357.4  354.76 349.77 352.32]

最低价：[333.53 334.3  340.98 343.55 338.55 343.51 347.64 352.15 354.87 348.
 353.54 356.71 357.55 360.5  356.52 349.52 337.72 338.61 338.37 344.8
 351.12 347.68 348.4  355.92 357.75 351.31 352.25 350.6  344.9  345.  ]

收盘价：[336.1  339.32 345.03 344.32 343.44 346.5  351.88 355.2  358.16 354.54
 356.85 359.18 359.9  363.13 358.3  350.56 338.61 342.62 342.88 348.16
 353.21 349.31 352.12 359.56 360.   355.36 355.76 352.47 346.67 351.99]

成交量：[21144800. 13473000. 15236800.  9242600. 14064100. 11494200. 17322100.
 13608500. 17240800. 33162400. 13127500. 11086200. 10149000. 17184100.
 18949000. 29144500. 31162200. 23994700. 17853500. 13572000. 14395400.
 16290300. 21521000. 17885200. 16188000. 19504300. 12718000. 16192700.
```
```

18138800. 16824200.]

收盘价的成交量加权平均价格：350.5895493532009

时间加权平均价格：351.03954556245577

最高价的最大价格：364.9

最大价格对应的日期：2011-02-16

最低价的最小价格：333.53

最小价格对应的日期：2011-01-28

最高价的极差：24.859999999999957

最低价的极差：26.970000000000027

收盘价中位数：352.055

收盘价 5 日移动平均值：[341.642 343.722 346.234 348.268 351.036 353.256 355.326 356.786 357.726 358.72 359.472 358.214 354.1　350.644 346.594 344.566 345.096 347.236 349.136 352.472 354.84　355.27　356.56 356.63　354.052 352.45 ]

收盘价 10 日移动平均值：[347.449 349.524 351.51　352.997 354.878 356.364 356.77　355.443 354.185 352.657 352.019 351.655 350.668 349.89　349.533 349.703 350.183 351.898 352.883 353.262 353.645]

### 1.8.3　项目分析

在该项目中，通过 loadtxt()函数读取股票数据，在读取过程中，可以通过参数指定要读取的列，并对某些列进行变换。读取数据之后，主要基于 NumPy 中的通用函数读取股票中的一些关键指标来进行计算。

# 本 章 小 结

本章主要介绍了 NumPy 的使用方法，NumPy 的操作是基于 ndarray 对象的，需要熟练掌握常见的 ndarray 创建方法，包括 numpy.array()、numpy.arange()等。NumPy 中可以通过索引和切片访问数组中的元素，每一个维度的索引和切片规则和 Python 中的序列索引、切片规则一致。NumPy 中的数学运算重载为矢量的运算，其加、减、乘、除是数组中对应位置的元素的加、减、乘、除，这可以大大提高运算效率。对 NumPy 中常用的通用函数要熟练掌握并加以灵活运用。对于矩阵运算，重点需要注意矩阵的乘法运算规则。对于字符串的处理要着重掌握常用的字符串处理函数的使用方法。

# 习 题

**一、单选题**

1. a = numpy.arange(9, dtype=numpy.float64),则 a.itemsize 得到的结果是（　　）。

A. 4　　　　　　　　B. 8　　　　　　　　C. 1　　　　　　　　D. 72

2. 执行 numpy.diag([10, 20, 30], 1)得到的结果是（　　　）。

A. array([10, 20, 30])

B. array([[10,　0,　0],

　　　　 [ 0, 20,　0],

　　　　 [ 0,　0, 30]])

C. array([[ 0,　0,　0,　0],

　　　　 [10,　0,　0,　0],

　　　　 [ 0, 20,　0,　0],

　　　　 [ 0,　0, 30,　0]])

D. array([[ 0, 10,　0,　0],

　　　　 [ 0,　0, 20,　0],

　　　　 [ 0,　0,　0, 30],

　　　　 [ 0,　0,　0,　0]])

3. a = np.array([1, 2, 3, 4, 5])，以下代码执行描述错误的是（　　　）。

A. a[0]返回 1　　　　B. a[-2]返回 4　　　C. a[-6]返回 1　　　　D. a[-1]返回 5

4. NumPy 中求方差的函数是（　　　）。

A. var()　　　　　　 B. corref()　　　　　C. std()　　　　　　 D. vardof()

## 二、多选题

1. 关于 NumPy 中的字符串处理函数的描述，正确的有（　　　）。

A. add()表示对两个数组的逐个字符串元素进行拼接

B. multiply()表示将元素进行多次重复

C. center()表示将字符串居中

D. capitalize()表示将字符串中每个单词的第一个字母进行大写处理

2. a = numpy.arange(1, 10).reshape(3, 3)，以下代码执行描述正确的有（　　　）。

A. numpy.mean(a)返回 5.0

B. numpy.mean(a, axis=0)返回 array([2., 5., 8.])

C. numpy.mean(axis=1)返回 array([4., 5., 6.])

D. numpy.average(a)返回 5.0

3. a = np.arange(24).reshape(2, 3, 4)，以下执行描述正确的有（　　　）。

A. a.ndim 得到(2, 3, 4)

B. a.shape 得到 3

C. a.size 得到 24

D. a.dtype 得到 dtype('int32')

## 三、判断题

1. NumPy 底层是基于 Java 实现的，因此运行效率极高。（　　　）

2. 执行 np.eye(3, 3, k=1)的结果为（　　　）

array([[1., 0., 0.],

　　[0., 1., 0.],

　　[0., 0., 1.]])

3. NumPy 中的 argsort()函数的作用是获取一个排序后的数组。（　　　）

4. a 是一个二维数组，那么 a[0, 0] == a[0][0]。（　　　）

# 02

# 第2章
# pandas

本章导学

pandas 是一个开源的数据分析库，它是为完成数据分析任务而创建的。pandas 内部纳入了大量的库和一些标准数据模型，并提供了高效便捷的操作大型数据集的方法，对常规的一维、二维数据进行清洗、预处理、建模分析都极为方便。正是有 pandas 这样的数据处理工具的存在，才使得 Python 非常适合处理数据。

pandas 是通过其核心数据结构 Series 和 DataFrame 来进行数据处理的。在进行数据处理之前，需要根据情况将数据封装成对应的数据结构，然后通过一些方法轻易地完成数据处理，如数据的增加、删除、修改、查询等操作。

日常应用的一些轻量级数据通常都保存在一些常规文件中，pandas 提供了很方便的接口，使我们可以快速加载各种文件中的数据，数据在经过处理之后，又可以很方便地保存到相应的文件中。

在涉及数据排序与排名等操作时，也无须担心，pandas 提供了相关的函数和方法，可以轻松地完成各种各样的数据排序与排名。

通过本章的学习，读者将快速掌握 pandas 的特点及操作方法。

学习目标

（1）了解 pandas 的特点并掌握其安装方法。

（2）掌握 pandas 数据结构 Series 和 DataFrame 及其增、删、改、查等基本操作方法。

（3）掌握 pandas 常见的数据读写方法。

（4）掌握数据索引、排序和排名。

## 2.1　安装 pandas

pandas 是 Python 的核心数据分析库，提供了快速、灵活、明确的数据结构，以及大量处理数据的函数和方法，旨在简单、直观地处理关系型、标记型数据，包括 SQL、Excel 表数据、各种数据文件数据（CSV 文件、HDF5 文件等）。pandas 的目标是成为 Python 数据分析实战的必备高级工具，其长远目标是成为最强大、最灵活、可以支持任何语言的开源数据分析工具。

　　pandas 不是 Python 的标准库,必须在使用之前进行安装。如果是在 Anaconda 开发环境下,那么 pandas 已经集成到 Anaconda 环境中,不需要再对其进行安装,在使用时通过 import 语句将其导入即可;如果是在官方 Python 开发环境下,则需要对其进行安装,安装命令为:pip install pandas。

　　在命令提示符下输入命令:pip install pandas,确认执行后等待 pandas 安装,当出现"Successfully installed pandas-1.2.4"信息时,则表示 pandas 安装成功,如图 2-1 所示。

```
选择管理员: 命令提示符                                                    —    □    ×
Microsoft Windows [版本 10.0.19042.928]
(c) Microsoft Corporation。保留所有权利。

C:\Windows\system32>pip install pandas
Collecting pandas
  Using cached pandas-1.2.4-cp37-cp37m-win_amd64.whl (9.1 MB)
```

```
C:\Windows\system32>pip install pandas
Collecting pandas
  Using cached pandas-1.2.4-cp37-cp37m-win_amd64.whl (9.1 MB)
Requirement already satisfied: pytz>=2017.3 in d:\appdev\python37\lib\site-packages (from pandas) (2021.
1)
Requirement already satisfied: python-dateutil>=2.7.3 in d:\appdev\python37\lib\site-packages (from pand
as) (2.8.1)
Requirement already satisfied: numpy>=1.16.5 in d:\appdev\python37\lib\site-packages (from pandas) (1.20
.3)
Requirement already satisfied: six>=1.5 in d:\appdev\python37\lib\site-packages (from python-dateutil>=2
.7.3->pandas) (1.15.0)
Installing collected packages: pandas
Successfully installed pandas-1.2.4
WARNING: You are using pip version 20.1.1; however, version 21.1.1 is available.
You should consider upgrading via the 'd:\appdev\python37\python.exe -m pip install --upgrade pip' comma
nd.
```

图 2-1　pandas 安装成功界面

　　安装完成后,可以测试一下 pandas 是否安装成功。在命令提示符状态下输入:python,按 <Enter>键后,进入 Python 的交互式环境,然后输入导入命令:import pandas,按<Enter>键后出现图 2-2 所示的界面,则表明 pandas 已经安装成功。

```
C:\Windows\system32>python
Python 3.7.9 (tags/v3.7.9:13c94747c7, Aug 17 2020, 18:58:18) [MSC v.1900 64 bit (AMD64)] on win32
Type "help", "copyright", "credits" or "license" for more information.
>>>
```

```
C:\Windows\system32>python
Python 3.7.9 (tags/v3.7.9:13c94747c7, Aug 17 2020, 18:58:18) [MSC v.1900 64 bit (AMD64)] on win32
Type "help", "copyright", "credits" or "license" for more information.
>>> import pandas
>>>
```

图 2-2　导入 pandas 成功界面

## 2.2　Series 对象的基本操作

　　Series 是 pandas 中一种非常重要的数据结构,它是一维带标签的同构数组,能够保存 Python 所支持类型的值,如整数、字符串、浮点数、布尔等。它的标签又称为索引(index),可以是数值索引,也可以是字符串索引。

### 2.2.1 创建 Series 对象

在 pandas 中，需要通过 pandas.Series() 构造函数来创建 Series 对象，也可以通过 Python 中的列表、字典、常量、NumPy 数组来创建 Series 对象。

语法格式如下。

```
pandas.Series([data, index, dtype, name, copy, …])
```

参数说明如下。

（1）data：用于创建 Series 对象的数据，可以是列表、字典、常量、NumPy 数组等。

（2）index：Series 对象的索引，若不指定该参数，则生成的索引为从 0 开始的整数。

（3）dtype：指定 Series 对象的数据类型，可以是字符串型、整型、浮点型、布尔型等。

（4）name：为 Series 对象取的名字。

（5）copy：布尔型，表示是否对 data 进行复制，默认为 False。

#### 1. 通过列表创建 Series 对象

【案例 2-1】通过列表创建 Series 对象。

```
import pandas as pd
s = pd.Series([3, 6, 9, 7])
s
```

运行结果为：

```
0    3
1    6
2    9
3    7
dtype: int64
```

◁)) 说明

　　pd 是给导入 pandas 库取的别名。

#### 2. 指定 index、dtype 和 name

【案例 2-2】指定 index、dtype 和 name。

```
s = pd.Series([3, 6, 9, 7], index=['a', 'b', 'c', 'd'], dtype='float', name='ser')
s
```

运行结果为：

```
a    3.0
b    6.0
c    9.0
d    7.0
Name: ser, dtype: float64
```

#### 3. 通过字典创建 Series 对象

【案例 2-3】通过字典创建 Series 对象。

```
s = pd.Series({"A": 2, "B": 7, "C": 4, "D": 5})
```

```
s
```
运行结果为：
```
A    2
B    7
C    4
D    5
dtype: int64
```

#### 4. 通过常量创建 Series 对象

【案例 2-4】通过常量创建 Series 对象。

```
s = pd.Series(6)
s
```
运行结果为：
```
0    6
dtype: int64
```

#### 5. 通过 NumPy 数组创建 Series 对象

【案例 2-5】通过 NumPy 数组创建 Series 对象。

```
import numpy as np
a = np.array([1, 3, 5, 7])
a
```
运行结果为：
```
array([1, 3, 5, 7])
```
```
s = pd.Series(a)
s
```
运行结果为：
```
0    1
1    3
2    5
3    7
dtype: int32
```

### 2.2.2　查询 Series 对象中的数据

通过索引查询 Series 对象中的数据，主要有下标索引、标签索引、布尔索引及花式索引等方法。

【案例 2-6】查询 Series 对象中的数据。

（1）下标索引。

该方法类似 NumPy 数组的下标索引方法。

```
s = pd.Series([1, 2, 3, 4], index=['a', 'b', 'c', 'd'])
s
```
运行结果为：
```
a    1
```

```
b    2
c    3
d    4
dtype: int64
```

```
s[0]
```

运行结果为：1

```
s[-1]
```

运行结果为：4

（2）标签索引。

该方法通过 Series 对象中的标签索引数据，类似字典的键索引。

```
s['b']
```

运行结果为：2

```
s['c']
```

运行结果为：3

（3）布尔索引。

类似 NumPy 数组的布尔索引，通常会通过一些条件去生成布尔索引，从而在 Series 对象中筛选所需要的数据。

```
s[s > 2]    # 通过条件生成一个布尔类型的 Series 作为索引
```

运行结果为：

```
c    3
d    4
dtype: int64
```

（4）花式索引。

同 NumPy 数组的花式索引，通过提供数组作为索引，查询需要的数据。

```
s[[0, 3]]
```

运行结果为：

```
a    1
d    4
dtype: int64
```

```
s[['a', 'd']]    # 通过多个标签进行索引
```

运行结果为：

```
a    1
d    4
dtype: int64
```

### 2.2.3  修改、删除 Series 对象中的数据

#### 1. 修改 Series 对象中的数据

【案例 2-7】修改 Series 对象中的数据。

（1）通过赋值的方式修改数据。

类似于修改 NumPy 数组中的数据，通过索引或切片赋值的方式对其进行修改。

```
s = pd.Series([1, 3, 5, 7, 9], index=['a', 'b', 'c', 'd', 'e'])
s
```

运行结果为：

```
a    1
b    3
c    5
d    7
e    9
dtype: int64
```

```
s[0] = 10
s
```

运行结果为：

```
a    10
b    3
c    5
d    7
e    9
dtype: int64
```

```
s[:2] = [15, 25]
s
```

运行结果为：

```
a    15
b    25
c    5
d    7
e    9
dtype: int64
```

（2）通过 replace() 方法修改数据

```
s.replace(15, 12)
```

运行结果为：

```
a    12
b    25
c    5
d    7
e    9
dtype: int64
```

## 2. 删除 Series 对象中的数据

【案例 2-8】删除 Series 对象中的数据。

（1）通过 pop() 方法删除数据。

语法格式如下。

```
Series_obj.pop(x)
```

参数说明如下。

x：要删除元素的标签。

```
s = pd.Series([15, 25, 5, 7, 9], index=list('abcde'))
s
```

运行结果为：

```
a    15
b    25
c    5
d    7
e    9
dtype: int64
```

```
s.pop('a')
s
```

运行结果为：

```
b    25
c    5
d    7
e    9
dtype: int64
```

（2）通过 del()函数删除数据。

语法格式如下。

```
del(Series_obj[x])
```

参数说明如下。

x：要删除元素的标签。

```
del(s['c'])
s
```

运行结果为：

```
b    25
d    7
e    9
dtype: int64
```

## 2.3   DataFrame 对象的基本操作

DataFrame 是由多种类型的列构成的二维标签数据结构，类似于 Excel 、SQL 表的结构，其主体包含数据和索引两部分，其数据元素可以是不同的类型，例如整型、浮点型、字符串型、布尔型等。横向的数据记录叫作行，竖向的数据记录叫作列，索引有行索引（index）和列索引（columns），DataFrame 结构如图 2-3 所示。

列索引

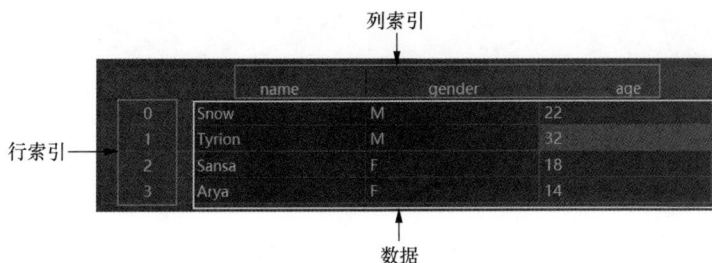

行索引

数据

图 2-3　DataFrame 结构

## 2.3.1　创建 DataFrame 对象

在 pandas 中需要通过 pandas.DataFrame() 构造函数来创建 DataFrame 对象，也可以用 Python 中的列表、字典、NumPy 数组、DataFrame 来创建 DataFrame 对象。

语法格式如下。

```
pandas.DataFrame([data, index, columns, dtype, copy])
```

参数说明如下。

（1）data：创建 DataFrame 对象的数据，可以是列表、字典、NumPy 数组、DataFrame 等。

（2）index：DataFrame 对象的行索引，如不指定该参数，则默认生成的索引为从 0 开始的整数。

（3）columns：DataFrame 对象的列索引，默认生成的索引为从 0 开始的整数。

（4）dtype：指定 DataFrame 对象的数据类型。

（5）copy：是否对 data 进行复制，默认为 False（不复制）。

### 1. 通过列表创建 DataFrame 对象

【案例 2-9】通过列表创建 DataFrame 对象。

```
df = pd.DataFrame([[1, 2, 3], [4, 5, 6]])
df
```

运行结果为：

```
    0    1    2
0   1    2    3
1   4    5    6
```

### 2. 指定 index、columns、dtype

【案例 2-10】指定 index、columns、dtype。

```
df = pd.DataFrame([[1, 2, 3], [4, 5, 6]], index=['a', 'b'], columns=['A', 'B', 'C'], dtype=float)
df
```

运行结果为：

```
     A      B    C
a    1.0    2.0  3.0
b    4.0    5.0  6.0
```

### 3. 通过字典创建 DataFrame 对象

【案例 2-11】通过字典创建 DataFrame 对象。

```
dic = {"A": [1, 2], "B": [3, 4], "C": [5, 6]}
df = pd.DataFrame(dic)
df
```

运行结果为：

```
    A       B   C
0   1       3   5
1   2       4   6
```

### 4. 通过 ndarray 创建 DataFrame 对象

【案例 2-12】通过 ndarray 创建 DataFrame 对象。

```
import numpy as np
a = np.array([[1, 2, 3], [4, 5, 6]])
a
```

运行结果为：

```
array([[1, 2, 3],
       [4, 5, 6]])
```

```
df = pd.DataFrame(a, columns=['A', 'B', 'C'])
df
```

运行结果为：

```
    A       B   C
0   1       2   3
1   4       5   6
```

### 5. 通过 DataFrame 创建 DataFrame 对象

```
df1 = pd.DataFrame(df, columns=['A', 'B'])
df1    # 这种方式会从原 DataFrame 中选取给定的数据创建 DataFrame 对象
```

运行结果为：

```
    A       B
0   1       2
1   4       5
```

## 2.3.2　DataFrame 对象的属性

DataFrame 对象的属性如表 2-1 所示。

表 2-1　　　　　　　　　　　　　　　　DataFrame 对象的属性

| 属性 | 说明 |
|---|---|
| values | 获取 DataFrame 中的数据，得到的是一个 ndarray 对象 |
| index | 获取行索引 |
| columns | 获取列索引 |
| dtypes | 获取元素的类型 |
| size | 获取元素个数 |
| ndim | 维度数 |
| shape | 形状（行数和列数） |

【案例 2-13】DataFrame 对象的常用属性。

```
df = pd.DataFrame([[1, 2, 3], [4, 5, 6]], index=['a', 'b'], columns=['A', 'B', 'C'])
df
```

运行结果为：

```
     A     B    C
a    1     2    3
b    4     5    6
```

```
df.values   # 得到的是一个数组
```

运行结果为：

```
array([[1, 2, 3],
       [4, 5, 6]], dtype=int64)
```

```
df.index   # 获取行索引
```

运行结果为：Index(['a', 'b'], dtype='object')

```
df.columns   # 获取列索引
```

运行结果为：Index(['A', 'B', 'C'], dtype='object')

```
df.dtypes   # 获取每列的数据类型
```

运行结果为：

```
A    int64
B    int64
C    int64
dtype: object
```

```
df.size   # 获取元素个数
```

运行结果为：6

```
df.ndim   # 维度数
```

运行结果为：2

```
df.shape   # 数据维度（2行3列）
```

运行结果为：(2, 3)

### 2.3.3  查询 DataFrame 对象中的数据

可以按列查询 DataFrame 对象中的数据，也可以按行查询 DataFrame 对象中的数据，还可以通过 loc()/iloc()方法查询 DataFrame 对象中的数据。

#### 1. 按列查询

可以分为单列查询和多列查询。

（1）单列查询。

单列查询方式通过单个列名直接获取该列对应的数据，语法格式如下。

```
DataFrame_obj [col_name] 或 DataFrame_obj.col_name
```

【案例 2-14】单列查询。

```
df = pd.DataFrame([[1, 2, 3], [4, 5, 6], [7, 8, 9]], columns=list('ABC'), index=list('abc'))
df
```

运行结果为：

```
     A    B    C
a    1    2    3
b    4    5    6
c    7    8    9
```

```
df['A']    # 获取 A 列数据
```

运行结果为：

```
a    1
b    4
c    7
Name: A, dtype: int64
```

```
df.['B']    # 获取 B 列数据
```

运行结果为：

```
a    2
b    5
c    8
Name: B, dtype: int64
```

（2）多列查询。

多列查询方式通过指定多个列名获取多个列名对应的值，返回的是这些列组合成的 DataFrame，语法格式如下。

```
DataFrame_obj [[col_name1, col_name2,…]]
```

【案例 2-15】多列查询。

```
df = pd.DataFrame([[1, 2, 3], [4, 5, 6], [7, 8, 9]], columns=list('ABC'), index=list('abc'))
df[['A', 'C']]    # 得到的是 A 列和 C 列组合成的 DataFrame
```

运行结果为：

```
     A         C
a    1         3
b    4         6
c    7         9
```

## 2. 按行查询

（1）切片方式。

切片方式是通过行索引的切片方法，语法格式如下。

```
DataFrame_obj [起始行索引：终止行索引：步长]
```

注意：如果切片传入的是标签，则左右为闭区间；如果切片传入的是下标，则左为闭区间，右为开区间。

【案例 2-16】按行查询。

```
df = pd.DataFrame([[1, 2, 3], [4, 5, 6], [7, 8, 9]], columns=list('ABC'), index=list('abc'))
df[:2]    # 包含第 0 行，不包含第 2 行
```

运行结果为：

```
     A    B    C
a    1    2    3
```

```
b    4    5    6
```

df['a':'b']　# 包含a行，也包含b行

运行结果为：

```
     A    B    C
a    1    2    3
b    4    5    6
```

（2）head()方法和tail()方法。

这两个方法可以分别取DataFrame对象中的前*n*行和后*n*行数据，默认为5行，语法格式如下。

DataFrame_obj.head(n=5) 或 DataFrame_obj.tail(n=5)

【案例2-17】head()方法和tail()方法。

```
a = np.arange(12).reshape(6, 2)
df = pd.DataFrame(a)
df
```

运行结果为：

```
     0    1
0    0    1
1    2    3
2    4    5
3    6    7
4    8    9
5    10   11
```

df.head(3)　# 获取前3行数据

运行结果为：

```
     0    1
0    0    1
1    2    3
2    4    5
```

df.tail(5)　# 获取后5行数据

运行结果为：

```
     0    1
1    2    3
2    4    5
3    6    7
4    8    9
5    10   11
```

### 3. 切片方法

对DataFrame进行切片可以采用loc()方法和iloc()方法。loc()方法针对DataFrame索引标签进行切片，如果传入的不是标签，那么切片操作将无法执行。iloc()方法针对下标进行切片。

（1）loc()方法。

loc()方法语法格式如下。

DataFrame_obj.loc[行标签或条件，列标签或条件]

注意：在切片时，如果传入的是行标签或列标签，则前后均为闭区间。

【案例 2-18】loc() 方法。

```
df = pd.DataFrame([['Snow', 'M', 22], ['Tyrion', 'M', 32], ['Sansa', 'F', 18], ['Arya', 'F', 14]],
columns=['name', 'gender', 'age'], index=['a', 'b', 'c', 'd'])
df
```

运行结果为：

|   | name | gender | age |
|---|------|--------|-----|
| a | Snow | M | 22 |
| b | Tyrion | M | 32 |
| c | Sansa | F | 18 |
| d | Arya | F | 14 |

```
df.loc['a': 'c', 'name': 'gender']   # a 行到 c 行，name 列到 gender 列
```

运行结果为：

|   | name | gender |
|---|------|--------|
| a | Snow | M |
| b | Tyrion | M |
| c | Sansa | F |

```
df.loc[['a', 'b'], ['name', 'age']]   # a 行和 b 行，name 列和 age 列
```

运行结果为：

|   | name | age |
|---|------|-----|
| a | Snow | 22 |
| b | Tyrion | 32 |

```
df.loc[df.age > 18]   # 按 age>18 的条件筛选行，没有限定列，即全取
```

运行结果为：

|   | name | gender | age |
|---|------|--------|-----|
| a | Snow | M | 22 |
| b | Tyrion | M | 32 |

（2）iloc() 方法。

iloc() 方法语法格式如下。

```
DataFrame_obj.iloc[行下标，列下标]
```

注意：在切片时，如果传入的是行索引下标或列索引下标，则左为闭区间，右为开区间。

```
df.iloc[:2, :2]   # 获取前 2 行和前 2 列
```

运行结果为：

|   | name | gender |
|---|------|--------|
| a | Snow | M |
| b | Tyrion | M |

```
df.iloc[[0, 3], [1, 2]]   # 获取第 0 行和第 3 行，第 1 列和第 2 列
```

运行结果为：

|   | gender | age |
|---|--------|-----|
| a | M | 22 |
| d | F | 14 |

### 2.3.4　修改 DataFrame 对象中的数据

修改 DataFrame 对象中的数据，就是先通过查询语法将这部分数据查询出来，然后再对其进行赋值。

【案例 2-19】修改 DataFrame 对象中的数据。

```
df = pd.DataFrame([['Snow', 'M', 22], ['Tyrion', 'M', 32], ['Sansa', 'F', 18], ['Arya', 'F', 14]],
columns=['name', 'gender', 'age'], index=['a', 'b', 'c', 'd'])
df
```

运行结果为：

|   | name | gender | age |
|---|------|--------|-----|
| a | Snow | M | 22 |
| b | Tyrion | M | 32 |
| c | Sansa | F | 18 |
| d | Arya | F | 14 |

```
df.loc['a', 'age'] = 25    # 将 a 行 age 列的值修改为 25
df
```

运行结果为：

|   | name | gender | age |
|---|------|--------|-----|
| a | Snow | M | 25 |
| b | Tyrion | M | 32 |
| c | Sansa | F | 18 |
| d | Arya | F | 14 |

```
df['age'] = [12, 23, 18, 20]    # 修改 age 列的值为 12, 23, 18, 20
df
```

运行结果为：

|   | name | gender | age |
|---|------|--------|-----|
| a | Snow | M | 12 |
| b | Tyrion | M | 23 |
| c | Sansa | F | 18 |
| d | Arya | F | 20 |

```
df.iloc[:1, :2] = ['snow', 'F']    # 通过 iloc() 方法修改 a 行的 name 列和 gender 列的值
df
```

运行结果为：

|   | name | gender | age |
|---|------|--------|-----|
| a | snow | F | 12 |
| b | Tyrion | M | 23 |
| c | Sansa | F | 18 |
| d | Arya | F | 20 |

### 2.3.5　增加 DataFrame 对象中的数据

可以按列或按行增加 DataFrame 对象中的数据。

### 1. 按列增加 DataFrame 对象中的数据

（1）新建列索引，然后直接赋值。

通过新建列索引，然后直接赋值的方式添加的列位于 DataFrame 对象的最后，语法格式如下。

```
DataFrame_obj[new_col] = [xxx…]
```

【案例 2-20】按列增加 DataFrame 对象中的数据。

```
df = pd.DataFrame([['Snow', 'F', 12], ['Tyrion', 'M', 23], ['Sansa', 'F', 18], ['Arya', 'F', 20]],
columns=['name', 'gender', 'age'], index=['a', 'b', 'c', 'd'])
df['score'] = [98, 92, 95, 97]    # 为 DataFrame 增加一列 score
df
```

运行结果为：

|   | name | gender | age | score |
|---|------|--------|-----|-------|
| a | Snow | F | 12 | 98 |
| b | Tyrion | M | 23 | 92 |
| c | Sansa | F | 18 | 95 |
| d | Arya | F | 20 | 97 |

（2）insert()方法。

insert()方法可以指定在哪个位置插入列，语法格式如下。

```
DataFrame_obj.insert(loc, column, value, allow_duplicates=False)
```

参数说明如下。

（1）loc：列插入的位置，范围在[0, len(column)]。

（2）column：需要插入的列名。

（3）value：指定需要插入的值，可以是整数、Series 对象、列表、ndarray 对象等。

（4）allow_duplicates：默认为 False，不允许列名重复，当插入的列名与现有列名重复时，会报 ValueError 错误，如果将该参数设置为 True，表示允许列名重复。

```
df.insert(2, 'city', ['cd', 'bj', 'sh', 'gz'])    #在列下标为 2 的位置插入一列城市
df
```

运行结果为：

|   | name | gender | city | age | score |
|---|------|--------|------|-----|-------|
| a | Snow | F | cd | 12 | 98 |
| b | Tyrion | M | bj | 23 | 92 |
| c | Sansa | F | sh | 18 | 95 |
| d | Arya | F | gz | 20 | 97 |

### 2. 按行增加 DataFrame 对象中的数据

（1）append()方法。

append()方法语法格式如下。

```
DataFrame_obj.append(other, ignore_index=False, verify_integrity=False)
```

参数说明如下。

① other：需要增加的数据对象，可以是 DataFrame、Series、列表、数组等。

② ignore_index：默认为 False，不重置索引，如果设置为 True，则会新生成从 0 开始的连续整数索引。

③ verify_integriy：默认为 False，不对索引进行重复性检查，如果设置为 True，则当有相同的 index 时，会报 ValueError 错误。

```
df1 = pd.DataFrame([['Jack', 'M', 'bj'], 25, 89]], columns=df.columns)
# 创建 DataFrame 并指定 columns
df2 = df.append(df1)  # 添加一个 DataFrame 对象
df2
```

运行结果为：

|   | name | gender | city | age | score |
|---|------|--------|------|-----|-------|
| a | Snow | F | cd | 12 | 98 |
| b | Tyrion | M | bj | 23 | 92 |
| c | Sansa | F | sh | 18 | 95 |
| d | Arya | F | gz | 20 | 97 |
| 0 | Jack | M | bj | 25 | 89 |

```
s = pd.Series(['Lucy', 'F', 'cd', 19, 90], index=df.columns, name='e')  # 创建 Series 对象并指定 index 和 name
df3 = df.append(s)  # 添加一个 Series 对象
df3
```

运行结果为：

|   | name | gender | city | age | score |
|---|------|--------|------|-----|-------|
| a | Snow | F | cd | 12 | 98 |
| b | Tyrion | M | bj | 23 | 92 |
| c | Sansa | F | sh | 18 | 95 |
| d | Arya | F | gz | 20 | 97 |
| e | Lucy | F | cd | 19 | 90 |

（2）通过 loc() 方法建立行索引，并直接赋值。

loc() 语法格式如下。

```
DataFrame_obj.loc[new_col_index] = [xxx…]
df.loc['e'] = ['LiLi', 'F', 'sz', 30, 88]  # loc() 方法新建 e 的行索引，并赋值
df
```

运行结果为：

|   | name | gender | city | age | score |
|---|------|--------|------|-----|-------|
| a | Snow | F | cd | 12 | 98 |
| b | Tyrion | M | bj | 23 | 92 |
| c | Sansa | F | sh | 18 | 95 |
| d | Arya | F | gz | 20 | 97 |
| e | LiLi | F | sz | 30 | 88 |

### 2.3.6　删除 DataFrame 对象中的数据

删除 DataFrame 对象中的数据可以使用 del() 函数和 drop() 方法。

### 1. del()函数

del()函数语法格式如下。

```
del(DataFrame_obj[列名])
```

【案例 2-21】使用 del()函数删除 DataFrame 对象中的数据。

```
df = pd.DataFrame([['Snow', 'F', 'cd', 12, 98], ['Tyrion', 'M', 'bj', 23, 92], ['Sansa', 'F', 'sh', 18, 95], ['Arya', 'F',
'gz', 20, 97], ['LiLi', 'F', 'sz', 30, 88]], columns=['name', 'gender', 'city', 'age', 'score'], index=['a', 'b', 'c', 'd', 'e'])
del(df['score'])
df
```

运行结果为：

|   | name | gender | city | age |
|---|------|--------|------|-----|
| a | Snow | F | cd | 12 |
| b | Tyrion | M | bj | 23 |
| c | Sansa | F | sh | 18 |
| d | Arya | F | gz | 20 |
| e | LiLi | F | sz | 30 |

### 2. drop()方法

可以通过 drop()方法删除指定行或列，语法格式如下。

```
DataFrame_obj.drop(labels=None,axis=0,index=None,columns=None,level=None,inplace=False,
errors="raise")
```

部分参数说明如下。

（1）labels：指定要删除的行或列标签。

（2）axis：删除操作的轴向，0 代表删除行，1 代表删除列。

（3）index：指定要删除的行标签。

（4）columns：指定要删除的列标签。

（5）inplace：表示是否在原数据上进行修改，默认为 False，表示不修改原数据，此时会返回删除后的 DataFrame，若设置为 True 则会修改原数据。

（6）errors：为 ignore 或 raise，默认为 raise，没有成功删除时会报错，若设置为 ignore 则不会报错。

```
df.drop(labels='a', axis=0)   # 删除 a 行，返回删除后的对象
```

运行结果为：

|   | name | gender | city | age |
|---|------|--------|------|-----|
| b | Tyrion | M | bj | 23 |
| c | Sansa | F | sh | 18 |
| d | Arya | F | gz | 20 |
| e | LiLi | F | sz | 30 |

```
df.drop(columns='age')   # 删除 age 列
```

运行结果为：

|   | name | gender | city |
|---|------|--------|------|
| a | Snow | F | cd |

| | | | |
|---|---|---|---|
| b | Tyrion | M | bj |
| c | Sansa | F | sh |
| d | Arya | F | gz |
| e | LiLi | F | sz |

```
df.drop(index='a', inplace=True)    # 删除 a 行，并在原表中生效
df
```

运行结果为：

| | name | gender | city | age |
|---|---|---|---|---|
| b | Tyrion | M | bj | 23 |
| c | Sansa | F | sh | 18 |
| d | Arya | F | gz | 20 |
| e | LiLi | F | sz | 30 |

## 2.4　pandas 读写数据

大家平时接触最多的轻量级数据，一般都是保存在各种文件中的，如 Excel、CSV、JSON 等，如果想用 pandas 处理这些数据，就需要读取数据，在完成数据处理后，将其存入各种文件中，这离不开对各种文件的读写操作。pandas 中常用的读写函数如表 2-2 所示。

表 2-2　　　　　　　　　　　　　　pandas 中常用的读写函数

| 文件格式 | 文件类型 | 读取函数 | 写入函数 |
|---|---|---|---|
| text | CSV | read_csv | to_csv |
| text | JSON | read_json | to_json |
| text | HTML | read_html | to_html |
| binary | Excel | read_excel | to_excel |
| binary | HDF5 | read_hdf | to_hdf |
| binary | Parquet Format | read_parquet | to_parquet |
| binary | Stata | read_stata | to_stata |
| SQL | SQL | read_sql | to_sql |

### 2.4.1　读写 CSV 文件

逗号分隔值（Comma-Separated Values，CSV）也被称为字符分隔值，分隔字符可以不是逗号，因此其文件以纯文本形式存储表格数据。CSV 文件由任意数目的记录组成，记录间以某种换行符分隔，每条记录由字段组成，字段间的分隔符是其他字符或字符串，最常见的分隔字符是逗号或制表符，通常，所有记录都有完全相同的字段。

#### 1. 读取 CSV 文件

在 pandas 中，可通过 read_csv()函数完成对 CSV 文件的读取，语法格式如下。

```
pandas.read_csv(filepath_or_buffer, sep=lib.no_default, delimiter=None, header="infer", names=None,
index_col=None, usecols=None, engine=None, encoding=None)
```

参数说明如下。

（1）filepath_or_buffer：文件路径，可以是一个 URL，包括 HTTP、FTP、s3 等。

（2）sep：指定分隔字符，默认为逗号。

（3）header：将某行数据设置为列名，当选择默认值或 header=0 时，将首行设为列名。

（4）names：设置列名，如果要指定该参数，则应该将 header 设置为 None。

（5）index_col：将某列设置为行索引。

（6）usecols：要读取哪些列，可以是列标签，或者列的下标。

（7）engine：解析引擎，C 或者 Python，C 引擎更快，Python 引擎功能更加完美。

（8）encoding：编码方式。

以读取 iris.csv 文件为例演示 CSV 文件的读取方法，如图 2-4 所示。

| 1 | 1.4,0.2,0 |
|---|-----------|
| 2 | 1.4,0.2,0 |
| 3 | 1.3,0.2,0 |
| 4 | 1.5,0.2,0 |
| 5 | 1.4,0.2,0 |
| 6 | 1.7,0.4,0 |
| 7 | 1.4,0.3,0 |
| 8 | 1.5,0.2,0 |

图 2-4　iris.csv 文件

【案例 2-22】读取 CSV 文件。

```
df = pd.read_csv('iris.csv')
df
```

运行结果如图 2-5 所示。

| | 1.4 | 0.2 | 0 |
|---|-----|-----|---|
| 0 | 1.4 | 0.2 | 0 |
| 1 | 1.3 | 0.2 | 0 |
| 2 | 1.5 | 0.2 | 0 |
| 3 | 1.4 | 0.2 | 0 |
| 4 | 1.7 | 0.4 | 0 |
| 5 | 1.4 | 0.3 | 0 |
| 6 | 1.5 | 0.2 | 0 |

图 2-5　读取 iris.csv 文件

df 将首行作为列名，自动生成了从 0 开始的连续行名。

```
df1 = pd.read_csv('iris.csv', header=None, names=['h', 'w', 'c'])   # 设置列名
df1
```

运行结果如图 2-6 所示。

图 2-6 设置列名

```
df2 = pd.read_csv('iris.csv', header=None, names=['h', 'w', 'c'], usecols=['h', 'w'])
df2
```

运行结果如图 2-7 所示。

```
df2 = pd.read_csv('iris.csv', header=None, names=['h', 'w', 'c'], index_col='h')
df2
```

运行结果如图 2-8 所示。

图 2-7 只读取 h 列和 w 列

图 2-8 设置 h 列为行索引

## 2. 将数据写入 CSV 文件

在 pandas 中，可通过 DataFrame 对象的 to_csv() 方法将数据写入 CSV 文件，语法格式如下。

```
DataFrame_obj.to_csv(path_or_buf=None, sep=',', na_rep='', columns=None, header=True, index=True,
index_label=None, encoding=None)
```

参数说明如下。

（1）path_or_buf：要写入的文件路径。

（2）sep：指定分隔字符，默认为逗号。

（3）na_rep：有缺失值时用什么值来代替，默认为空字符串。

（4）columns：写入文件的列名。

（5）header：表示是否写入列名，默认为 True，将首行作为列名。

（6）index：表示是否写入行名，默认为 True，会生成从 0 开始的连续的行名。

（7）index_label：为行命名。

（8）encoding：编码方式。

【案例 2-23】将数据写入 CSV 文件。

```
df.to_csv('iris1.csv')
```

写入后的 iris1.csv 如图 2-9 所示。

可见，iris1.csv 默认将第 0 行作为列名。

```
df1.to_csv('iris2.csv', columns=['h', 'w', 'c'])
```

设置写入 h、w、c 列，写入后的 iris2.csv 如图 2-10 所示。

```
df1.to_csv('iris3.csv', header=False, index=False)
```

不写入行名和列名，iris3.csv 如图 2-11 所示。

```
,1.4,0.2,0
0,1.4,0.2,0
1,1.3,0.2,0
2,1.5,0.2,0
3,1.4,0.2,0
4,1.7,0.4,0
5,1.4,0.3,0
6,1.5,0.2,0
```

图 2-9　iris1.csv

```
,h,w,c
0,1.4,0.2,0
1,1.4,0.2,0
2,1.3,0.2,0
3,1.5,0.2,0
4,1.4,0.2,0
5,1.7,0.4,0
6,1.4,0.3,0
7,1.5,0.2,0
```

图 2-10　iris2.csv

```
1.4,0.2,0
1.4,0.2,0
1.3,0.2,0
1.5,0.2,0
1.4,0.2,0
1.7,0.4,0
1.4,0.3,0
1.5,0.2,0
```

图 2-11　iris3.csv

## 2.4.2　读写 Excel 文件

在 pandas 中读写 Excel 文件时需要依赖 xlrd 库和 openpyxel 库，如果运行环境中没有安装这两个库，会报 ImportError: Missing optional dependency 'xlrd'/'openpyxel'错误，因此在读写 Excel 文件时应先安装 xlrd 库和 openpyxl 库。

在命令提示符下输入：pip install xlrd，按<Enter>键，等待 xlrd 库安装，当出现 "Successfully installed openpyxl-3.0.7" 信息时则表示 xlrd 库安装成功，安装 openpyxl 库的步骤与之类似，如图 2-12 所示。

```
C:\Windows\system32>pip install xlrd
Collecting xlrd
  Downloading xlrd-2.0.1-py2.py3-none-any.whl (96 kB)
|                                        96 kB 144 kB/s
Installing collected packages: xlrd
Successfully installed xlrd-2.0.1
```

```
C:\Windows\system32>pip install openpyxl
Collecting openpyxl
  Downloading openpyxl-3.0.7-py2.py3-none-any.whl (243 kB)
                                   243 kB 47 kB/s
Requirement already satisfied: et-xmlfile in d:\appdev\python37\lib\site-packages (from openpyxl) (1.0.1
)
Installing collected packages: openpyxl
Successfully installed openpyxl-3.0.7
```

图 2-12　安装 xlrd 库与 openpyxl 库

### 1. 读取 Excel 文件

在 pandas 中，可通过 read_excel() 函数实现对 Excel 文件的读取，语法格式如下。

```
pandas.read_excel(io,sheet_name=0,header=0,names=None, index_col=None,usecols=None)
```

参数说明如下。

（1）io：表示文件路径。

（2）sheet_name：指定读取哪张分表，默认读取第 1 张分表。

（3）header：将某行数据作为列名，默认将首行作为列名。

（4）names：设置列名，如果要指定该参数，则应该将 header 设置为 None。

（5）index_col：将某列设置为行索引。

（6）usecols：要读取哪些列，可以是列标签，或者列的下标。

以读取 data.xlsx 文件为例演示 Excel 文件的读取方法，如图 2-13 所示。

【案例 2-24】读取 Excel 文件。

```
df3 = pd.read_excel('data.xlsx')
df3
```

运行结果如图 2-14 所示。

| | A | B | C |
|---|---|---|---|
| 1 | age | height | gender |
| 2 | 21 | 165 | M |
| 3 | 22 | 145 | M |
| 4 | 23 | 164 | M |
| 5 | 24 | 165 | M |
| 6 | 25 | 166 | F |
| 7 | 26 | 167 | F |

图 2-13　data.xlsx 文件

| | age | height | gender |
|---|---|---|---|
| 0 | 21 | 165 | M |
| 1 | 22 | 145 | M |
| 2 | 23 | 164 | M |
| 3 | 24 | 165 | M |
| 4 | 25 | 166 | F |
| 5 | 26 | 167 | F |

图 2-14　读取 data.xlsx 文件

```
df4 = pd.read_excel('data.xlsx', header=None, names=['Age', 'Height', 'Gender'], index_col='Age')
# 重新设置列名，并设置 Age 列作为行名
df4
```

运行结果如图 2-15 所示。

| | Height | Gender |
|---|---|---|
| **Age** | | |
| **age** | height | gender |
| **21** | 165 | M |
| **22** | 145 | M |
| **23** | 164 | M |
| **24** | 165 | M |
| **25** | 166 | F |
| **26** | 167 | F |

图 2-15　重新设置列名

**2. 将数据写入 Excel 文件**

在 pandas 中，可通过 DataFrame_obj 的 to_excel() 方法将数据写入 Excel 文件，语法格式如下。

```
DataFrame_obj.to_excel(excel_writer, sheet_name = "Sheet1", na_rep = "", columns=None, header=True, index=True, index_label=None, encoding=None)
```

参数说明如下。

（1）excel_writer：Excel 文件的路径。

（2）sheet_name：指定写到哪张分表，默认写入第一张分表。

（3）na_rep：有缺失值时用什么值来代替，默认为空字符串。

（4）columns：写入文件的列名。

（5）header：是否写入列名，默认为 True，将首行作为列名。

（6）index：是否写入行名，默认为 True，会生成从 0 开始的连续的行名。

（7）index_label：为行命名。

（8）encoding：编码方式。

【案例 2-25】将数据写入 Excel 文件。

```
df3.to_excel('data1.xlsx')
```

写入后的 data1.xlsx 如图 2-16 所示。

| | A | B | C | D |
|---|---|---|---|---|
| 1 | | age | height | gender |
| 2 | 0 | 21 | 165 | M |
| 3 | 1 | 22 | 145 | M |
| 4 | 2 | 23 | 164 | M |
| 5 | 3 | 24 | 165 | M |
| 6 | 4 | 25 | 166 | F |
| 7 | 5 | 26 | 167 | F |

图 2-16 data1.xlsx

```
df3.to_excel('data2.xlsx', sheet_name='one', index_label='idx_num')
```

写入后的 data2.xlsx 如图 2-17 所示。

| | A | B | C | D |
|---|---|---|---|---|
| 1 | idx_num | age | height | gender |
| 2 | 0 | 21 | 165 | M |
| 3 | 1 | 22 | 145 | M |
| 4 | 2 | 23 | 164 | M |
| 5 | 3 | 24 | 165 | M |
| 6 | 4 | 25 | 166 | F |
| 7 | 5 | 26 | 167 | F |

图 2-17 data2.xlsx

## 2.4.3 读写 JSON 文件

JSON（JavaScript Object Notation）是一种轻量级的数据交换格式，易于人们阅读和编写，可以有效提升网络传输效率。

### 1. 将数据写入 JSON 文件

通过 DataFrame_obj 的 to_json() 方法将数据写入 JSON 文件，语法格式如下。

```
DataFrame_obj.to_json(path_or_buf=None, orient=None,…)
```

参数说明如下。

（1）path_or_buf：指定存储文件路径，如果没有指定，则返回 json 字符串。

（2）orient：指定预设的 json 字符串格式，Series 默认为 index，允许值为 split、records、index；DataFrame 默认为 columns，允许值为 split、records、index、columns、values、table。

【案例 2-26】将数据写入 JSON 文件。

```
df4 = pd.DataFrame({"Lucy": [5, 10, 20], "Lily": [3, 9, 13]})
df4
```

运行结果如图 2-18 所示。

| | Lucy | Lily |
|---|---|---|
| 0 | 5 | 3 |
| 1 | 10 | 9 |
| 2 | 20 | 13 |

图 2-18　创建 DataFrame1

```
df4.to_json("stu.json")
```

写入后的 stu.json 显示如下。

```
{"Lucy":{"0":5,"1":10,"2":20},"Lily":{"0":3,"1":9,"2":13}}
df4.to_json("stu1.json", orient="index")
```

写入后的 stu1.json 显示如下。

```
{"0":{"Lucy":5,"Lily":3},"1":{"Lucy":10,"Lily":9},"2":{"Lucy":20,"Lily":13}}
```

### 2. 读取 JSON 文件

可通过 pandas 中的 read_json() 函数来实现对 JSON 文件的读取。

语法格式如下。

```
pd.read_json(path_or_buf=None, orient=None, typ="frame",…)
```

参数说明如下。

（1）path_or_buf：指定存储文件路径，如果没有指定，则返回 json 字符串。

（2）orient：指定预设的 json 字符串格式，Series 默认为 index，允许值为 split、records、index；DataFrame 默认为 columns，允许值为 split、records、index、columns、values、table。

（3）typ：要恢复的对象类型（series 或者 frame），默认为 frame。

【案例 2-27】读取 JSON 文件。

```
df5 = pd.read_json("stu.json")
df5
```

运行结果如图 2-19 所示。

```
s = pd.read_json("stu.json", typ="series")
s
```

运行结果如图 2-20 所示。

| | Lucy | Lily |
|---|---|---|
| **0** | 5 | 3 |
| **1** | 10 | 9 |
| **2** | 20 | 13 |

```
Lucy    {'0': 5, '1': 10, '2': 20}
Lily    {'0': 3, '1': 9, '2': 13}
dtype: object
```

图 2-19 从 stu.json 读取 DataFrame　　　　图 2-20　从 stu.json 读取 Series

```
df6 = pd.read_json("stu.json", orient="index")
df6
```

运行结果如图 2-21 所示。

| | 0 | 1 | 2 |
|---|---|---|---|
| **Lucy** | 5 | 10 | 20 |
| **Lily** | 3 | 9 | 13 |

图 2-21　将格式设置为 index

## 2.5　数据索引、排序和排名

pandas 为 DataFrame 的索引提供了非常强大的功能支持，我们可以更方便地对数据进行分析。数据排序和排名在日常工作中的使用比较频繁，pandas 提供了相应的方法，可以很方便地对数据进行排序和排名。

### 2.5.1　DataFrame 的索引

**1. 修改索引**

（1）修改行索引。

修改行索引只需要获取 DataFrame 对象的 index 属性，并重新赋值即可，语法格式如下。

```
DataFrame_obj.index = [xxx,…]
```

【案例 2-28】修改行索引。

```
df = pd.DataFrame([[1, 2, 3], [4, 5, 6], [7, 8, 9]], columns=['a', 'b', 'c'], index=['A', 'B', 'C'])
df
```

运行结果如图 2-22 所示。

```
df.index = ['AA', 'BB', 'CC']
df
```

运行结果如图 2-23 所示。

（2）修改列索引。

修改列索引和修改行索引原理一样，只需要获取 DataFrame 对象的 columns 属性，并重新赋值即可，语法格式如下。

```
DataFrame_obj.columns = [xxx,…]
```

修改列索引，代码如下。

```
df.columns = ['aa', 'bb', 'cc']
df
```

运行结果如图 2-24 所示。

| | a | b | c |
|---|---|---|---|
| A | 1 | 2 | 3 |
| B | 4 | 5 | 6 |
| C | 7 | 8 | 9 |

图 2-22　创建用于修改索引的 DataFrame

| | a | b | c |
|---|---|---|---|
| AA | 1 | 2 | 3 |
| BB | 4 | 5 | 6 |
| CC | 7 | 8 | 9 |

图 2-23　修改行索引

| | aa | bb | cc |
|---|---|---|---|
| AA | 1 | 2 | 3 |
| BB | 4 | 5 | 6 |
| CC | 7 | 8 | 9 |

图 2-24　修改列索引 1

### 2. reindex()方法重置索引

reindex()方法可以为 DataFrame 对象重置索引，语法格式如下。

```
DataFrame_obj.reindex(labels, index, columns, axis, method, fill_value, …)
```

参数说明如下。

（1）labels：指定新索引值。

（2）index：指定行索引对象。

（3）columns：指定列索引对象。

（4）axis：配合 labels 参数使用，当 axis=0 时表示修改行索引，当 axis=1 时表示修改列索引。

（5）method：对扩展部分的缺失值进行插值，对原有的缺失值不进行处理。可选参数有 None、backfill/bfill、pad/ffill、nearest，默认为 None，表示不填充缺失值，pad/ffill 表示将用前面的数据填充后面的缺失值，backfill/bfill 表示将用后面的数据填充前面的缺失值，nearest 表示用最近的数据填充缺失值。method 参数只适用于 index 是单调递增或者单调递减的情形。

（6）fill_value：常量，默认值为 NaN，为缺失值填充内容。

```
df.reindex(columns=['bb', 'aa', 'cc', 'dd'])
```

运行结果如图 2-25 所示。

如图 2-25 所示，可以看到列索引的顺序发生了改变，并且添加了名为 dd 的列索引，没有数据则用 NaN 填充。

```
df.reindex(index=['BB', 'CC', 'AA'])
```

运行结果如图 2-26 所示。

| | bb | aa | cc | dd |
|---|---|---|---|---|
| AA | 2 | 1 | 3 | NaN |
| BB | 5 | 4 | 6 | NaN |
| CC | 8 | 7 | 9 | NaN |

图 2-25　修改列索引 2

| | aa | bb | cc |
|---|---|---|---|
| BB | 4 | 5 | 6 |
| CC | 7 | 8 | 9 |
| AA | 1 | 2 | 3 |

图 2-26　调整行索引的顺序

```
df.reindex(index=['AA', 'BB', 'DD'], fill_value=5)
```

运行结果如图 2-27 所示。

```
df1 = pd.DataFrame({3: [10, 20, np.nan, 40], 4: [11, np.nan, 31, 41]}, index=[4, 5, 6, 7])
df1
```

运行结果如图 2-28 所示。

|  | aa | bb | cc |
|---|---|---|---|
| **AA** | 1 | 2 | 3 |
| **BB** | 4 | 5 | 6 |
| **DD** | 5 | 5 | 5 |

图 2-27　通过 fill_value 为 DD 行填充数据

|  | 3 | 4 |
|---|---|---|
| **4** | 10.0 | 11.0 |
| **5** | 20.0 | NaN |
| **6** | NaN | 31.0 |
| **7** | 40.0 | 41.0 |

图 2-28　创建 DataFrame 2

```
df1.reindex(index=[3, 4, 5, 6, 7, 8], method='bfill')
```

运行结果如图 2-29 所示。

如图 2-29 所示，bfill 是用后面的数据填充前面的缺失值，原数据缺失的位置并没有发生改变。行索引为 3 的行用行索引为 4 的数据进行填充。行索引为 8 的行后面无数据，则不进行填充。

```
df1.reindex(index=[3, 4, 5, 6, 7, 8], method='nearest')
```

运行结果如图 2-30 所示。

|  | 3 | 4 |
|---|---|---|
| **3** | 10.0 | 11.0 |
| **4** | 10.0 | 11.0 |
| **5** | 20.0 | NaN |
| **6** | NaN | 31.0 |
| **7** | 40.0 | 41.0 |
| **8** | NaN | NaN |

图 2-29　通过 bfill 填充

|  | 3 | 4 |
|---|---|---|
| **3** | 10.0 | 11.0 |
| **4** | 10.0 | 11.0 |
| **5** | 20.0 | NaN |
| **6** | NaN | 31.0 |
| **7** | 40.0 | 41.0 |
| **8** | 40.0 | 41.0 |

图 2-30　通过 nearest 填充

如图 2-30 所示，nearest 表示用最近的数据填充缺失值，原数据缺失的位置并没有发生改变。行索引为 3 的行用行索引为 4 的数据进行填充。行索引为 8 的行用行索引为 7 的数据进行填充。

```
df1.reindex(columns=[2, 3, 4, 5], method='pad')
```

运行结果如图 2-31 所示。

pad 表示用前面的数据填充缺失值，同样原数据缺失的位置并没有发生改变。列索引为 5 的列用列索引为 4 的数据进行填充。列索引为 2 的列前面并无数据，不进行填充。

### 3. 复合索引

（1）直接通过 pandas.DataFrame 的 index 和 columns 参数创建复合索引。

|  | 2 | 3 | 4 | 5 |
|---|---|---|---|---|
| **4** | NaN | 10.0 | 11.0 | 11.0 |
| **5** | NaN | 20.0 | NaN | NaN |
| **6** | NaN | NaN | 31.0 | 31.0 |
| **7** | NaN | 40.0 | 41.0 | 41.0 |

图 2-31　通过 pad 填充

【案例 2-29】创建复合索引。

```
mut_index = [['数学', '数学', '英语', '英语'], ['最高分', '最低分', '最高分', '最低分']]
mut_columns = [['三一班', '三一班', '三二班', '三二班'], ['男生', '女生', '男生', '女生']]
data = np.array([[99, 97, 98, 100], [62, 65, 70, 68], [98, 95, 99, 97], [61, 68, 71, 65]])
df = pd.DataFrame(data, index=mut_index, columns=mut_columns)
df
```

运行结果如图 2-32 所示。

（2）通过 MultiIndex 创建复合索引。

pd.MultiIndex 的 from_arrays()函数、from_tuples()函数、from_frame()函数可以创建复合索引。

以 from_arrays()函数为例，语法格式如下。

```
pandas.MultiIndex.from_arrays(arrays, names=None)
```

参数说明如下。

（1）arrays：提供复合索引值，可以是多维列表、ndarray。

（2）names：指定层次索引名称，默认为 None，即不指定索引名称。

```
mut_idx = pd.MultiIndex.from_arrays(mut_index, names=['科目', '分数'])
mut_col = pd.MultiIndex.from_arrays(mut_columns, names=['班级', '性别'])
df2 = pd.DataFrame(data, index=mut_idx, columns=mut_col)
df2
```

运行结果如图 2-33 所示。

|  | | 三一班 | | 三二班 | |
|---|---|---|---|---|---|
|  | | 男生 | 女生 | 男生 | 女生 |
| 数学 | 最高分 | 99 | 97 | 98 | 100 |
|  | 最低分 | 62 | 65 | 70 | 68 |
| 英语 | 最高分 | 98 | 95 | 99 | 97 |
|  | 最低分 | 61 | 68 | 71 | 65 |

图 2-32　创建复合索引

| 班级 | | 三一班 | | 三二班 | |
|---|---|---|---|---|---|
| 性别 | | 男生 | 女生 | 男生 | 女生 |
| 科目 | 分数 | | | | |
| 数学 | 最高分 | 99 | 97 | 98 | 100 |
|  | 最低分 | 62 | 65 | 70 | 68 |
| 英语 | 最高分 | 98 | 95 | 99 | 97 |
|  | 最低分 | 61 | 68 | 71 | 65 |

图 2-33　from_arrays()函数创建的复合索引

## 2.5.2　DataFrame 的排序

### 1. sort_values()方法

sort_values()方法的语法格式如下。

```
DataFrame_obj.sort_values(by, axis=0, ascending=True, inplace=False, kind="quicksort", na_position="last", ignore_index=False)
```

参数说明如下。

（1）by：指定按照哪些行或哪些列进行排序，当 axis=0 时需要指定列索引，当 axis=1 时需要指定行索引。

（2）axis：排序的轴向，当 axis=0 时表示按列排序，当 axis=1 时表示按行排序，默认值为 0。

（3）ascending：指定是升序排序还是降序排序，默认为 True，表示升序排序，如果设置为 False，则表示降序排序。

（4）inplace：指定在原数据上排序还是在视图上排序，默认为 False，在视图上排序，此时会返回一个排序后的数据，原数据不会发生变化，如果设置为 True，则在原数据上排序。

（5）kind：排序方式，可选项有 quicksort、mergesort、heapsort。

（6）na_position：为 NaN 值选择排序位置，可选项有 first、last；first 将 NaN 值放在开头，last 将 NaN 值放在最后，默认为 last。

（7）ignore_index：表示是否重置行索引，默认为 False，不重置行索引，如果设置为 True，则会重新生成从 0 开始的连续整数索引。

【案例 2-30】使用 sort_values() 方法排序。

```
df = pd.DataFrame([[69, 72, 83], [99, 90, 97], [78, 100, 65], [95, 88, 92]], columns=['chinese', 'math', 'english'])
df
```

运行结果如图 2-34 所示。

```
df1 = df.sort_values(by='english', ascending=False)
df1
```

运行结果如图 2-35 所示。

| | chinese | math | english |
|---|---|---|---|
| 0 | 69 | 72 | 83 |
| 1 | 99 | 90 | 97 |
| 2 | 78 | 100 | 65 |
| 3 | 95 | 88 | 92 |

图 2-34　创建的用于排序的 DataFrame

| | chinese | math | english |
|---|---|---|---|
| 1 | 99 | 90 | 97 |
| 3 | 95 | 88 | 92 |
| 0 | 69 | 72 | 83 |
| 2 | 78 | 100 | 65 |

图 2-35　根据 english 列进行降序排序

```
df.sort_values(by='math', ignore_index=True, inplace=True)
df
```

运行结果如图 2-36 所示。

```
df2 = df.sort_values(by=2, axis=1) # 根据第 2 行进行升序排序
df2
```

运行结果如图 2-37 所示。

| | chinese | math | english |
|---|---|---|---|
| 0 | 69 | 72 | 83 |
| 1 | 95 | 88 | 92 |
| 2 | 99 | 90 | 97 |
| 3 | 78 | 100 | 65 |

图 2-36　根据 math 列进行升序排序

| | math | english | chinese |
|---|---|---|---|
| 0 | 72 | 83 | 69 |
| 1 | 88 | 92 | 95 |
| 2 | 90 | 97 | 99 |
| 3 | 100 | 65 | 78 |

图 2-37　根据第 2 行进行升序排序

### 2. sort_index()方法

sort_index()方法的语法格式如下。

```
DataFrame_obj.sort_index(axis=0,level=None,ascending=True,inplace=False,kind="quicksort",
na_position = "last", sort_remaining=True, ignore_index = False)
```

参数说明如下。

（1）axis：排序的轴向，当 axis=0 时表示按行索引进行排序，当 axis=1 时表示按列索引进行排序，默认值为 0。

（2）level：指定行索引的层级数（存在复合索引时），默认为 None，是基于默认的行索引层级 0 进行排序的。

（3）ascending：指定升序排序还是降序排序，默认为 True，表示升序排序，如果设置为 False，表示降序排序。

（4）inplace：指定在原数据上排序还是在视图上排序，默认为 False，在视图上排序，此时会返回一个排序后的数据，原数据不会发生变化，如果设置为 True，则在原数据上排序。

（5）kind：排序方式，可选项有 quicksort、mergesort、heapsort。

（6）na_position：为 NaN 值选择排序位置，可选项有 first、last；first 将 NaN 值放在开头，last 将 NaN 值放在最后，默认为 last。

（7）sort_remaining：默认为 True，在复合索引的情况下，按指定的索引级别排序后，还要按照其他索引级别排序。

（8）ignore_index：是否重置行索引，默认为 False，表示不重置行索引，如果设置为 True，则会重新生成从 0 开始的连续整数索引。

【案例 2-31】使用 sort_index()方法排序。

```
mut_index = [[0, 0, 1, 1], [0, 1, 0, 1]]
mut_columns = [[2, 2, 3, 3], [4, 5, 4, 5]]
data = np.array([[99, 97, 98, 100], [62, 65, 70, 68], [98, 95, 99, 97], [61, 68, 71, 65]])
df = pd.DataFrame(data, index=mut_index, columns=mut_columns)
df
```

运行结果如图 2-38 所示。

```
df.sort_index(ascending=False)
```

运行结果如图 2-39 所示。

| | | 2 | | 3 | |
|---|---|---|---|---|---|
| | | 4 | 5 | 4 | 5 |
| 0 | 0 | 99 | 97 | 98 | 100 |
| | 1 | 62 | 65 | 70 | 68 |
| 1 | 0 | 98 | 95 | 99 | 97 |
| | 1 | 61 | 68 | 71 | 65 |

图 2-38　创建的用于排序的 DataFrame

| | | 2 | | 3 | |
|---|---|---|---|---|---|
| | | 4 | 5 | 4 | 5 |
| 1 | 1 | 61 | 68 | 71 | 65 |
| | 0 | 98 | 95 | 99 | 97 |
| 0 | 1 | 62 | 65 | 70 | 68 |
| | 0 | 99 | 97 | 98 | 100 |

图 2-39　按 0 级行索引降序排序

```
df.sort_index(axis=1, ascending=False, level=1)
```
运行结果如图 2-40 所示。

```
df.sort_index(ignore_index=True, level=1, axis=1, ascending=False, inplace=True)
df
```
运行结果如图 2-41 所示。

| | | 3 | 2 | 3 | 2 |
|---|---|---|---|---|---|
| | | 5 | 5 | 4 | 4 |
| 0 | 0 | 100 | 97 | 98 | 99 |
| | 1 | 68 | 65 | 70 | 62 |
| 1 | 0 | 97 | 95 | 99 | 98 |
| | 1 | 65 | 68 | 71 | 61 |

图 2-40　按 1 级列索引降序排序

| | 3 | 2 | 3 | 2 |
|---|---|---|---|---|
| | 5 | 5 | 4 | 4 |
| 0 | 100 | 97 | 98 | 99 |
| 1 | 68 | 65 | 70 | 62 |
| 2 | 97 | 95 | 99 | 98 |
| 3 | 65 | 68 | 71 | 61 |

图 2-41　按 1 级列索引降序排序，重置行索引并在原表上生效

### 2.5.3　DataFrame 的排名

在 pandas 中可以通过 rank() 方法对 DataFrame 数据按行或按列进行排名。

rank() 方法语法格式如下。

```
DataFrame_obj.rank(axis=0, method="average", numeric_only=None, na_option="keep", ascending=True, pct=False)
```

参数说明如下。

（1）axis：指定排名的轴向，默认值为 0，表示按列排名，当 axis=1 时表示按行排名。

（2）method：排名方法，可选项为 average、min、max、first、dense，默认为 average，表示给各组（一行或一列为一组）指定平均值排名（主要是重复元素之间），min 表示按最小值排名，max 表示按最大值排名，first 表示按顺序排名，dense 与 min 类似，但是不同组之间采用递增 1 的排名方式。

（3）numeric_only：仅对数字进行排名，包括整数、浮点数、布尔值。

（4）na_option：对 NA 的排名方式，可选项为 keep、top、bottom，默认为 keep，表示保持 NA 元素原来的位置，top 表示升序排名时排到开始位置，bottom 表示降序排名时排到最后位置。

（5）ascending：排名方式，默认为 True，表示升序排名，如果设置为 False 则表示降序排名。

（6）pct：默认为 False，若设置为 True 则可以计算数据的排名百分比。

【案例 2-32】对 DataFrame 数据按行或按列进行排名。

```
df = pd.DataFrame([[6, 3, 9, 7], [10, 5, 12, 30], [4, 2, 12, 25], [27, 17, 21, 15]], columns=['a', 'b', 'c', 'd'])
df
```
运行结果如图 2-42 所示。

```
df.rank() # 1.0 表示第一名，2.0 表示第二名
```
运行结果如图 2-43 所示。

| | a | b | c | d |
|---|---|---|---|---|
| 0 | 6 | 3 | 9 | 7 |
| 1 | 10 | 5 | 12 | 30 |
| 2 | 4 | 2 | 12 | 25 |
| 3 | 27 | 17 | 21 | 15 |

图 2-42　创建的用于排名的 DataFrame

| | a | b | c | d |
|---|---|---|---|---|
| 0 | 2.0 | 2.0 | 1.0 | 1.0 |
| 1 | 3.0 | 3.0 | 2.5 | 4.0 |
| 2 | 1.0 | 1.0 | 2.5 | 3.0 |
| 3 | 4.0 | 4.0 | 4.0 | 2.0 |

图 2-43　使用 rank()方法进行默认排序

将 method 参数设置为 average，当元素相同时（c 列的第 1 行和第 2 行），从其排名开始把顺序号累加然后除以重复数量，得到的平均值作为重复元素的排名编号。c 列中的第一个 12 顺序号是 2，第 2 个 12 顺序号是 3，则平均值编号为 2.5［（2+3）/2］。

```
df.rank(method='min')
```

运行结果如图 2-44 所示。

将 method 参数设置为 min，c 列中两个 12 的顺序号分别为 2 和 3，取最小顺序号 2 作为排名编号。

```
df.rank(method='dense')
```

运行结果如图 2-45 所示。

| | a | b | c | d |
|---|---|---|---|---|
| 0 | 2.0 | 2.0 | 1.0 | 1.0 |
| 1 | 3.0 | 3.0 | 2.0 | 4.0 |
| 2 | 1.0 | 1.0 | 2.0 | 3.0 |
| 3 | 4.0 | 4.0 | 4.0 | 2.0 |

图 2-44　参数为 min 时的排名

| | a | b | c | d |
|---|---|---|---|---|
| 0 | 2.0 | 2.0 | 1.0 | 1.0 |
| 1 | 3.0 | 3.0 | 2.0 | 4.0 |
| 2 | 1.0 | 1.0 | 2.0 | 3.0 |
| 3 | 4.0 | 4.0 | 3.0 | 2.0 |

图 2-45　参数为 dense 时的排名

将 method 参数设置为 dense，c 列中两个 12 的顺序号分别为 2 和 3，取最小顺序号 2 作为排名编号，但后面的排名紧跟 3，而不是 4。

```
df.rank(method="first")
```

运行结果如图 2-46 所示。

将 method 参数设置为 first，c 列中两个 12 的顺序号分别为 2 和 3，从第一个顺序号 2 开始，依次递增 1，并进行排名。

| | a | b | c | d |
|---|---|---|---|---|
| 0 | 2.0 | 2.0 | 1.0 | 1.0 |
| 1 | 3.0 | 3.0 | 2.0 | 4.0 |
| 2 | 1.0 | 1.0 | 3.0 | 3.0 |
| 3 | 4.0 | 4.0 | 4.0 | 2.0 |

图 2-46　参数为 first 时的排名

## 2.6　项目实训——链家房屋数据分析

### 2.6.1　项目需求

house.xlsx 文件中存放的是部分房屋数据，数据字段包括区域、商圈、楼盘、朝向、有无电梯、楼层、装修情况、年代、房屋面积大小、房屋总价、房屋均价，基于上述数据实现如下需求。

（1）通过 pandas 从 house.xlsx 中读取房屋数据，并查看有哪些数据字段。

（2）查看青羊区的房屋信息。

（3）查看朝向为东南和东的房屋信息。

（4）查看 4 室及以上的房屋信息。

（5）查看房屋总价在 200 万元以上的房屋信息。

（6）查看房屋均价大于 3 万元的房屋信息。

（7）将房屋按照房屋总价进行降序排列。

（8）将房屋按照房屋面积大小进行升序排列。

## 2.6.2 项目实施

```
# 1.读取 house.xlsx 中的数据，并查看行数和列数
data = pd.read_excel('house.xlsx')
data
```

运行结果如图 2-47 所示。

| | district | region | village | direction | elevator | floor | layout | decoration | year | size | price | perprice |
|---|---|---|---|---|---|---|---|---|---|---|---|---|
| 0 | 锦江 | 莲花 | 莲桂苑 | 东 | 无 | 低楼层 | 3室1厅 | 精装 | 2015 | 113 | 178.0 | 15700 |
| 1 | 锦江 | 盐市口 | 和贵苑 | 东 | 无 | 高楼层 | 2室1厅 | 其他 | 2015 | 59 | 190.0 | 32128 |
| 2 | 锦江 | 三圣乡 | 合能锦城 | 东南 | 有 | 中楼层 | 3室1厅 | 其他 | 2015 | 82 | 160.0 | 19477 |
| 3 | 锦江 | 卓锦城 | 海棠佳苑 | 东南 | 有 | 中楼层 | 3室2厅 | 其他 | 2008 | 88 | 150.0 | 16946 |
| 4 | 锦江 | 盐市口 | 时代广场(锦江) | 东 | 有 | 中楼层 | 1室0厅 | 其他 | 2008 | 390 | 1015.1 | 26000 |
| ... | ... | ... | ... | ... | ... | ... | ... | ... | ... | ... | ... | ... |
| 68 | 高新 | 新北 | 新北佳苑 | 东北 | 有 | 低楼层 | 2室1厅 | 简装 | 2013 | 65 | 110.0 | 16843 |
| 69 | 高新 | 新会展 | 朗基天香 | 东 | 有 | 中楼层 | 3室2厅 | 精装 | 2013 | 100 | 278.0 | 27657 |
| 70 | 高新 | 广都 | 龙湖九里晴川 | 东 | 有 | 低楼层 | 4室1厅 | 毛坯 | 2009 | 147 | 380.0 | 25798 |
| 71 | 高新 | 广都 | 蒂梵尼T公馆 | 西 | 有 | 高楼层 | 1室1厅 | 简装 | 2009 | 50 | 105.0 | 20743 |
| 72 | 高新 | 衣冠庙 | 国际花园 | 东北 | 有 | 高楼层 | 1室1厅 | 精装 | 2018 | 49 | 85.0 | 17007 |

73 rows × 12 columns

图 2-47 从 house.xlsx 中读取的房屋数据

```
# 2.查看列标签
data.columns
```

运行结果为：

```
Index(['district', 'region', 'village', 'direction', 'elevator', 'floor',
        'layout', 'decoration', 'year', 'size', 'price', 'perprice'],
      dtype='object')
```

```
# 3.查看数据形状
data.shape
```

运行结果为：

(73, 12)

```
# 4.查看青羊区的房屋信息
qingyang = data.loc[data['district'] == '青羊']
qingyang
```

运行结果如图 2-48 所示。

| | district | region | village | direction | elevator | floor | layout | decoration | year | size | price | perprice |
|---|---|---|---|---|---|---|---|---|---|---|---|---|
| 18 | 青羊 | 府南新区 | 石人北路99号 | 东南 | 无 | 低楼层 | 2室1厅 | 简装 | 2014 | 68 | 85.0 | 12359 |
| 19 | 青羊 | 草市街 | 狮子巷60号 | 东北 | 无 | 中楼层 | 1室1厅 | 其他 | 2014 | 47 | 56.0 | 11830 |
| 20 | 青羊 | 外光华 | 金阳易诚国际 | 南 | 有 | 低楼层 | 2室1厅 | 简装 | 2013 | 76 | 123.0 | 16159 |
| 21 | 青羊 | 府南新区 | 金林大城小室 | 东西南 | 有 | 中楼层 | 2室1厅 | 其他 | 2013 | 86 | 164.0 | 18890 |
| 22 | 青羊 | 外光华 | 成都青羊万达广场 | 南 | 有 | 低楼层 | 1室0厅 | 毛坯 | 2013 | 36 | 42.0 | 11404 |
| 23 | 青羊 | 外金沙 | 清水河畔 | 东北 | 有 | 低楼层 | 2室1厅 | 精装 | 2013 | 76 | 100.0 | 13153 |
| 24 | 青羊 | 贝森 | 铸信境界 | 南 | 有 | 高楼层 | 3室1厅 | 精装 | 2013 | 89 | 230.0 | 25650 |
| 25 | 青羊 | 贝森 | 玉双苑(青羊) | 东 | 无 | 高楼层 | 2室2厅 | 精装 | 2013 | 78 | 102.0 | 13016 |
| 26 | 青羊 | 外光华 | 元益花园 | 南 | 有 | 中楼层 | 2室1厅 | 其他 | 2013 | 40 | 65.0 | 16250 |
| 27 | 青羊 | 府南新区 | 金沙蜜地 | 东 | 有 | 低楼层 | 2室1厅 | 其他 | 2013 | 63 | 98.0 | 15337 |
| 28 | 青羊 | 八宝街 | 新城市广场 | 南 | 有 | 高楼层 | 1室0厅 | 其他 | 2011 | 30 | 76.0 | 24878 |
| 29 | 青羊 | 草市街 | 北斗星花园 | 东北 | 有 | 低楼层 | 4室2厅 | 精装 | 2011 | 160 | 230.0 | 14364 |
| 30 | 青羊 | 贝森 | 铸信境界 | 东 | 有 | 中楼层 | 3室1厅 | 简装 | 2011 | 89 | 180.0 | 20074 |
| 31 | 青羊 | 府南新区 | 石人南路13号 | 南 | 无 | 中楼层 | 2室1厅 | 精装 | 2011 | 81 | 97.0 | 11958 |
| 32 | 青羊 | 太升路 | 锦天国际 | 北 | 有 | 中楼层 | 3室1厅 | 简装 | 2011 | 131 | 249.0 | 18994 |
| 33 | 青羊 | 外光华 | 金阳易诚国际 | 南 | 有 | 中楼层 | 2室1厅 | 精装 | 2006 | 70 | 140.0 | 19724 |
| 34 | 青羊 | 府南新区 | 文苑路48号 | 南 | 无 | 中楼层 | 2室1厅 | 简装 | 2006 | 76 | 98.0 | 12781 |
| 35 | 青羊 | 光华泡小 | 左右 | 东 | 有 | 中楼层 | 2室1厅 | 毛坯 | 2006 | 60 | 63.0 | 10434 |

图 2-48　青羊区的房屋信息

```
#5.查看朝向为东南和东的房屋信息
direction_east = data.loc[(data['direction'] == '东南') | (data['direction'] == '东')]
direction_east
```

运行结果如图 2-49 所示。

| | district | region | village | direction | elevator | floor | layout | decoration | year | size | price | perprice |
|---|---|---|---|---|---|---|---|---|---|---|---|---|
| 0 | 锦江 | 莲花 | 莲桂苑 | 东 | 无 | 低楼层 | 3室1厅 | 精装 | 2015 | 113 | 178.0 | 15700 |
| 1 | 锦江 | 盐市口 | 和贵苑 | 东 | 无 | 高楼层 | 2室1厅 | 其他 | 2015 | 59 | 190.0 | 32128 |
| 2 | 锦江 | 三圣乡 | 合能锦城 | 东南 | 有 | 中楼层 | 3室1厅 | 其他 | 2015 | 82 | 160.0 | 19477 |
| 3 | 锦江 | 卓锦城 | 海棠佳苑 | 东南 | 有 | 中楼层 | 3室2厅 | 其他 | 2008 | 88 | 150.0 | 16946 |
| 4 | 锦江 | 盐市口 | 时代广场(锦江) | 东 | 有 | 中楼层 | 1室0厅 | 其他 | 2008 | 390 | 1015.1 | 26000 |
| 7 | 锦江 | 卓锦城 | 卓锦城五期 | 东南 | 有 | 中楼层 | 3室2厅 | 其他 | 2005 | 87 | 200.0 | 22892 |
| 8 | 锦江 | 盐市口 | 三倒拐街12号 | 东南 | 无 | 中楼层 | 2室1厅 | 其他 | 2005 | 87 | 131.0 | 15006 |
| 14 | 锦江 | 三官堂 | 东辰苑 | 东南 | 无 | 中楼层 | 2室2厅 | 其他 | 2014 | 90 | 180.0 | 19941 |
| 15 | 锦江 | 蓝谷地 | 紫东梵谷 | 东南 | 有 | 高楼层 | 3室1厅 | 其他 | 2014 | 114 | 160.0 | 13987 |
| 18 | 青羊 | 府南新区 | 石人北路99号 | 东南 | 无 | 低楼层 | 2室1厅 | 简装 | 2014 | 68 | 85.0 | 12359 |
| 25 | 青羊 | 贝森 | 玉双苑(青羊) | 东 | 无 | 高楼层 | 2室2厅 | 精装 | 2013 | 78 | 102.0 | 13016 |
| 27 | 青羊 | 府南新区 | 金沙蜜地 | 东 | 有 | 低楼层 | 2室1厅 | 其他 | 2013 | 63 | 98.0 | 15337 |
| 30 | 青羊 | 贝森 | 铸信境界 | 东 | 有 | 中楼层 | 3室1厅 | 简装 | 2011 | 89 | 180.0 | 20074 |
| 35 | 青羊 | 光华泡小 | 左右 | 东 | 有 | 中楼层 | 2室1厅 | 毛坯 | 2006 | 60 | 63.0 | 10434 |
| 36 | 武侯 | 丽都 | 长城福苑 | 东南 | 无 | 低楼层 | 2室1厅 | 简装 | 2012 | 73 | 80.0 | 10836 |
| 42 | 武侯 | 华西 | 凯蒂阳光 | 东南 | 有 | 高楼层 | 1室0厅 | 其他 | 2005 | 32 | 50.0 | 15504 |
| 45 | 武侯 | 草金立交 | 布鲁汀 | 东南 | 有 | 高楼层 | 3室1厅 | 简装 | 1993 | 123 | 185.0 | 14995 |
| 51 | 武侯 | 华西 | 金茂礼都 | 东 | 有 | 低楼层 | 1室1厅 | 其他 | 2012 | 48 | 80.0 | 16664 |
| 63 | 高新 | 大源 | 复城国际 | 东 | 有 | 高楼层 | 1室1厅 | 精装 | 2011 | 51 | 75.0 | 14658 |
| 69 | 高新 | 新会展 | 朗基天香 | 东 | 有 | 中楼层 | 3室2厅 | 精装 | 2013 | 100 | 278.0 | 27657 |
| 70 | 高新 | 广都 | 龙湖九里晴川 | 东 | 有 | 低楼层 | 4室1厅 | 毛坯 | 2009 | 147 | 380.0 | 25798 |

图 2-49　朝向为东南和东的房屋信息

```
#6.查看 4 室及以上的房屋信息
h_2room = data.loc[data['layout'] > '4']
```

h_2room

运行结果如图 2-50 所示。

| | district | region | village | direction | elevator | floor | layout | decoration | year | size | price | perprice |
|---|---|---|---|---|---|---|---|---|---|---|---|---|
| 13 | 锦江 | 东客站 | 中房优山PLUS | 东北 | 有 | 高楼层 | 4室2厅 | 毛坯 | 1999 | 120 | 265.0 | 22084 |
| 16 | 锦江 | 卓锦城 | 融创四海逸家 | 南 | 有 | 高楼层 | 4室1厅 | 精装 | 2014 | 88 | 608.0 | 68810 |
| 29 | 青羊 | 草市街 | 北斗星花园 | 东北 | 有 | 低楼层 | 4室2厅 | 精装 | 2011 | 160 | 230.0 | 14364 |
| 57 | 高新 | 芳草 | 彩虹街3号 | 南 | 无 | 高楼层 | 4室1厅 | 简装 | 2006 | 97 | 118.8 | 12221 |
| 60 | 高新 | 大源 | 华润凤凰城二期 | 东西 | 有 | 低楼层 | 5室2厅 | 精装 | 2009 | 124 | 310.0 | 24834 |
| 70 | 高新 | 广都 | 龙湖九里晴川 | 东 | 有 | 低楼层 | 4室1厅 | 毛坯 | 2009 | 147 | 380.0 | 25798 |

图 2-50　4 室及以上的房屋信息

# 7.查看房屋总价在 200 万元以上的房屋信息
price_150 = data.loc[data['price'] > 200]
price_150

运行结果如图 2-51 所示。

| | district | region | village | direction | elevator | floor | layout | decoration | year | size | price | perprice |
|---|---|---|---|---|---|---|---|---|---|---|---|---|
| 4 | 锦江 | 盐市口 | 时代广场(锦江) | 东 | 有 | 中楼层 | 1室0厅 | 其他 | 2008 | 390 | 1015.1 | 26000 |
| 5 | 锦江 | 三官堂 | 瑞升望江橡树林二期 | 南 | 有 | 低楼层 | 3室1厅 | 精装 | 2005 | 86 | 230.0 | 26621 |
| 6 | 锦江 | 琉璃场 | 天悦龙庭 | 南 | 有 | 高楼层 | 2室1厅 | 其他 | 2014 | 85 | 280.0 | 32784 |
| 10 | 锦江 | 合江亭 | 时代豪庭一期 | 东北 | 有 | 高楼层 | 3室1厅 | 其他 | 2008 | 154 | 480.0 | 31010 |
| 13 | 锦江 | 东客站 | 中房优山PLUS | 东北 | 有 | 高楼层 | 4室2厅 | 毛坯 | 1999 | 120 | 265.0 | 22084 |
| 16 | 锦江 | 卓锦城 | 融创四海逸家 | 南 | 有 | 高楼层 | 4室1厅 | 精装 | 2014 | 88 | 608.0 | 68810 |
| 17 | 锦江 | 合江亭 | 时代豪庭二期 | 西北 | 有 | 中楼层 | 3室1厅 | 其他 | 2014 | 175 | 580.0 | 33143 |
| 24 | 青羊 | 贝森 | 铸信境界 | 南 | 有 | 高楼层 | 3室2厅 | 精装 | 2013 | 89 | 230.0 | 25650 |
| 29 | 青羊 | 草市街 | 北斗星花园 | 东北 | 有 | 低楼层 | 4室2厅 | 精装 | 2011 | 160 | 230.0 | 14364 |
| 32 | 青羊 | 太升路 | 锦天国际 | 北 | 有 | 中楼层 | 3室1厅 | 简装 | 2011 | 131 | 249.0 | 18994 |
| 37 | 武侯 | 桐梓林 | 凯莱帝景 | 南 | 有 | 低楼层 | 3室1厅 | 简装 | 2012 | 178 | 270.0 | 15154 |
| 41 | 武侯 | 棕北 | 棕南公寓 | 南 | 有 | 中楼层 | 2室2厅 | 简装 | 2005 | 143 | 236.0 | 16504 |
| 58 | 高新 | 中德 | 中德英伦联邦A区 | 东北 | 有 | 高楼层 | 3室1厅 | 精装 | 2013 | 88 | 217.0 | 24429 |
| 60 | 高新 | 大源 | 华润凤凰城二期 | 东西 | 有 | 低楼层 | 5室2厅 | 精装 | 2009 | 124 | 310.0 | 24834 |
| 64 | 高新 | 金融城 | 中国华商交子公馆 | 南 | 有 | 中楼层 | 1室1厅 | 精装 | 2011 | 90 | 335.0 | 36960 |
| 66 | 高新 | 东苑 | 东苑B区 | 南 | 有 | 中楼层 | 3室1厅 | 简装 | 2013 | 104 | 250.0 | 23867 |
| 69 | 高新 | 新会展 | 朗基天香 | 东 | 有 | 中楼层 | 3室2厅 | 精装 | 2013 | 100 | 278.0 | 27657 |
| 70 | 高新 | 广都 | 龙湖九里晴川 | 东 | 有 | 低楼层 | 4室1厅 | 毛坯 | 2009 | 147 | 380.0 | 25798 |

图 2-51　房屋总价在 200 万元以上的房屋信息

# 8.查看房屋均价大于 3 万元的房屋信息
perprice_4 = data.loc[data['perprice'] > 30000]
perprice_4

运行结果如图 2-52 所示。

| | district | region | village | direction | elevator | floor | layout | decoration | year | size | price | perprice |
|---|---|---|---|---|---|---|---|---|---|---|---|---|
| 1 | 锦江 | 盐市口 | 和贵苑 | 东 | 无 | 高楼层 | 2室1厅 | 其他 | 2015 | 59 | 190.0 | 32128 |
| 6 | 锦江 | 琉璃场 | 天悦龙庭 | 南 | 有 | 高楼层 | 2室1厅 | 其他 | 2014 | 85 | 280.0 | 32784 |
| 10 | 锦江 | 合江亭 | 时代豪庭一期 | 东北 | 有 | 高楼层 | 3室1厅 | 其他 | 2008 | 154 | 480.0 | 31010 |
| 16 | 锦江 | 卓锦城 | 融创四海逸家 | 南 | 有 | 高楼层 | 4室1厅 | 精装 | 2014 | 88 | 608.0 | 68810 |
| 17 | 锦江 | 合江亭 | 时代豪庭二期 | 西北 | 有 | 中楼层 | 3室1厅 | 其他 | 2014 | 175 | 580.0 | 33143 |
| 64 | 高新 | 金融城 | 中国华商交子公馆 | 南 | 有 | 中楼层 | 1室1厅 | 精装 | 2011 | 90 | 335.0 | 36960 |

图 2-52　房屋均价大于 3 万元的房屋信息

```
# 9.将房屋按照房屋总价进行降序排列
price_sort = data.sort_values(by='price', ascending=False)
price_sort
```

运行结果如图 2-53 所示。

| | district | region | village | direction | elevator | floor | layout | decoration | year | size | price | perprice |
|---|---|---|---|---|---|---|---|---|---|---|---|---|
| 4 | 锦江 | 盐市口 | 时代广场(锦江) | 东 | 有 | 中楼层 | 1室0厅 | 其他 | 2008 | 390 | 1015.1 | 26000 |
| 16 | 锦江 | 卓锦城 | 融创四海逸家 | 南 | 有 | 高楼层 | 4室1厅 | 精装 | 2014 | 88 | 608.0 | 68810 |
| 17 | 锦江 | 合江亭 | 时代豪庭二期 | 西北 | 有 | 中楼层 | 3室1厅 | 其他 | 2014 | 175 | 580.0 | 33143 |
| 10 | 锦江 | 合江亭 | 时代豪庭一期 | 东北 | 有 | 高楼层 | 3室1厅 | 其他 | 2008 | 154 | 480.0 | 31010 |
| 70 | 高新 | 广都 | 龙湖九里晴川 | 东 | 有 | 低楼层 | 4室1厅 | 毛坯 | 2009 | 147 | 380.0 | 25798 |
| ... | ... | ... | ... | ... | ... | ... | ... | ... | ... | ... | ... | ... |
| 35 | 青羊 | 光华泡小 | 左右 | 东 | 有 | 中楼层 | 2室1厅 | 毛坯 | 2006 | 60 | 63.0 | 10434 |
| 53 | 武侯 | 玉林 | 玉林北路15号 | 南 | 无 | 低楼层 | 1室1厅 | 精装 | 2012 | 43 | 62.0 | 14133 |
| 19 | 青羊 | 草市街 | 狮子巷60号 | 东北 | 无 | 中楼层 | 2室1厅 | 其他 | 2014 | 47 | 56.0 | 11830 |
| 42 | 武侯 | 华西 | 凯蒂阳光 | 东南 | 有 | 高楼层 | 1室0厅 | 其他 | 2005 | 32 | 50.0 | 15504 |
| 22 | 青羊 | 外光华 | 成都青羊万达广场 | 南 | 有 | 低楼层 | 1室0厅 | 毛坯 | 2013 | 36 | 42.0 | 11404 |

图 2-53　将房屋按照总价进行降序排列

```
# 10.将房屋按照房屋面积大小进行升序排列
size_sort = data.sort_values(by='size')
size_sort
```

运行结果如图 2-54 所示。

| | district | region | village | direction | elevator | floor | layout | decoration | year | size | price | perprice |
|---|---|---|---|---|---|---|---|---|---|---|---|---|
| 28 | 青羊 | 八宝街 | 新城市广场 | 南 | 有 | 高楼层 | 1室0厅 | 其他 | 2011 | 30 | 76.0 | 24878 |
| 42 | 武侯 | 华西 | 凯蒂阳光 | 东南 | 有 | 高楼层 | 1室0厅 | 其他 | 2005 | 32 | 50.0 | 15504 |
| 22 | 青羊 | 外光华 | 成都青羊万达广场 | 南 | 有 | 低楼层 | 1室0厅 | 毛坯 | 2013 | 36 | 42.0 | 11404 |
| 26 | 青羊 | 外光华 | 元益花园 | 南 | 有 | 中楼层 | 1室1厅 | 其他 | 2013 | 40 | 65.0 | 16250 |
| 12 | 锦江 | 合江亭 | 蓝光郁金香花园广场 | 西北北 | 有 | 高楼层 | 1室0厅 | 简装 | 2014 | 42 | 80.0 | 18913 |
| ... | ... | ... | ... | ... | ... | ... | ... | ... | ... | ... | ... | ... |
| 10 | 锦江 | 合江亭 | 时代豪庭一期 | 东北 | 有 | 高楼层 | 3室1厅 | 其他 | 2008 | 154 | 480.0 | 31010 |
| 29 | 青羊 | 草市街 | 北斗星花园 | 东北 | 有 | 低楼层 | 4室2厅 | 精装 | 2011 | 160 | 230.0 | 14364 |
| 17 | 锦江 | 合江亭 | 时代豪庭二期 | 西北 | 有 | 中楼层 | 3室2厅 | 其他 | 2014 | 175 | 580.0 | 33143 |
| 37 | 武侯 | 桐梓林 | 凯莱帝景 | 南 | 有 | 低楼层 | 3室1厅 | 简装 | 2012 | 178 | 270.0 | 15154 |
| 4 | 锦江 | 盐市口 | 时代广场(锦江) | 东 | 有 | 中楼层 | 1室0厅 | 其他 | 2008 | 390 | 1015.1 | 26000 |

图 2-54　将房屋按照房屋面积大小进行升序排列

## 2.6.3　项目分析

首先通过 pandas 中的 read_excel()函数读取 house.xlse 文件中存放的部分房屋数据，然后通过 loc()方法按照各种条件对房屋进行筛选，包括房屋价格、朝向、楼层等，最后通过 sort_values()方法对房屋进行排序。

# 本 章 小 结

本章主要介绍了 Python 数据操作模块 pandas 的基本使用方法。pandas 对于数据的处理离不开其核心数据结构 Series 和 DataFrame，其中 Series 对应一维数据，DataFrame 对应二维数据。读者需要熟练掌握它们的创建方法及相应增、删、改、查等基本操作。对于常见文件（比如 CSV 文件、JSON

文件及 Excel 文件）的读取需要掌握相关读写函数及具体参数的使用方法。

　　pandas 数据索引对于数据操作意义非凡，熟练掌握索引的修改及重置等相关操作，往往能在数据分析过程中达到事半功倍的效果。对于数据排序和排名，需要重点掌握 sort_values()方法、sort_index()方法及 rank()方法。

# 习　题

## 一、单选题

1. 如果 s = pandas.Series([1, 2, 3, 4], index=['a', 'b', 'c', 'd'])，那么 s[-1]的结果是（　　）。

A. 'a'　　　　　　　　B. 报错　　　　　　　　C. 1　　　　　　　　D. 4

2. pandas.DataFrame()可以创建 DataFrame 类型的对象，以下选项中关于它的参数描述，不正确的是（　　）。

A. data：用于创建 DataFrame 对象的数据，可以是列表、NumPy 数组、DataFrame 等，但不能是字典

B. index：DataFrame 对象的行索引，如不指定该参数，则生成的索引为从 0 开始的整数

C. columns：DataFrame 对象的列索引，如不指定该参数，则生成的索引为从 0 开始的整数

D. dtype：指定 DataFrame 对象的数据类型

3. 关于 DataFrame 对象的 drop()方法中参数描述错误的是（　　）。

A. labels：指定要删除的行标签或列标签

B. axis：指定要删除的轴向，0 代表删除列，1 代表删除行

C. index：指定要删除的行标签

D. columns：指定要删除的列标签

4. df = pandas.DataFrame([[69, 72, 83], [99, 90, 97], [78, 100, 65], [95, 88, 92]], columns=['chinese', 'math', 'english'])，以下说法不正确的是（　　）。

A. df.sort_values(by='english', ascending=False)表示按 english 列进行降序排列

B. df.sort_values(by='math', ignore_index=True, inplace=True)表示按 math 列进行升序排列，重置索引，并在原表上生效

C. df.sort_values(by=2, axis=1)会报错

D. df.sort_values(by=['math', 'english'])表示先按math 列进行排序,如果 math 列一样,则再按english 列进行排序

## 二、多选题

1. 以下关于 DataFrame 的说法正确的有（　　）。

A. 它是一种二维的数据结构

B. 其数据元素可以是不同的类型，包括整数、浮点数、字符串、布尔等

C. 具有行索引（index）和列索引（columns）

D. 它的每一行或每一列都是一个 Series

2. pandas 可以读取哪种类型的数据文件（　　　）。

A. CSV　　　　　　　　　　B. JSON　　　　　　　　　C. SQL　　　　　　　　　　D. HDF5

3. 关于 DataFrame 的 sort_values()方法的描述，正确的有（　　　）。

A. 可以对 DataFrame 中的数据进行排序

B. by 参数指定排序规则

C. axis 参数指定排序的轴向，当 axis=0 时表示按行排序，当 axis=1 时表示按列排序，默认值为 0

D. ascending 参数指定升序排序还是降序排序，默认为 False，表示升序排序

## 三、判断题

1. DataFrame 的 shape 属性可以获取维度，得到的是一个二维数组。（　　　）

2. pandas 中可以通过 DataFrame 的 read_json()方法和 to_json()方法来实现对 JSON 文件的读写。（　　　）

3. DataFrame 的 rank()方法可以对 DataFrame 对象中的数据按行或按列进行排名。（　　　）

# 03

# 第3章
# 数据处理

本章导学

在数据分析中,我们获取原始数据后,往往需要根据实际业务的需求对数据进行处理,包括处理缺失数据、处理重复数据、数据分组、数据聚合、数据转换、数据合并等操作。

原始数据中难免存在数据缺失、数据重复等问题,直接在这种数据上进行数据分析和数据挖掘,会导致结果偏离,甚至错误。我们需要检测缺失数据和重复数据,并根据实际业务需求对其进行处理。pandas 库为我们提供了相应的处理方法,可以方便快捷地检测缺失数据和重复数据,并可根据特定的需求,对其进行相应的处理。

在实际工作中,我们免不了要进行数据的计算,比如加、减、乘、除等基本数学运算和比较运算等。在进行统计分析时,又无法避免对数据进行一些统计运算,比如求平均值、求最大值、求最小值、求和、求方差和求标准差等,通过 pandas 库,我们可以很轻易地做到这些。

当对数据进行分组聚合计算时,比如求各个地区的平均工资,就需要先按地区分组,再对每个组求平均值,我们可以通过 groupby()方法来实现分组,再通过 GroupBy 对象的统计方法来实现聚合计算;此外,agg()方法和 apply()方法为聚合计算提供了便利。如果需要在两个不同的分组维度上对数据进行交叉分析,你可能需要用到透视表 pivot_table()。

pandas 库支持多种数据类型,由于每种数据类型的运行效率和所占用的存储空间不同,基于代码优化等各种考虑,需要通过 astype()方法实现多种数据类型之间的转换。有时还需要对数据进行转置,包括行列转换、行索引和列索引的转置等。

在实际工作中,数据来源往往是多方面的,需要对不同来源的数据进行合并、连接等操作,pandas 库中的 concat()函数、merge()函数、join()函数为我们提供了不同形式的数据合并方案。还可以对数据进行拆分,如一列拆多列、一行拆多行等。

通过本章的学习,读者将掌握实用的数据处理技巧。

学习目标

（1）掌握处理重复数据和缺失数据的方法。

（2）掌握数据计算的方法。

（3）掌握数据分组聚合操作。

（4）掌握数据转置和数据位移的方法。

（5）掌握数据合并与拆分的方法。

## 3.1　数据清洗

虽然 pandas 库可以提供大量的函数和方法供我们进行数据分析和数据处理。但分析结果的好坏不仅取决于分析手段，还取决于数据的质量。我们从各个渠道获取的原始数据，都不可避免地存在数据缺失、数据格式不统一（畸形数据）、错误数据、数据重复等情况。这种数据，就叫作“脏”数据。

好在，pandas 功能足够强大，不管是什么样的“脏”数据，它都可以快速地进行清洗。如处理重复数据和缺失数据等。

### 3.1.1　处理重复数据

#### 1. 检测重复数据

在 pandas 中，可通过 duplicated()方法来判断是否有重复数据。

语法格式如下。

```
DataFrame_obj.duplicated(subset=None, keep="first") 或
Series_obj.duplicated(keep="first")
```

参数说明如下。

（1）subset：列标签或列标签的列表，表示检测是否有重复数据的列，默认为全部的列。

（2）keep：可选项有 first、last、False，默认为 first，表示将重复项标记为 True，第一次出现的数据除外；last 表示将重复项标记为 True，最后一次出现的数据除外；False 表示将所有重复的数据标记为 True。

【案例 3-1】检测重复数据。

```
df = pd.DataFrame({'A': [10, 10, 20, 20], 'B': ['a', 'b', 'a', 'b']})
df
```

运行结果如图 3-1 所示。

```
df.duplicated()  # 检测所有列是否有重复数据
```

运行结果如图 3-2 所示。

| | A | B |
|---|---|---|
| 0 | 10 | a |
| 1 | 10 | b |
| 2 | 20 | a |
| 3 | 20 | b |

图 3-1　创建的 DataFrame1

```
0    False
1    False
2    False
3    False
dtype: bool
```

图 3-2　检测所有列

```
df.duplicated(subset='A')  # keep 默认为 first
```

运行结果如图 3-3 所示。

```
df.duplicated(subset='A', keep=False)  # keep 设为 False 时，会将重复项标记为 True
```

运行结果如图 3-4 所示。

```
0    False
1    True
2    False
3    True
dtype: bool
```

图 3-3　检测 A 列是否有重复数据

```
0    True
1    True
2    True
3    True
dtype: bool
```

图 3-4　检测 A 列是否有重复数据（keep 为 False）

### 2. 去除重复数据

在 pandas 中，可以通过 drop_duplicates() 方法对数据进行去重处理。

语法格式如下。

```
DataFrame_obj.drop_duplicates(subset=None, keep="first", inplace=False, ignore_index=False)
```

参数说明如下。

（1）subset：列标签或者列标签的列表，表示要去重的列。

（2）keep：可选项有 first、last、False，默认为 first，表示去重后只保留第一个数据；last 表示去重后保留最后一个数据；False 表示所有重复项都不保留。

（3）inplace：表示是否对原表进行去重操作，默认为 False，此时会返回一个去重后的新 DataFrame，原表数据不变，如果设为 True，则会在原表上进行去重处理。

（4）ignore_index：重置索引，默认为 False，如果设置为 True，则会重新生成从 0 开始的连续索引。

【案例 3-2】对数据去重。

```
df = pd.DataFrame({'A': [10, 10, 20, 20], 'B': ['a', 'b', 'a', 'b']})
df.drop_duplicates(subset='A')    # A 列去重，保留第一个数据
```

运行结果如图 3-5 所示。

```
df.drop_duplicates(subset='B', keep='last')    # B 列去重，保留最后一个数据
```

运行结果如图 3-6 所示。

```
# B 列去重，保留最后一个数据，重置索引，并在原表上生效
df.drop_duplicates(subset='B', keep='last', ignore_index=True, inplace=True)
df
```

运行结果如图 3-7 所示。

|   | A | B |
|---|---|---|
| 0 | 10 | a |
| 2 | 20 | a |

图 3-5　A 列去重

|   | A | B |
|---|---|---|
| 2 | 20 | a |
| 3 | 20 | b |

图 3-6　B 列去重

|   | A | B |
|---|---|---|
| 0 | 20 | a |
| 1 | 20 | b |

图 3-7　B 列去重，重置索引，并在原表上生效

## 3.1.2　处理缺失数据

pandas 主要用 np.nan 来表示缺失数据。通常缺失数据会导致数据分析结果不准确甚至错误，所以，很有必要对缺失数据进行处理。

### 1. 检测缺失值

pandas 中可以使用 isnull()方法或 notnull()方法查找缺失值。

格式语法如下。

```
DataFrame_obj.isnull()
```

【案例 3-3】使用 isnull()方法检测缺失数据。

```
df = pd.DataFrame(np.arange(24).reshape((6, 4)), index=list('abcdef'), columns=['A', 'B', 'C', 'D'])
df.iloc[0, 1] = np.nan
df.iloc[2, 2] = np.nan
df
```

运行结果如图 3-8 所示。

```
df.isnull()
```

运行结果如图 3-9 所示。

| | A | B | C | D |
|---|---|---|---|---|
| a | 0 | NaN | 2.0 | 3 |
| b | 4 | 5.0 | 6.0 | 7 |
| c | 8 | 9.0 | NaN | 11 |
| d | 12 | 13.0 | 14.0 | 15 |
| e | 16 | 17.0 | 18.0 | 19 |
| f | 20 | 21.0 | 22.0 | 23 |

图 3-8　生成有缺失数据的 DataFrame

| | A | B | C | D |
|---|---|---|---|---|
| a | False | True | False | False |
| b | False | False | False | False |
| c | False | False | True | False |
| d | False | False | False | False |
| e | False | False | False | False |
| f | False | False | False | False |

图 3-9　使用 isnull()方法统计缺失值

```
df.isnull().sum(axis=0)
```

运行结果如图 3-10 所示。

```
df.isnull().sum(axis=1)
```

运行结果如图 3-11 所示。

```
A    0
B    1
C    1
D    0
dtype: int64
```

图 3-10　统计每列的缺失值

```
a    1
b    0
c    1
d    0
e    0
f    0
dtype: int64
```

图 3-11　统计每行的缺失值

### 2. 处理缺失值

对缺失值进行处理，最常用的方法就是删除法和替换法。

（1）删除法。

删除法分为删除观测记录（行）和删除特征（列）两种，它利用减少样本量来换取信息完整度，是一种最简单的缺失值处理方法。

pandas 提供了简便的删除缺失值的方法：dropna()方法，该方法既可以删除观测记录，也可以删除特征。

格式语法如下。

```
DataFrame_obj.dropna(axis=0, how="any", thresh=None, subset=None, inplace=False)
```

参数说明如下。

① axis：指定要删除行还是删除列，默认值为 0，0 或 index 表示删除行，1 或 columns 表示删除列。

② how：可选项有 any、all，默认为 any，表示在一行或一列中只要有一个是缺失值，就进行删除操作，当该参数为 all 时表示一行或一列全部为缺失值时才进行删除操作。

③ thresh：表示非空元素最低数量。数据类型为整型，默认为 None。如果该行/列中，非空元素数量小于这个值，就删除该行/列。

④ subset：索引的列表，表示需要删除缺失值的行或列，当 axis=0 时，subset 中元素为列的索引；当 axis=1 时，subset 中元素为行的索引。

⑤ inplace：表示是否在原表上进行操作，默认为 False，如果设置为 True，则在原表上进行操作。

【案例 3-4】处理缺失值。

```
df = pd.DataFrame(np.arange(24).reshape((6, 4)), index=list('abcdef'), columns=['A', 'B', 'C', 'D'])
df.iloc[0, 1] = np.nan
df.iloc[2, 2] = np.nan
df.dropna()
```

运行结果如图 3-12 所示。

```
df.dropna(axis=1)
```

运行结果如图 3-13 所示。

```
df.dropna(axis=0, subset=['A', 'B'])
```

运行结果如图 3-14 所示。

|   | A | B | C | D |
|---|---|---|---|---|
| b | 4 | 5.0 | 6.0 | 7 |
| d | 12 | 13.0 | 14.0 | 15 |
| e | 16 | 17.0 | 18.0 | 19 |
| f | 20 | 21.0 | 22.0 | 23 |

图 3-12　按行删除缺失值

|   | A | D |
|---|---|---|
| a | 0 | 3 |
| b | 4 | 7 |
| c | 8 | 11 |
| d | 12 | 15 |
| e | 16 | 19 |
| f | 20 | 23 |

图 3-13　按列删除缺失值

|   | A | B | C | D |
|---|---|---|---|---|
| b | 4 | 5.0 | 6.0 | 7 |
| c | 8 | 9.0 | NaN | 11 |
| d | 12 | 13.0 | 14.0 | 15 |
| e | 16 | 17.0 | 18.0 | 19 |
| f | 20 | 21.0 | 22.0 | 23 |

图 3-14　删除 A 列和 B 列有缺失值的行

（2）替换法。

在 pandas 库中，可以通过 DataFrame 对象的 fillna()方法和 replace()方法替换缺失值。

① fillna()方法。

语法格式如下。

```
DataFrame_obj.fillna(value=None, method=None, axis=None, inplace=False, limit=None, downcast=None)
```

参数说明如下。

- value：用于填充空值。

- method：可选项有 backfill、bfill、pad、ffill、None，默认为 None。表示填充空值的方法，pad/ffill 表示用前面行/列的值，填充当前行/列的空值，backfill/bfill 表示用后面行/列的值，填充当前行/列的空值。

- axis：填充的轴向。当 axis=0 或 index 时，表示按行填充；当 axis=1 或 columns 时，表示按列填充。

- inplace：是否在原表上进行操作。布尔型，默认为 False。如果设置为 True，则表示在原表上进行操作，返回 None。

- limit：整数，默认为 None。如果 method 被指定，则对于连续的空值，这段连续区域，最多填充前 limit 个空值（如果存在多段连续区域，则每段最多填充前 limit 个空值）。如果 method 未被指定，则在该 axis 下，最多填充前 limit 个空值（无论空值连续区间是否间断）。

- downcast：默认为 None，表示类型向下转换规则。如果设置为 infer，则会在合适的等价数据类型之间进行填充值的向下转换，如 float64 转为 int64。

【案例 3-5】通过 fillna()方法替换缺失值。

```
arr = np.arange(1, 82, dtype=float).reshape(9, 9)
for i in range(len(arr)):
    arr[i, i:] = np.nan
arr[4, 8] = 37
df = pd.DataFrame(arr)
df
```

运行结果如图 3-15 所示。

```
df.fillna(value=df.mean(), limit=3)
```

运行结果如图 3-16 所示。

| | 0 | 1 | 2 | 3 | 4 | 5 | 6 | 7 | 8 |
|---|---|---|---|---|---|---|---|---|---|
| 0 | NaN | NaN | NaN | NaN | NaN | NaN | NaN | NaN | NaN |
| 1 | 10.0 | NaN | NaN | NaN | NaN | NaN | NaN | NaN | NaN |
| 2 | 19.0 | 20.0 | NaN | NaN | NaN | NaN | NaN | NaN | NaN |
| 3 | 28.0 | 29.0 | 30.0 | NaN | NaN | NaN | NaN | NaN | NaN |
| 4 | 37.0 | 38.0 | 39.0 | 40.0 | NaN | NaN | NaN | NaN | 37.0 |
| 5 | 46.0 | 47.0 | 48.0 | 49.0 | 50.0 | NaN | NaN | NaN | NaN |
| 6 | 55.0 | 56.0 | 57.0 | 58.0 | 59.0 | 60.0 | NaN | NaN | NaN |
| 7 | 64.0 | 65.0 | 66.0 | 67.0 | 68.0 | 69.0 | 70.0 | NaN | NaN |
| 8 | 73.0 | 74.0 | 75.0 | 76.0 | 77.0 | 78.0 | 79.0 | 80.0 | NaN |

图 3-15　创建的 DataFrame2

| | 0 | 1 | 2 | 3 | 4 | 5 | 6 | 7 | 8 |
|---|---|---|---|---|---|---|---|---|---|
| 0 | 41.5 | 47.0 | 52.5 | 58.0 | 63.5 | 69.0 | 74.5 | 80.0 | 37.0 |
| 1 | 10.0 | 47.0 | 52.5 | 58.0 | 63.5 | 69.0 | 74.5 | 80.0 | 37.0 |
| 2 | 19.0 | 20.0 | 52.5 | 58.0 | 63.5 | 69.0 | 74.5 | 80.0 | 37.0 |
| 3 | 28.0 | 29.0 | 30.0 | NaN | NaN | NaN | NaN | NaN | NaN |
| 4 | 37.0 | 38.0 | 39.0 | 40.0 | NaN | NaN | NaN | NaN | 37.0 |
| 5 | 46.0 | 47.0 | 48.0 | 49.0 | 50.0 | NaN | NaN | NaN | NaN |
| 6 | 55.0 | 56.0 | 57.0 | 58.0 | 59.0 | 60.0 | NaN | NaN | NaN |
| 7 | 64.0 | 65.0 | 66.0 | 67.0 | 68.0 | 69.0 | 70.0 | NaN | NaN |
| 8 | 73.0 | 74.0 | 75.0 | 76.0 | 77.0 | 78.0 | 79.0 | 80.0 | NaN |

图 3-16　每列按该列平均值填充，且最多填充前 3 个空值

```
df.fillna(method='bfill')
```

运行结果如图 3-17 所示。

```
df.fillna(method='pad', axis=1, limit=5) # limit 表示替换多少个空值，默认全部替换
```

运行结果如图 3-18 所示。

| | 0 | 1 | 2 | 3 | 4 | 5 | 6 | 7 | 8 |
|---|---|---|---|---|---|---|---|---|---|
| 0 | 10.0 | 20.0 | 30.0 | 40.0 | 50.0 | 60.0 | 70.0 | 80.0 | 37.0 |
| 1 | 10.0 | 20.0 | 30.0 | 40.0 | 50.0 | 60.0 | 70.0 | 80.0 | 37.0 |
| 2 | 19.0 | 20.0 | 30.0 | 40.0 | 50.0 | 60.0 | 70.0 | 80.0 | 37.0 |
| 3 | 28.0 | 29.0 | 30.0 | 40.0 | 50.0 | 60.0 | 70.0 | 80.0 | 37.0 |
| 4 | 37.0 | 38.0 | 39.0 | 40.0 | 50.0 | 60.0 | 70.0 | 80.0 | 37.0 |
| 5 | 46.0 | 47.0 | 48.0 | 49.0 | 50.0 | 60.0 | 70.0 | 80.0 | NaN |
| 6 | 55.0 | 56.0 | 57.0 | 58.0 | 59.0 | 60.0 | 70.0 | 80.0 | NaN |
| 7 | 64.0 | 65.0 | 66.0 | 67.0 | 68.0 | 69.0 | 70.0 | 80.0 | NaN |
| 8 | 73.0 | 74.0 | 75.0 | 76.0 | 77.0 | 78.0 | 79.0 | 80.0 | NaN |

图 3-17 每列按后一列的值填充该列的空值

| | 0 | 1 | 2 | 3 | 4 | 5 | 6 | 7 | 8 |
|---|---|---|---|---|---|---|---|---|---|
| 0 | NaN | NaN | NaN | NaN | NaN | NaN | NaN | NaN | NaN |
| 1 | 10.0 | 10.0 | 10.0 | 10.0 | 10.0 | 10.0 | NaN | NaN | NaN |
| 2 | 19.0 | 20.0 | 20.0 | 20.0 | 20.0 | 20.0 | 20.0 | NaN | NaN |
| 3 | 28.0 | 29.0 | 30.0 | 30.0 | 30.0 | 30.0 | 30.0 | 30.0 | NaN |
| 4 | 37.0 | 38.0 | 39.0 | 40.0 | 40.0 | 40.0 | 40.0 | 40.0 | 37.0 |
| 5 | 46.0 | 47.0 | 48.0 | 49.0 | 50.0 | 50.0 | 50.0 | 50.0 | 50.0 |
| 6 | 55.0 | 56.0 | 57.0 | 58.0 | 59.0 | 60.0 | 60.0 | 60.0 | 60.0 |
| 7 | 64.0 | 65.0 | 66.0 | 67.0 | 68.0 | 69.0 | 70.0 | 70.0 | 70.0 |
| 8 | 73.0 | 74.0 | 75.0 | 76.0 | 77.0 | 78.0 | 79.0 | 80.0 | 80.0 |

图 3-18 每行按前一行的值填充该行的空值，且最多填充前 5 个空值

② replace()方法。

replace()方法可以基于一定的规则替换指定值，包括替换缺失值。

语法格式如下。

```
DataFrame_obj.replace(to_replace=None,value=None,inplace=False,limit=None,regex=False,
method="pad")
```

参数说明如下。

• to_replace：表示要替换的值，可以是字符串、正则表达式、列表、字典、Series、整数、浮点数或 None。如果该参数和 value 都是列表，则这两个列表的长度必须一致；如果是字典，如 {'a': 'b', 'y': 'z'}，则表示将'a'替换为'b'，'y'替换为'z'，此时将 value 设置为 None。

• value：表示用于替换 to_replace 的值，可以是标量、字典、列表、字符串、正则表达式，默认为 None。

• inplace：是否在原表上进行操作。布尔型，默认为 False。如果设置为 True，则表示在原表上进行操作。

• limit：整数或 None，当指定 method 时，表示向前或向后填充的最大元素个数。

• regex：布尔型或与 to_replace 类型一致，默认为 False。如果设置为 True，则 to_replace 必须是一个字符串。如果设置成正则表达式的列表、字典、数组等，则 to_replace 必须设置为 None。

• method：表示填充方式，可选项有 pad、ffill、bfill、None。pad/ffill 表示用前面的值来填充，bfill 表示用后面的值来填充。

【案例 3-6】通过 replace()方法替换缺失值。

```
arr = np.arange(1, 82, dtype=float).reshape(9, 9)
for i in range(len(arr)):
    arr[i, i:] = np.nan
arr[4, 8] = 37
df = pd.DataFrame(arr)
df.replace(to_replace=np.nan, value=99)
```

运行结果如图 3-19 所示。

```
df.replace(to_replace=np.nan, method='bfill', limit=3)
```

运行结果如图 3-20 所示。

| | 0 | 1 | 2 | 3 | 4 | 5 | 6 | 7 | 8 |
|---|---|---|---|---|---|---|---|---|---|
| 0 | 99.0 | 99.0 | 99.0 | 99.0 | 99.0 | 99.0 | 99.0 | 99.0 | 99.0 |
| 1 | 10.0 | 99.0 | 99.0 | 99.0 | 99.0 | 99.0 | 99.0 | 99.0 | 99.0 |
| 2 | 19.0 | 20.0 | 99.0 | 99.0 | 99.0 | 99.0 | 99.0 | 99.0 | 99.0 |
| 3 | 28.0 | 29.0 | 30.0 | 99.0 | 99.0 | 99.0 | 99.0 | 99.0 | 99.0 |
| 4 | 37.0 | 38.0 | 39.0 | 40.0 | 99.0 | 99.0 | 99.0 | 99.0 | 37.0 |
| 5 | 46.0 | 47.0 | 48.0 | 49.0 | 50.0 | 99.0 | 99.0 | 99.0 | 99.0 |
| 6 | 55.0 | 56.0 | 57.0 | 58.0 | 59.0 | 60.0 | 99.0 | 99.0 | 99.0 |
| 7 | 64.0 | 65.0 | 66.0 | 67.0 | 68.0 | 69.0 | 70.0 | 99.0 | 99.0 |
| 8 | 73.0 | 74.0 | 75.0 | 76.0 | 77.0 | 78.0 | 79.0 | 80.0 | 99.0 |

图 3-19　将 NaN 替换为 99

| | 0 | 1 | 2 | 3 | 4 | 5 | 6 | 7 | 8 |
|---|---|---|---|---|---|---|---|---|---|
| 0 | 10.0 | 20.0 | 30.0 | NaN | NaN | NaN | NaN | NaN | NaN |
| 1 | 10.0 | 20.0 | 30.0 | 40.0 | NaN | NaN | NaN | NaN | 37.0 |
| 2 | 19.0 | 20.0 | 30.0 | 40.0 | 50.0 | NaN | NaN | NaN | 37.0 |
| 3 | 28.0 | 29.0 | 30.0 | 40.0 | 50.0 | 60.0 | NaN | NaN | 37.0 |
| 4 | 37.0 | 38.0 | 39.0 | 40.0 | 50.0 | 60.0 | 70.0 | NaN | 37.0 |
| 5 | 46.0 | 47.0 | 48.0 | 49.0 | 50.0 | 60.0 | 70.0 | 80.0 | NaN |
| 6 | 55.0 | 56.0 | 57.0 | 58.0 | 59.0 | 60.0 | 70.0 | 80.0 | NaN |
| 7 | 64.0 | 65.0 | 66.0 | 67.0 | 68.0 | 69.0 | 70.0 | 80.0 | NaN |
| 8 | 73.0 | 74.0 | 75.0 | 76.0 | 77.0 | 78.0 | 79.0 | 80.0 | NaN |

图 3-20　用后一行的值填充，每行最多填充前 3 个空值

```
df.replace(to_replace=[19, 20, np.nan], value=[1, 2, 3])
```

运行结果如图 3-21 所示。

| | 0 | 1 | 2 | 3 | 4 | 5 | 6 | 7 | 8 |
|---|---|---|---|---|---|---|---|---|---|
| 0 | 3.0 | 3.0 | 3.0 | 3.0 | 3.0 | 3.0 | 3.0 | 3.0 | 3.0 |
| 1 | 10.0 | 3.0 | 3.0 | 3.0 | 3.0 | 3.0 | 3.0 | 3.0 | 3.0 |
| 2 | 1.0 | 2.0 | 3.0 | 3.0 | 3.0 | 3.0 | 3.0 | 3.0 | 3.0 |
| 3 | 28.0 | 29.0 | 30.0 | 3.0 | 3.0 | 3.0 | 3.0 | 3.0 | 3.0 |
| 4 | 37.0 | 38.0 | 39.0 | 40.0 | 3.0 | 3.0 | 3.0 | 3.0 | 37.0 |
| 5 | 46.0 | 47.0 | 48.0 | 49.0 | 50.0 | 3.0 | 3.0 | 3.0 | 3.0 |
| 6 | 55.0 | 56.0 | 57.0 | 58.0 | 59.0 | 60.0 | 3.0 | 3.0 | 3.0 |
| 7 | 64.0 | 65.0 | 66.0 | 67.0 | 68.0 | 69.0 | 70.0 | 3.0 | 3.0 |
| 8 | 73.0 | 74.0 | 75.0 | 76.0 | 77.0 | 78.0 | 79.0 | 80.0 | 3.0 |

图 3-21　替换缺失值

## 3.2　数据计算

DataFrame 可以像 NumPy 数组一样进行各种数学运算，如加、减、乘、除等，此外还封装了一些与统计相关的方法，可以进行一些统计运算，如求和、求平均值、求中位数等。

### 3.2.1　基本数学运算

基本数学运算包括加、减、乘、除、地板除、求余等。

【案例 3-7】pandas 数学运算。

```
df = pd.DataFrame([[3, 4, 1, 5], [20, 40, 30, 35], [2, 9, 50, 60]])
df
```

运行结果如图 3-22 所示。

```
df + 2
```

运行结果如图 3-23 所示。

| | 0 | 1 | 2 | 3 |
|---|---|---|---|---|
| **0** | 3 | 4 | 1 | 5 |
| **1** | 20 | 40 | 30 | 35 |
| **2** | 2 | 9 | 50 | 60 |

图 3-22　生成用于数学运算的 DataFrame

| | 0 | 1 | 2 | 3 |
|---|---|---|---|---|
| **0** | 5 | 6 | 3 | 7 |
| **1** | 22 | 42 | 32 | 37 |
| **2** | 4 | 11 | 52 | 62 |

图 3-23　所有元素加 2

```
df + [5, 10, 15, 20]
```

运行结果如图 3-24 所示。

```
df - [5, 6, 7, 8]
```

运行结果如图 3-25 所示。

| | 0 | 1 | 2 | 3 |
|---|---|---|---|---|
| **0** | 8 | 14 | 16 | 25 |
| **1** | 25 | 50 | 45 | 55 |
| **2** | 7 | 19 | 65 | 80 |

图 3-24　对应元素相加

| | 0 | 1 | 2 | 3 |
|---|---|---|---|---|
| **0** | -2 | -2 | -6 | -3 |
| **1** | 15 | 34 | 23 | 27 |
| **2** | -3 | 3 | 43 | 52 |

图 3-25　对应元素相减

```
df * [1, 2, 3, 4]
```

运行结果如图 3-26 所示。

```
df / 2
```

运行结果如图 3-27 所示。

| | 0 | 1 | 2 | 3 |
|---|---|---|---|---|
| **0** | 3 | 8 | 3 | 20 |
| **1** | 20 | 80 | 90 | 140 |
| **2** | 2 | 18 | 150 | 240 |

图 3-26　对应元素相乘

| | 0 | 1 | 2 | 3 |
|---|---|---|---|---|
| **0** | 1.5 | 2.0 | 0.5 | 2.5 |
| **1** | 10.0 | 20.0 | 15.0 | 17.5 |
| **2** | 1.0 | 4.5 | 25.0 | 30.0 |

图 3-27　所有元素除以 2

```
df // 5
```

运行结果如图 3-28 所示。

```
df % 5
```

运行结果如图 3-29 所示。

```
df ** 2
```

运行结果如图 3-30 所示。

| | 0 | 1 | 2 | 3 |
|---|---|---|---|---|
| **0** | 0 | 0 | 0 | 1 |
| **1** | 4 | 8 | 6 | 7 |
| **2** | 0 | 1 | 10 | 12 |

图 3-28　所有元素对 5 求地板除

| | 0 | 1 | 2 | 3 |
|---|---|---|---|---|
| **0** | 3 | 4 | 1 | 0 |
| **1** | 0 | 0 | 0 | 0 |
| **2** | 2 | 4 | 0 | 0 |

图 3-29　所有元素对 5 求余

| | 0 | 1 | 2 | 3 |
|---|---|---|---|---|
| **0** | 9 | 16 | 1 | 25 |
| **1** | 400 | 1600 | 900 | 1225 |
| **2** | 4 | 81 | 2500 | 3600 |

图 3-30　所有元素的平方

### 3.2.2　比较运算

比较运算包括大于（>）、大于等于（>=）、小于（<）、小于等于（<=）、等于（==）、不等于（!=）。

【案例 3-8】pandas 比较运算。

```
df = pd.DataFrame([[3, 4, 1, 5], [20, 40, 30, 35], [2, 9, 50, 60]])
df > 5   #df 中大于 5 的位置为 True，小于等于 5 的位置为 False
```

运行结果如图 3-31 所示。

```
df <= 10
```

运行结果如图 3-32 所示。

```
df == 30
```

运行结果如图 3-33 所示。

|   | 0 | 1 | 2 | 3 |
|---|---|---|---|---|
| 0 | False | False | False | False |
| 1 | True | True | True | True |
| 2 | False | True | True | True |

图 3-31　是否大于 5 的比较结果

|   | 0 | 1 | 2 | 3 |
|---|---|---|---|---|
| 0 | True | True | True | True |
| 1 | False | False | False | False |
| 2 | True | True | False | False |

图 3-32　是否小于等于 10 的比较结果

|   | 0 | 1 | 2 | 3 |
|---|---|---|---|---|
| 0 | False | False | False | False |
| 1 | False | False | True | False |
| 2 | False | False | False | False |

图 3-33　是否等于 30 的比较结果

### 3.2.3　统计方法

pandas 常见的统计方法如表 3-1 所示。

表 3-1　　　　　　　　　　　　　pandas 常见的统计方法

| 方法名 | 说明 |
|---|---|
| min() | 求最小值 |
| max() | 求最大值 |
| idxmin() | 求最小值的索引 |
| idxmax() | 求最大值的索引 |
| sum() | 求和 |
| mean() | 求平均值 |
| count() | 统计元素数量 |
| median() | 求中位数 |
| var() | 求方差 |
| std() | 求标准差 |
| quantile() | 求分位数 |
| cumsum() | 求累加值 |
| cumprod() | 求累乘值 |
| describe() | 描述统计 |

#### 1. 求最小值和最大值

求最小值和最大值需要用到 min() 方法和 max() 方法。

min()方法语法格式如下。

```
DataFrame_obj.min(axis=None, skipna=None, level=None, numeric_only=None, **kwargs)
Series_obj.min(axis=None, skipna=True, *args, **kwargs)
```

参数说明如下。

（1）axis：计算的轴向，当 axis=0 时表示按列计算，当 axis=1 时表示按行计算。

（2）skipna：默认为 None，表示计算时忽略缺失值，如果设置为 False 则不会忽略缺失值。

（3）level：当有复合索引时，指定按某级索引来计算。

（4）numeric_only：默认为 None，如果设置为 True，则只对数值型元素进行统计。

max()方法语法格式如下。

```
DataFrame_obj.max(axis=None, skipna=None, level=None, numeric_only=None, **kwargs)
Series_obj.max(axis=None, skipna=True, *args, **kwargs)
```

参数说明同 min()方法。

【案例 3-9】使用 min()方法和 max()方法求最小值和最大值。

```
df = pd.DataFrame([[9, 3, 7], [5, 8, 20], [15, 11, 6]], dtype='float')
df.loc[0, 1] = np.nan
df
```

运行结果如图 3-34 所示。

```
df.min(axis=0)
```

运行结果如图 3-35 所示。

```
df.max(axis=1, skipna=False)
```

运行结果如图 3-36 所示。

| | 0 | 1 | 2 |
|---|---|---|---|
| 0 | 9.0 | NaN | 7.0 |
| 1 | 5.0 | 8.0 | 20.0 |
| 2 | 15.0 | 11.0 | 6.0 |

图 3-34　创建的 DataFrame3

```
0      5.0
1      8.0
2      6.0
dtype: float64
```

图 3-35　求每列的最小值

```
0      NaN
1      20.0
2      15.0
dtype: float64
```

图 3-36　求每行的最大值（不忽略缺失值）

### 2. 求最小值和最大值的索引

求最小值和最大值的索引需要使用 idxmin()方法和 idxmax()方法。

idxmin()方法的语法格式如下。

```
DataFrame_obj.idxmin(axis=0, skipna=True)
```

参数说明同 min()方法。

idxmax()方法的语法格式如下。

```
DataFrame_obj.idxmax(axis=0, skipna=True)
```

参数说明同 min()方法。

【案例 3-10】使用 idxmin()方法和 idxmax()方法求最小值的索引和最大值的索引。

```
df = pd.DataFrame([[9, 3, 7], [5, 8, 20], [15, 11, 6]], dtype='float')
df.loc[0, 1] = np.nan
df.idxmin()
```

运行结果如图 3-37 所示。

```
df.idxmax(axis=1)
```

运行结果如图 3-38 所示。

```
0    1
1    1
2    2
dtype: int64
```

图 3-37 求每列最小值的索引

```
0    0
1    2
2    0
dtype: int64
```

图 3-38 求每行最大值的索引

### 3. 求和

使用 sum() 方法求和。

语法格式如下。

```
DataFrame_obj.sum(axis=None, skipna=None, level=None, numeric_only=None, min_count=0, **kwargs)
```

参数说明如下。

min_count：默认值为 0，指定统计时，需要知道有效值的个数，如果统计时有效数值少于指定参数值，则统计结果为 NAN。

其他参数说明同 min() 方法。

```
df = pd.DataFrame([[9, 3, 7], [5, 8, 20], [15, 11, 6]], dtype='float')
df.loc[0, 1] = np.nan
df.sum(axis=0)
```

运行结果如图 3-39 所示。

```
0    29.0
1    19.0
2    33.0
dtype: float64
```

图 3-39 按列求和

### 4. 求平均值

使用 mean() 方法求平均值。

语法格式如下。

```
DataFrame_obj.mean(axis=None, skipna=None, level=None, numeric_only=None, **kwargs)
```

参数说明同 min() 方法。

【案例 3-11】使用 mean() 方法求平均值。

```
df = pd.DataFrame([[9, 3, 7], [5, 8, 20], [15, 11, 6]], dtype='float')
df.loc[0, 1] = np.nan
df.mean(axis=1)
```

运行结果如图 3-40 所示。

```
0     8.000000
1    11.000000
2    10.666667
dtype: float64
```

图 3-40 按行求平均值

### 5. 元素数量统计

使用 count() 方法统计元素数量。

语法格式如下。

```
DataFrame_obj.count(axis=0, level=None, numeric_only=False)
```

参数说明如下。

（1）axis：计算的轴向，当 axis=0 时表示按列统计，当 axis=1 时表示按行统计。

（2）level：当有复合索引时，指定按某级索引来统计。

（3）numeric_only：默认为 None，如果设置为 True，则只对数值型元素进行统计。

【案例 3-12】使用 count() 方法统计元素数量。

```
df = pd.DataFrame([[9, 3, 7], [5, 8, 20], [15, 11, 6]], dtype='float')
df.loc[0, 1] = np.nan
df.count(axis=0)
```
运行结果如图 3-41 所示。

```
0    3
1    2
2    3
dtype: int64
```
图 3-41　按列统计元素数量

### 6. 求中位数

使用 median() 方法求中位数。

语法格式如下。

```
DataFrame_obj.median(axis=None, skipna=None, level=None, numeric_only=None, **kwargs)
```
参数说明同 min() 方法。

【案例 3-13】使用 median() 方法求中位数。

```
df = pd.DataFrame([[9, 3, 7], [5, 8, 20], [15, 11, 6]], dtype='float')
df.loc[0, 1] = np.nan
df.median()
```
运行结果如图 3-42 所示。

```
0    9.0
1    9.5
2    7.0
dtype: float64
```
图 3-42　求每列的中位数

### 7. 求方差

使用 var() 方法求方差。

语法格式如下。

```
DataFrame_obj.var(axis=None, skipna=None, level=None, ddof=1, numeric_only=None, **kwargs)
```
参数说明如下。

ddof：自由度，计算方差时除数为 $N-ddof$，$N$ 为元素的数量。

其他参数说明同 min() 方法。

【案例 3-14】使用 var() 方法求方差。

```
df = pd.DataFrame([[9, 3, 7], [5, 8, 20], [15, 11, 6]], dtype='float')
df.loc[0, 1] = np.nan
df.var()
```
运行结果如图 3-43 所示。

```
0    9.0
1    9.5
2    7.0
dtype: float64
```
图 3-43　求每列的方差

### 8. 求标准差

标准差即方差开方，使用 std() 方法求标准差。

语法格式如下。

```
DataFrame_obj.std(axis=None, skipna=None, level=None, ddof=1, numeric_only=None)
```
参数说明同 var() 方法。

【案例 3-15】使用 std() 方法求标准差。

```
df = pd.DataFrame([[9, 3, 7], [5, 8, 20], [15, 11, 6]], dtype='float')
df.loc[0, 1] = np.nan
df.std()
```

运行结果如图 3-44 所示。

```
0    5.033223
1    2.121320
2    7.810250
dtype: float64
```

图 3-44  求每列的标准差

### 9. 求分位数

在 pandas 中可以通过 DataFrame 对象的 quantile() 方法计算样本的分位数。

语法格式如下。

```
DataFrame_obj.quantile(q=0.5, axis=0, numeric_only=True, interpolation="linear")
```

参数说明如下。

（1）q：浮点数或浮点数的列表，表示要计算的分位数，取值范围介于 0 和 1 之间。默认值为 0.5，表示计算中位数。

（2）axis：计算的轴向，当 axis=0 时表示按列计算，当 axis=1 时表示按行计算。

（3）numeric_only：默认为 True，只对数值型元素进行计算。

（4）interpolation：当需要的分位数介于 i 和 j 两个数据点之间时，需要通过这个参数指定插值方式。可选项有 linear、lower、higher、midpoint、nearest，默认为 linear。

【案例 3-16】使用 quantile() 方法计算样本的分位数。

```
df = pd.DataFrame([[9, 3, 7], [5, 8, 20], [15, 11, 6]], dtype='float')
df.loc[0, 1] = np.nan
df.quantile(q=[0.25, 0.5, 0.75])
```

运行结果如图 3-45 所示。

|      | 0    | 1     | 2    |
|------|------|-------|------|
| 0.25 | 7.0  | 8.75  | 6.5  |
| 0.50 | 9.0  | 9.50  | 7.0  |
| 0.75 | 12.0 | 10.25 | 13.5 |

图 3-45  按列求上、下四分位数和中位数

### 10. 求累加值

使用 cumsum() 方法求累加值。

语法格式如下。

```
DataFrame_obj.cumsum(axis=None, skipna=True, *args, **kwargs)
```

参数说明如下。

（1）axis：计算的轴向，当 axis=0 时表示按列计算，当 axis=1 时表示按行计算。

（2）skipna：默认为 True，表示计算时忽略缺失值，如果设置为 False，则不会忽略缺失值。

【案例 3-17】使用 cumsum() 方法求累加值。

```
df = pd.DataFrame([[9, 3, 7], [5, 8, 20], [15, 11, 6]], dtype='float')
df.loc[0, 1] = np.nan
df.cumsum(axis=0)
```

运行结果如图 3-46 所示。

|   | 0    | 1    | 2    |
|---|------|------|------|
| 0 | 9.0  | NaN  | 7.0  |
| 1 | 14.0 | 8.0  | 27.0 |
| 2 | 29.0 | 19.0 | 33.0 |

图 3-46  按列求累加值

### 11. 求累乘值

使用 cumprod() 方法求累乘值。

语法格式如下。

```
DataFrame_obj.cumprod(axis=None, skipna=True, *args, **kwargs)
```

参数说明同 cumsum() 方法。

【案例 3-18】使用 cumprod() 方法求累乘值。

```
df = pd.DataFrame([[9, 3, 7], [5, 8, 20], [15, 11, 6]], dtype='float')
```

```
df.loc[0, 1] = np.nan
df.cumprod(axis=1)
```

运行结果如图 3-47 所示。

|   | 0 | 1 | 2 |
|---|---|---|---|
| **0** | 9.0 | NaN | 63.0 |
| **1** | 5.0 | 40.0 | 800.0 |
| **2** | 15.0 | 165.0 | 990.0 |

图 3-47　按行求累乘值

### 12. 描述统计

pandas 中的 describe()方法可以查看数据的描述统计，针对数值型的数据会统计其分位数、平均值、标准差等；针对类别型数据，会统计其非空元素的数目、类别的数目、数目最多的类别、数目最多类别的数目等。

语法格式如下。

```
DataFrame_obj(Series_obj).describe(percentiles=None, include=None, exclude=None, datetime_is_numeric=False)
```

参数说明如下。

（1）percentiles：列表，表示要输出的分位数，列表内的值介于 0 和 1 之间，默认值为[0.25，0.5，0.75]。

（2）include：指定需要描述统计的数据类型列，可选项有 all、数据类型或数据类型的列表、None，默认为 None，包含所有数据列。

（3）exclude：忽略某些类型的数据列，功能与 include 正好相反。

（4）datetime_is_numeric：布尔型，表示是否将日期时间看作数字，默认为 False。

【案例 3-19】使用 describe()方法查看数据的描述统计。

```
df = pd.DataFrame([['zs', 20, 90, 'cd'], ['lisi', 21, 86, 'cd'], ['ww', 18, 99, 'gz'], ['zl', 25, 92, 'bj']], columns=['name', 'age', 'score', 'address'])
df
```

运行结果如图 3-48 所示。

```
df.describe()
```

运行结果如图 3-49 所示。

```
df.describe(include='all')
```

运行结果如图 3-50 所示。

|   | name | age | score | address |
|---|------|-----|-------|---------|
| **0** | zs | 20 | 90 | cd |
| **1** | lisi | 21 | 86 | cd |
| **2** | ww | 18 | 99 | gz |
| **3** | zl | 25 | 92 | bj |

图 3-48　创建用于描述统计的 DataFrame

|   | age | score |
|---|-----|-------|
| **count** | 4.00000 | 4.000000 |
| **mean** | 21.00000 | 91.750000 |
| **std** | 2.94392 | 5.439056 |
| **min** | 18.00000 | 86.000000 |
| **25%** | 19.50000 | 89.000000 |
| **50%** | 20.50000 | 91.000000 |
| **75%** | 22.00000 | 93.750000 |
| **max** | 25.00000 | 99.000000 |

图 3-49　数值型数据列的描述统计

|   | name | age | score | address |
|---|------|-----|-------|---------|
| **count** | 4 | 4.00000 | 4.000000 | 4 |
| **unique** | 4 | NaN | NaN | 3 |
| **top** | zs | NaN | NaN | cd |
| **freq** | 1 | NaN | NaN | 2 |
| **mean** | NaN | 21.00000 | 91.750000 | NaN |
| **std** | NaN | 2.94392 | 5.439056 | NaN |
| **min** | NaN | 18.00000 | 86.000000 | NaN |
| **25%** | NaN | 19.50000 | 89.000000 | NaN |
| **50%** | NaN | 20.50000 | 91.000000 | NaN |
| **75%** | NaN | 22.00000 | 93.750000 | NaN |
| **max** | NaN | 25.00000 | 99.000000 | NaN |

图 3-50　全部数据类型列的描述统计

```
df.describe(include='object')
```
运行结果如图 3-51 所示。

| | name | address |
|---|---|---|
| count | 4 | 4 |
| unique | 4 | 3 |
| top | zs | cd |
| freq | 1 | 2 |

图 3-51　object 类型列的描述统计

## 3.3　数据分组

### 3.3.1　分组聚合

在 pandas 中，为 DataFrame 和 Series 提供了相关的分组方法，类似关系型数据库中的分组。

#### 1. groupby()方法

groupby()方法主要用于 DataFrame 和 Series 的分组计算。

语法格式如下。

```
DataFrame_obj(Series_obj).groupby(by=None, axis=0, level=None, as_index=True, sort =True, group_keys=True, squeeze=False, observed=False, dropna=True)
```

参数说明如下。

（1）by：确定分组的依据，可以是列表、索引标签、索引标签列表、数组、Series、字典等。

（2）axis：分组的轴向，axis=0 时表示按列分组，axis=1 时表示按行分组。

（3）level：当存在复合索引时，指定分组的层级。

（4）as_index：是否将分组的结果作为索引，默认为 True，表示将分组结果作为索引，如果设置为 False，则不会将分组结果作为索引。

（5）sort：布尔型，表示是否依据分组标签进行排序，默认为 True。

（6）group_keys：默认为 True，表示把分组关键字作为索引值。

（7）squeeze：若设置为 True，表示尽量减少返回类型的维度。默认为 False。

（8）observed：默认为 False，显示所有的分类值，若设置为 True 表示仅显示与分组关键字相关的统计内容。

（9）dropna：是否删除缺失值，默认为 True。

【案例 3-20】使用 groupby()方法进行 DataFrame 和 Series 的分组计算。

```
df = pd.DataFrame({'key1': ['bb', 'bb', 'aa', 'aa', 'bb'],
                   'key2': ['One', 'Two', 'One', 'Two', 'One'],
                   'data1': np.random.randn(5),   # 生成随机数
                   'data2': np.random.randn(5)})
df
```
运行结果如图 3-52 所示。

```
df.groupby(by='key1')
```
运行结果为：

<pandas.core.groupby.generic.DataFrameGroupBy object at 0x00000243338D4F08>

直接分组之后得到的是一个 DataFrameGroupBy 对象。要想分组之后进行统计运算，还需要调用 DataFrameGroupBy 对

| | key1 | key2 | data1 | data2 |
|---|---|---|---|---|
| 0 | bb | One | 0.828546 | -0.646807 |
| 1 | bb | Two | 0.230751 | -0.121040 |
| 2 | aa | One | -0.692047 | -0.935658 |
| 3 | aa | Two | -0.348565 | 2.082522 |
| 4 | bb | One | -0.078525 | 0.315495 |

图 3-52　用于分组的 DataFrame

象相应的统计分析方法来实现。GroupBy 对象常见的统计分析方法如表 3-2 所示。

表 3-2 GroupBy 对象常见的统计分析方法

| 方法 | 作用 |
|---|---|
| max() | 求每组的最大值 |
| min() | 求每组的最小值 |
| sum() | 求每组的和 |
| mean() | 求每组的平均值 |
| median() | 求每组的中位数 |
| size() | 计算组的大小 |
| count() | 计算每组元素的数目 |
| cumcount() | 对每个分组中的成员进行标记，标记范围为 $0 \sim n-1$ |
| head() | 返回每组前 $n$ 个元素 |
| std() | 返回每组的标准差 |

```
df.groupby(by='key1').mean()
```
运行结果如图 3-53 所示。
```
df.groupby(by=['key1', 'key2'], observed=False).count()
```
运行结果如图 3-54 所示。

图 3-53 按 key1 列分组求平均值

图 3-54 按 key1 列和 key2 列分组并求每组元素的数目

```
df.groupby(by='key1', as_index=False, sort=False).sum()
```
运行结果如图 3-55 所示。

### 2. 分组后常用的聚合计算函数

如果分组之后仅使用 DataFrameGroupBy 对象的统计方法来进行统计运算，则非常不灵活，pandas 为我们提供了几个方法，可以灵活地对划分的组进行聚合计算。

（1）agg()方法。

agg()方法可以一次性求出不同字段的不同统计指标，语法格式如下。

图 3-55 按 key1 列分组求和，分组字段不作为索引，不排序

```
GroupBy_obj.agg(func, *args,…)
```

参数说明如下。

func：用于聚合计算的函数，可以是自定义函数、字符串函数名、函数的列表、字典。支持 NumPy、pandas 和 Python 提供的所有统计函数，也可以是自定义的函数。

【案例 3-21】使用 agg() 方法进行分组后的聚合计算。

```
df = pd.DataFrame({'A': [1, 1, 2, 2],
                   'B': [1, 2, 3, 4],
                   'C': np.random.randn(4)})
df
```

运行结果如图 3-56 所示。

```
df.groupby(by='A').agg(['min', 'max'])
```

运行结果如图 3-57 所示。

```
df.groupby(by='A').agg({'B': ['min', 'max'], 'C': 'sum'})
```

运行结果如图 3-58 所示。

|   | A | B | C |
|---|---|---|---|
| 0 | 1 | 1 | 1.009363 |
| 1 | 1 | 2 | 1.302018 |
| 2 | 2 | 3 | -0.553706 |
| 3 | 2 | 4 | -1.217541 |

图 3-56　创建用于聚合计算的 DataFrame

| A | B min | B max | C min | C max |
|---|---|---|---|---|
| 1 | 1 | 2 | 1.009363 | 1.302018 |
| 2 | 3 | 4 | -1.217541 | -0.553706 |

图 3-57　按 A 列分组后求最小值和最大值

| A | B min | B max | C sum |
|---|---|---|---|
| 1 | 1 | 2 | 2.311382 |
| 2 | 3 | 4 | -1.771247 |

图 3-58　按 A 列分组后使用 B 列求最小值和最大值，C 列求和

（2）apply() 方法。

apply() 方法和 agg() 方法的区别在于：agg() 方法必须对各个分组进行聚合计算，最终会把每一个组的多个元素汇总为一个标量，而 apply() 方法相对更加灵活，除了可以进行聚合计算，还能进行排序等操作。

apply() 方法语法格式如下。

```
GroupBy_obj.apply (func, *args, **kwargs)
```

参数说明同 agg() 方法。

① 分组后求 TOP-N。

【案例 3-22】apply() 方法。

```
df = pd.DataFrame({'A': [1, 1, 2, 2],
                   'B': [1, 2, 3, 4],
                   'C': np.random.randn(4)})
def top_n(df):
    return df.sort_values(by='B', ascending=False)[:2]
df.groupby(by='A').apply(top_n)
```

运行结果如图 3-59 所示。

```
def top_n(df):
    return df.sort_values(by='B', ascending=False)[:2]
df.groupby(by='A').agg(top_n)
```

运行结果如图 3-60 所示。

| A | | A | B | C |
|---|---|---|---|---|
| 1 | 1 | 1 | 2 | 1.302018 |
|   | 0 | 1 | 1 | 1.009363 |
| 2 | 3 | 2 | 4 | -1.217541 |
|   | 2 | 2 | 3 | -0.553706 |

图 3-59　按 A 列分组后对每组求 TOP-N

```
ValueError                                    Traceback (most recent call last)
<ipython-input-124-9cbbf37b6209> in <module>
      1 def top_n(df):
      2     return df.sort_values(by='B', ascending=False)[:2]
----> 3 df.groupby(by='A').agg(top_n)
```

图 3-60　使用 agg() 方法无法求 TOP-N

② 求和。

```
def mysum(df):
    return df.sum()
df.groupby(by='A').agg(mysum)
```

运行结果如图 3-61 所示。

```
def mysum(df):
    return df.sum()
df.groupby(by='A').apply(mysum)
```

运行结果如图 3-62 所示。

| A | B | C |
|---|---|---|
| 1 | 3 | 2.311382 |
| 2 | 7 | -1.771247 |

图 3-61　使用 agg() 方法求和

| A | A | B | C |
|---|---|---|---|
| 1 | 2.0 | 3.0 | 2.311382 |
| 2 | 4.0 | 7.0 | -1.771247 |

图 3-62　使用 apply() 方法求和

agg() 方法和 apply() 方法均可用于对每组进行聚合函数计算。但是，apply() 方法除了做聚合函数计算，还可以做排序等非聚合函数的运算，agg() 方法则不行，这是两个方法的主要区别。

### 3.3.2　透视表

透视表是一种数据汇总工具，在 pandas 中使用 pivot_table() 方法来实现透视表，透视表的本质是分组统计，其功能也可以用 groupby() 方法实现，但它可以对两个不同的分组维度进行交叉分析。

语法格式如下。

```
pd.pivot_table(data, values=None, index=None, columns=None, aggfunc="mean", fill_value=None, margins=False, dropna=True, margins_name="All")
```

参数说明如下。

（1）data：需要操作的数据。

（2）values：需要操作的列名、列名或列名组成的列表，None 代表对所有列进行操作。

（3）index：必须，行分组键，分组后作为行索引的列名，可以是一个字符或字符组成的列表。

（4）columns：非必须，列分组键，分组后作为列索引的列名，可以是一个字符或字符组成的列表。

（5）aggfunc：指定对 values 的操作，可以是函数、函数的列表、字典等。如果是字典则键是要聚合的列，值是函数，表示对不同的列做不同的操作。

（6）fill_value：常量，表示用于替换缺失值的值。

（7）margins：是否进行行汇总或列汇总，默认为 False。

（8）dropna：是否删掉全为 NaN 的列。

（9）margins_name：汇总列的名字，默认为 All。

【案例 3-23】使用 pivot_table() 方法来实现透视表。

```
data = pd.DataFrame({'Sample': range(1, 11), 'Gender': ['F', 'M', 'F', 'M', 'M', 'M', 'F', 'F', 'M', 'F'],
'Handedness': ['Right-handed', 'Left-handed', 'Right-handed', 'Right-handed', 'Left-handed', 'Right-handed',
'Right-handed', 'Left-handed', 'Right-handed', 'Right-handed']})
data
```

运行结果如图 3-63 所示。

```
pd.pivot_table(data, index='Handedness', aggfunc='count')
```

运行结果如图 3-64 所示。从结果可知，当只给行分组键不给列分组键时，相当于按行分组键进行分组，参数 aggfunc 给定分组后要做的聚合函数操作。

| | Sample | Gender | Handedness |
|---|---|---|---|
| 0 | 1 | F | Right-handed |
| 1 | 2 | M | Left-handed |
| 2 | 3 | F | Right-handed |
| 3 | 4 | M | Right-handed |
| 4 | 5 | M | Left-handed |
| 5 | 6 | M | Right-handed |
| 6 | 7 | F | Right-handed |
| 7 | 8 | F | Left-handed |
| 8 | 9 | M | Right-handed |
| 9 | 10 | F | Right-handed |

图 3-63 不同性别用手习惯的差异

| Handedness | Gender | Sample |
|---|---|---|
| Left-handed | 3 | 3 |
| Right-handed | 7 | 7 |

图 3-64 用手习惯作行分组键

```
pd.pivot_table(data, index='Handedness', columns='Gender', values='Sample', aggfunc='count', margins=
True, margins_name="total")
```

运行结果如图 3-65 所示。可见，先用手习惯作为行分组键，再用 Gender 作为列分组键，相当于按用手习惯进行了一次分组后，再按 Gender 进行了再次分组，values 指定了要计算的列，margins=True 表示要进行行汇总和列汇总，margins_name 表示给汇总的行和列取的名字。

| Gender / Handedness | F | M | total |
|---|---|---|---|
| Left-handed | 1 | 2 | 3 |
| Right-handed | 4 | 3 | 7 |
| total | 5 | 5 | 10 |

图 3-65 用手习惯作行分组键，
性别作列分组键

## 3.4 数据转置与数据位移

### 3.4.1 数据类型转换

**1. pandas 数据类型介绍**

通常情况下，pandas 使用 NumPy、Series 或 DataFrame 的数据类型。NumPy 支持 float、 int、bool、timedelta[ns]、datetime64[ns]，此外，pandas 自身还扩展了一些数据类型。pandas 常见的数据类型如表 3-3 所示。

表 3-3　　　　　　　　　　　　　　pandas 常见的数据类型

| pandas 类型 | Python 类型 | NumPy 类型 | 描述 |
|---|---|---|---|
| object | str | string_、unicode_ | 字符串 |
| int64 | int | int8、int16、int32、int64、uint8、uint16、uint32、uint64 | 整型 |
| float64 | float | float16、float32、float64 | 浮点型 |
| bool | bool | bool_ | 布尔型 |
| datatime64[ns] | nan | datetime64[ns] | 日期时间 |
| timedelta[ns] | nan | nan | 两个时间的差 |

pandas 整型的默认类型为 int64，浮点型的默认类型为 float64，字符串的默认类型是 object。
DataFrame 可以使用 dtypes 属性查看数据类型，并以 Series 的形式返回每列的数据类型。

【案例 3-24】查看 pandas 的数据类型。

```
import numpy as np
df = pd.DataFrame({'aa': np.random.rand(3), 'bb': 10, 'cc': 'hello', 'dd': pd.Timestamp('20200410'), 'E':
pd.Series([1.0, 2.0, 3.0]).astype('float32'), 'F': True, 'G': pd.Series([1, 1, 1], dtype='int8')})
df
```

运行结果如图 3-66 所示。

```
df.dtypes
```

运行结果如图 3-67 所示。

|  | aa | bb | cc | dd | E | F | G |
|---|---|---|---|---|---|---|---|
| 0 | 0.355789 | 10 | hello | 2020-04-10 | 1.0 | True | 1 |
| 1 | 0.220998 | 10 | hello | 2020-04-10 | 2.0 | True | 1 |
| 2 | 0.707810 | 10 | hello | 2020-04-10 | 3.0 | True | 1 |

图 3-66　创建的 DataFrame 4

```
aa              float64
bb                int64
cc               object
dd       datetime64[ns]
E               float32
F                  bool
G                  int8
dtype: object
```

图 3-67　dtypes 属性

如果要查看 Series 的数据类型，需要用 dtype 属性。

```
df['aa'].dtype
```

运行结果为：dtype('float64')

当 pandas 对象单列中含多种类型的数据时，该列的数据类型应为可适配于各元素的数据类型，多数情况为 object。

```
pd.Series([1, 2, 3, 4.2, 'hello'])
```

运行结果如图 3-68 所示。

DataFrame_obj.dtypes.value_counts()方法可用于统计 DataFrame 中不同数据类型的列数。

```
df.dtypes.value_counts()
```

运行结果如图 3-69 所示。

```
0        1
1        2
2        3
3        4.2
4        hello
dtype: object
```

图 3-68  混合数据类型

```
float64           1
int8              1
object            1
int64             1
float32           1
bool              1
datetime64[ns]    1
dtype: int64
```

图 3-69  value_counts()方法统计不同数据类型的列数

多种数据类型的不同数值可以在 DataFrame 里共存。如果一个 DataFrame 的各列是不同的数值类型，那么它们的数据类型不会合并。

```
df = pd.DataFrame({'a': pd.Series([1, 2, 3], dtype='float16'), 'b': pd.Series([4, 5, 6]), 'c': pd.Series([7, 8, 9], dtype='int8')})
df
```

运行结果如图 3-70 所示。

```
df.dtypes
```

运行结果如图 3-71 所示。

|   | a | b | c |
|---|---|---|---|
| **0** | 1.0 | 4 | 7 |
| **1** | 2.0 | 5 | 8 |
| **2** | 3.0 | 6 | 9 |

图 3-70  创建不同数据类型的 DataFrame

```
a        float16
b        int64
c        int8
dtype: object
```

图 3-71  查看数据类型

### 2. pandas 数据类型转换

（1）向上转型。

当混合数据类型进行计算或合并时，需要向上转换数据类型，如由整型转为浮点型。

```
df = pd.DataFrame([[1, 2], [3, 4]])
df.dtypes
```

运行结果如图 3-72 所示。

```
df1 = pd.DataFrame([[5, 6], [7, 8]], dtype='float')
df1.dtypes
```

运行结果如图 3-73 所示。

```
0        int64
1        int64
dtype: object
```

图 3-72  df 的数据类型为 int64

```
0        float64
1        float64
dtype: object
```

图 3-73  df1 的数据类型为 float64

```
df2 = df + df1
df2.dtypes
```

运行结果如图 3-74 所示。

如果用 to_numpy() 方法将一个 DataFrame 转成一个 NumPy 数组，那么得到的 NumPy 数组的类型与 DataFrame 的类型相同。

【案例 3-25】to_numpy() 方法。

```
df = pd.DataFrame({'A': 'hello', "B": [1, 2, 3], "C": pd.Series([4, 5, 6], dtype='float32')})
df
```

运行结果如图 3-75 所示。

```
0      float64
1      float64
dtype: object
```

图 3-74　df2 的数据类型为 float64

| | A | B | C |
|---|---|---|---|
| 0 | hello | 1 | 4.0 |
| 1 | hello | 2 | 5.0 |
| 2 | hello | 3 | 6.0 |

图 3-75　创建的 DataFrame 5

```
df.dtypes
```

运行结果如图 3-76 所示。

```
df.to_numpy()
```

运行结果如图 3-77 所示。

```
A        object
B         int64
C       float32
dtype: object
```

图 3-76　df 的数据类型

```
array([['hello', 1, 4.0],
       ['hello', 2, 5.0],
       ['hello', 3, 6.0]], dtype=object)
```

图 3-77　to_numpy() 方法得到的数组的数据类型是 object

（2）astype() 方法。

astype() 方法会显式地把一种数据类型转换为另一种数据类型，语法格式如下。

```
DataFrame_obj(Series_obj).astype(dtype, copy=True, errors="raise")
```

参数说明如下。

① dtype：要转换的数据类型，可以是一个 NumPy 数组或 Python 的数据类型，也可以是一个字典，当为字典的时候，字典的键为要转换的列名，值为 NumPy 数组或 Python 的数据类型。

② copy：布尔型，默认为 True，表示复制原数据进行类型转换操作，原来的数据不变，如果设置为 False，类型转换之后，原数据的类型也会发生改变。

③ errors：可选项有 raise、ignore，默认为 raise，表示在类型转换失败时抛出异常，如果设置为 ignore，则不会抛出异常。

【案例 3-26】astype() 方法。

```
df = pd.DataFrame({'A': 'hello', "B": [1, 2, 3], "C": pd.Series([4, 5, 6], dtype='float32')})
df1 = df.astype({"C": "int32"})
df1
```

运行结果如图 3-78 所示。

```
df2 = df.astype('object')
df2.dtypes
```

运行结果如图 3-79 所示。

|   | A | B | C |
|---|---|---|---|
| 0 | hello | 1 | 4 |
| 1 | hello | 2 | 5 |
| 2 | hello | 3 | 6 |

```
A    object
B    object
C    object
dtype: object
```

图 3-78　将 C 列的数据类型转换为 int32　　图 3-79　将所有列的数据类型转换为 object

（3）对象转换。

① infer_objects() 方法。

该方法可以将 object 数据类型强制转为另一种更加优化的数据类型。

```
df3 = df2.infer_objects()
df3
```

运行结果如图 3-80 所示。

② 强制类型转换。

在 pandas 中，可以通过 to_numeric() 函数、to_datetime() 函数、to_timedelta() 函数将对象转换为指定的类型，它们的参数必须是一个标量、列表、元组、一维数组或 Series，其中 to_numeric() 函数将对象转换为数值型，to_datetime() 函数将对象转换为 datetime 对象、to_timedelta() 函数将对象转换为 timedelta 对象。

```
A    object
B    int64
C    float64
dtype: object
```

图 3-80　通过 infer_objects() 方法强制转换数据类型

```
a = ['1.1', 2, 3]
res = pd.to_numeric(a)
res
```

运行结果为：array([1.1, 2. , 3. ])

```
res.dtype
```

运行结果为：dtype('float64')

【案例 3-27】强制类型转换。

```
import datetime
b = ['2019-10-01', datetime.datetime(2019, 10, 2)]
res = pd.to_datetime(b)
res
```

运行结果为：

DatetimeIndex(['2019-10-01', '2019-10-02'], dtype='datetime64[ns]', freq=None)

```
c = ['5us', pd.Timedelta('1day'), '10ms']
res = pd.to_timedelta(c)
res
```

运行结果为：

TimedeltaIndex(['0 days 00:00:00.000005', '1 days 00:00:00', '0 days 00:00: 00.010000'], dtype= 'timedelta64[ns]', freq=None)

to_numeric()函数还有一个参数 downcast，即向下转换数据类型，可以把数值型数据类型转换为减少内存占用的数据类型。

```
a = ['111', 2, 3]
pd.to_numeric(a, downcast='integer')
```

运行结果为：array([111,    2,    3], dtype=int8)

```
pd.to_numeric(a, downcast='unsigned')
```

运行结果为：array([111,    2,    3], dtype=uint8)

### 3. 通过类型转换实现内存优化

pandas 中的许多数据类型具有多个子类型，如浮点型有 float16、float32 和 float64 这些子类型，每种子类型所占用的内存空间是不一样的。pandas 中常用数据类型的不同子类型所占用的内存空间如表 3-4 所示。

表 3-4    pandas 中常用数据类型的不同子类型所占用的内存空间

| 占用内存空间 | float | int | uint | datetime | bool | object |
|---|---|---|---|---|---|---|
| 1 字节 |  | int8 | uint8 |  | bool |  |
| 2 字节 | float16 | int16 | uint16 |  |  |  |
| 4 字节 | float32 | int32 | uint32 |  |  |  |
| 8 字节 | float64 | int64 | uint64 | datetime64 |  |  |
| variable |  |  |  |  |  | object |

通过更加合理地设置子类型可以减小内存的使用。

（1）通过子类型优化数值型数据的列。

首先读取 users.dat 文件（包含一些用户数据）。

【案例 3-28】通过转换数据类型来实现内存优化。

```
users = pd.read_csv('users.dat', sep='::', header=None, names=['UserID', 'Gender', 'Age', 'Occupation', 'Zip-code'], engine='python')
users.head()
```

运行结果如图 3-81 所示。

```
users.dtypes
```

运行结果如图 3-82 所示。

| | UserID | Gender | Age | Occupation | Zip-code |
|---|---|---|---|---|---|
| **0** | 1 | F | 1 | 10 | 48067 |
| **1** | 2 | M | 56 | 16 | 70072 |
| **2** | 3 | M | 25 | 15 | 55117 |
| **3** | 4 | M | 45 | 7 | 02460 |
| **4** | 5 | M | 25 | 20 | 55455 |

图 3-81　读取 users.dat 文件

```
UserID            int64
Gender            object
Age               int64
Occupation        int64
Zip-code          object
dtype: object
```

图 3-82　users 表的数据类型

```
for dtype in ['int64', 'object']:
    selected_dtype = users.select_dtypes(include=[dtype])
    mean_usage_b = selected_dtype.memory_usage(deep=True).mean()
    mean_usage_mb = mean_usage_b / 1024 ** 2
    print("Average memory usage for {} columns: {:03.2f} MB".format(dtype, mean_usage_mb))
```

运行结果为：

Average memory usage for int64 columns: 0.03 MB

Average memory usage for object columns: 0.23 MB

数据类型为 int64 的数据平均每列占用 0.03MB 的内存，而数据类型为 object 的数据平均每列占用 0.23MB 的内存。

其次通过 pd.to_numeric() 来对数值型数据进行向下转换，接着用 DataFrame.select_dtypes 选择整型数据的列，最后优化这种类型，并比较内存使用量。

```
users_int64 = users.select_dtypes(include=['int64'])
converted_int = users_int64.apply(pd.to_numeric, downcast='unsigned')
converted_int.dtypes
```

运行结果如图 3-83 所示。

```
import sys
# sys.getsizeof()可以获取一个对象占用的内存空间
print(sys.getsizeof(users_int64))
print(sys.getsizeof(converted_int))
```

运行结果为：

145112

24312

向下转换数据类型后，所占用的内存空间为原来的 1/6。

（2）用类别（categoricals）优化 object。

object 列占用的平均内存（0.23M）远高于 int64（0.03M）。pandas 中的 category 在底层使用整型数据来表示该列的值，而不是用原值。pandas 用一个字典来构建这些整型数据到原数据的映射关系。当我们把一列的值的数据类型转换成 category 时，pandas 会用一种最节省空间的 int 子类型去表示这一列中的唯一值。

```
gender = users['Gender']
cat_gender = gender.astype('category')
cat_gender
```

运行结果如图 3-84 所示。

```
0        F
1        M
2        M
3        M
4        M
         ..
6035     F
6036     F
6037     F
6038     F
6039     M
Name: Gender, Length: 6040, dtype: category
Categories (2, object): ['F', 'M']
```

```
UserID           uint16
Age              uint8
Occupation       uint8
dtype: object
```

图 3-83　向下转换后的数据类型　　　　　　　图 3-84　转换 Gender 列的数据类型

```
print(sys.getsizeof(gender))
print(sys.getsizeof(cat_gender))
```

运行结果为：

350472

6416

将 Gender 列的数据类型从 object 转为 category 后，内存的占用变为原来的 1/54。

### 3.4.2　数据转置

#### 1. T 属性

DataFrame 的 T 属性可以实现行列的数据转置。

【案例 3-29】T 属性。

```
df = pd.DataFrame([[1, 2, 3], [4, 5, 6]], index=['a', 'b'], columns=['A', 'B', 'C'])
df
```

运行结果如图 3-85 所示。

```
df.T
```

运行结果如图 3-86 所示。

|   | A | B | C |
|---|---|---|---|
| **a** | 1 | 2 | 3 |
| **b** | 4 | 5 | 6 |

图 3-85　创建用于数据转置的 DataFrame

|   | a | b |
|---|---|---|
| **A** | 1 | 4 |
| **B** | 2 | 5 |
| **C** | 3 | 6 |

图 3-86　转置之后的 DataFrame

#### 2. stack()方法和 unstack()方法

stack()方法可以将 DataFrame 的列索引转置为行索引，语法格式如下。

```
DataFrame_obj.stack(level=-1, dropna=True)
```

参数说明如下。

（1）level：指定要转置到行索引的列索引层级，默认值为-1，表示最后一级。

（2）dropna：默认为 True，表示删除转置时存在缺失值的行。

（3）unstack()方法和 stack()方法的功能相反，是将行索引转置为列索引，语法格式如下。

```
DataFrame_obj.unstack(level=-1, fill_value=None)
```

参数说明如下。

（1）level：指定要转置为列索引的行索引层级。

（2）fill_value：用此参数指定的值填充在转置时产生的 NaN 值。

【案例 3-30】stack()方法和 unstack()方法。

```
df = pd.DataFrame([[1, 2, 5, 8], [20, 7, 4, 15], [3, 9, 10, 31], [4, 7, 6, 2]], columns=[['A', 'A', 'B', 'B'], ['aa', 'bb', 'aa', 'bb']], index=['one', 'two', 'three', 'four'])
df
```

运行结果如图 3-87 所示。

```
df.stack()
```

运行结果如图 3-88 所示。

| | A | | B | |
|---|---|---|---|---|
| | aa | bb | aa | bb |
| one | 1 | 2 | 5 | 8 |
| two | 20 | 7 | 4 | 15 |
| three | 3 | 9 | 10 | 31 |
| four | 4 | 7 | 6 | 2 |

图 3-87　带复合索引的 DataFrame

| | | A | B |
|---|---|---|---|
| one | aa | 1 | 5 |
| | bb | 2 | 8 |
| two | aa | 20 | 4 |
| | bb | 7 | 15 |
| three | aa | 3 | 10 |
| | bb | 9 | 31 |
| four | aa | 4 | 6 |
| | bb | 7 | 2 |

图 3-88　将列索引转置为行索引（level=-1）

```
df1 = df.stack(level=0)
df1
```

运行结果如图 3-89 所示。

```
df1.unstack()
```

运行结果如图 3-90 所示。

| | | aa | bb |
|---|---|---|---|
| one | A | 1 | 2 |
| | B | 5 | 8 |
| two | A | 20 | 7 |
| | B | 4 | 15 |
| three | A | 3 | 9 |
| | B | 10 | 31 |
| four | A | 4 | 7 |
| | B | 6 | 2 |

图 3-89　将列索引转置为行索引（level=0）

| | aa | | bb | |
|---|---|---|---|---|
| | A | B | A | B |
| four | 4 | 6 | 7 | 2 |
| one | 1 | 5 | 2 | 8 |
| three | 3 | 10 | 9 | 31 |
| two | 20 | 4 | 7 | 15 |

图 3-90　将行索引转置为列索引（level=-1）

```
df1.unstack(level=0)
```

运行结果如图 3-91 所示。

| | aa | | | | bb | | | |
|---|---|---|---|---|---|---|---|---|
| | four | one | three | two | four | one | three | two |
| A | 4 | 1 | 3 | 20 | 7 | 2 | 9 | 7 |
| B | 6 | 5 | 10 | 4 | 2 | 8 | 31 | 15 |

图 3-91　将行索引转置为列索引（level=0）

### 3.4.3　数据位移

通过 DataFrame 的 shift() 方法可以实现数据位移。

语法格式如下。

```
DataFrame_obj.shift(periods=1, freq=None, axis=0, fill_value=None)
```

参数说明如下。

（1）periods：表示位移量，正数表示向下/向右位移，默认值为 1。

（2）freq：调整频率，只对 DatetimeIndex、PeriodIndex 和 TimedeltaIndex 有效。

（3）axis：指定要位移的行或列，当 axis=0 时为行位移，当 axis=1 时为列位移。

（4）fill_value：标量，表示位移后的填充值，默认为 None，表示不填充。

【案例 3-31】使用 shift() 方法实现数据的位移。

```
df = pd.DataFrame([[1, 2, 3], [4, 5, 6], [7, 8, 9]], index=['a', 'b', 'c'], columns=['A', 'B', 'C'])
df
```

运行结果如图 3-92 所示。

```
df.shift()
```

运行结果如图 3-93 所示。

```
df.shift(axis=1, fill_value=10)
```

运行结果如图 3-94 所示。

| | A | B | C |
|---|---|---|---|
| a | 1 | 2 | 3 |
| b | 4 | 5 | 6 |
| c | 7 | 8 | 9 |

图 3-92　创建用于数据位移的 DataFrame

| | A | B | C |
|---|---|---|---|
| a | NaN | NaN | NaN |
| b | 1.0 | 2.0 | 3.0 |
| c | 4.0 | 5.0 | 6.0 |

图 3-93　向下位移一步

| | A | B | C |
|---|---|---|---|
| a | 10 | 1 | 2 |
| b | 10 | 4 | 5 |
| c | 10 | 7 | 8 |

图 3-94　向右位移一步

## 3.5　数据合并

pandas 数据合并主要通过 concat() 函数、merge() 函数和 join() 函数，concat() 函数对 Series 或 DataFrame 进行行拼接或列拼接，merge() 函数基于两个 DataFrame 的共同列进行合并，join() 函数基于 DataFrame 的索引进行合并。通过之前数据查询的方法，我们可以实现从已有的数据中获取任意的子集数据。在本节，还将介绍常用的列和行的拆分方法。

### 3.5.1　堆叠合并

**1. concat()函数**

在 pandas 中，主要使用 concat() 函数堆叠合并数据。

语法格式如下。

```
pandas.concat(objs, axis=0, join="outer", ignore_index=False, keys=None, levels=None, names=None,
verify_integrity=False, sort=False, copy=True)
```

参数说明如下。

（1）objs：表示需要合并的数据。

（2）axis：表示数据合并的轴向，当 axis=0 时表示纵向合并，当 axis=1 时表示横向合并。

（3）join：表示数据合并的方式，可选项有 inner、outer，默认为 outer，表示取数据集的并集，inner 表示取数据集的交集。

（4）ignore_index：布尔型。指定是否重置索引，默认为 False，如果设置为 True，则会生成从 0 开始的连续的索引。

（5）keys：指定新的索引值，以标记数据来源于哪张表。

（6）levels：表示列表的序列，用于生成复合索引，默认为 None。

（7）names：行索引名。

（8）verify_integrity：默认为 False，当设置为 True 时，会检查新的数据是否存在重复行或列。

（9）sort：默认为 False，当设置为 True 时，表示当 join 参数取 outer 时，会对没有合并的轴向进行排序。

（10）copy：默认为 True，表示会复制数据集。

【案例 3-32】使用 concat() 函数堆叠合并数据。

```
df1 = pd.DataFrame(np.ones((3, 4))*0, columns=['a', 'b', 'c', 'd'], index=[1, 2, 3])
df1
```

运行结果如图 3-95 所示。

```
df2 = pd.DataFrame(np.ones((3, 4))*1, columns=['b', 'c', 'd', 'e'], index=[2, 3, 4])
df2
```

运行结果如图 3-96 所示。

|   | a | b | c | d |
|---|---|---|---|---|
| 1 | 0.0 | 0.0 | 0.0 | 0.0 |
| 2 | 0.0 | 0.0 | 0.0 | 0.0 |
| 3 | 0.0 | 0.0 | 0.0 | 0.0 |

图 3-95　生成用于合并的 df1

|   | b | c | d | e |
|---|---|---|---|---|
| 2 | 1.0 | 1.0 | 1.0 | 1.0 |
| 3 | 1.0 | 1.0 | 1.0 | 1.0 |
| 4 | 1.0 | 1.0 | 1.0 | 1.0 |

图 3-96　生成用于合并的 df2

```
pd.concat([df1, df2], axis=0, join='outer')
```
运行结果如图 3-97 所示。

```
pd.concat([df1, df2], axis=1, join='inner')
```
运行结果如图 3-98 所示。

|   | a | b | c | d | e |
|---|---|---|---|---|---|
| **1** | 0.0 | 0.0 | 0.0 | 0.0 | NaN |
| **2** | 0.0 | 0.0 | 0.0 | 0.0 | NaN |
| **3** | 0.0 | 0.0 | 0.0 | 0.0 | NaN |
| **2** | NaN | 1.0 | 1.0 | 1.0 | 1.0 |
| **3** | NaN | 1.0 | 1.0 | 1.0 | 1.0 |
| **4** | NaN | 1.0 | 1.0 | 1.0 | 1.0 |

图 3-97　纵向求并集后合并

|   | a | b | c | d | b | c | d | e |
|---|---|---|---|---|---|---|---|---|
| **2** | 0.0 | 0.0 | 0.0 | 0.0 | 1.0 | 1.0 | 1.0 | 1.0 |
| **3** | 0.0 | 0.0 | 0.0 | 0.0 | 1.0 | 1.0 | 1.0 | 1.0 |

图 3-98　横向求交集后合并

```
pd.concat([df1, df2], keys=['df1', 'df2'], names=['idx1', 'idx2'])
```
运行结果如图 3-99 所示。

```
pd.concat([df1, df2], ignore_index=True)
```
运行结果如图 3-100 所示。

| idx1 | idx2 | a | b | c | d | e |
|---|---|---|---|---|---|---|
| **df1** | **1** | 0.0 | 0.0 | 0.0 | 0.0 | NaN |
|  | **2** | 0.0 | 0.0 | 0.0 | 0.0 | NaN |
|  | **3** | 0.0 | 0.0 | 0.0 | 0.0 | NaN |
| **df2** | **2** | NaN | 1.0 | 1.0 | 1.0 | 1.0 |
|  | **3** | NaN | 1.0 | 1.0 | 1.0 | 1.0 |
|  | **4** | NaN | 1.0 | 1.0 | 1.0 | 1.0 |

图 3-99　标记数据来源，并为层次索引取名

|   | a | b | c | d | e |
|---|---|---|---|---|---|
| **0** | 0.0 | 0.0 | 0.0 | 0.0 | NaN |
| **1** | 0.0 | 0.0 | 0.0 | 0.0 | NaN |
| **2** | 0.0 | 0.0 | 0.0 | 0.0 | NaN |
| **3** | NaN | 1.0 | 1.0 | 1.0 | 1.0 |
| **4** | NaN | 1.0 | 1.0 | 1.0 | 1.0 |
| **5** | NaN | 1.0 | 1.0 | 1.0 | 1.0 |

图 3-100　合并数据后重置索引

```
df1 = pd.DataFrame([[5, 3], [10, 2]], columns=['a', 'b'], index=[1, 2])
df1
```
运行结果如图 3-101 所示。

```
df2 = pd.DataFrame([[10, 17], [2, 7]], columns=['aa', 'bb'], index=[2, 3])
df2
```
运行结果如图 3-102 所示。

```
pd.concat([df2, df1], sort=True)
```
运行结果如图 3-103 所示。由图 3-103 可知，当 sort 参数设置为 True 时，将会纵向合并，当没有相同的列可以合并时，可以对列名进行排序。

|   | a | b |
|---|---|---|
| **1** | 5 | 3 |
| **2** | 10 | 2 |

图 3-101　创建 df1

|   | aa | bb |
|---|---|---|
| **2** | 10 | 17 |
| **3** | 2 | 7 |

图 3-102　创建 df2

|   | a | aa | b | bb |
|---|---|---|---|---|
| **2** | NaN | 10.0 | NaN | 17.0 |
| **3** | NaN | 2.0 | NaN | 7.0 |
| **1** | 5.0 | NaN | 3.0 | NaN |
| **2** | 10.0 | NaN | 2.0 | NaN |

图 3-103　合并数据

### 2. append()方法

append()方法可以向数据集中添加新的行，如果添加的列名不在 DataFrame 中，将会被当作新的列进行添加。

语法格式如下。

```
DataFrame_obj.append(other, ignore_index=False, verify_integrity=False, sort=False)
```

参数说明如下。

（1）other：表示要添加的数据，可以是 DataFrame、Series、列表、字典，当添加的数据类型为字典时，ignore_index 必须是 True；当以 Series 方式添加数据时，ignore_index 为 True 或者 Series 有一个名字。

（2）ignore_index：指定是否重置索引，默认为 False。

（3）verify_integrity：默认为 False。当设置为 True 时，会检查新的数据是否存在重复的行或列。

（4）sort：布尔型。默认为 False，当设置为 True 时，会对没有合并的列进行排序。

【案例 3-33】append()方法。

```
df = pd.DataFrame([[1, 2], [3, 4]], columns=list('AB'))
df
```

运行结果如图 3-104 所示。

```
df1 = df.append({'A':5, "B": 6}, ignore_index=True)
df1
```

运行结果如图 3-105 所示。

| | A | B |
|---|---|---|
| 0 | 1 | 2 |
| 1 | 3 | 4 |

图 3-104　创建的 DataFrame6

| | A | B |
|---|---|---|
| 0 | 1 | 2 |
| 1 | 3 | 4 |
| 2 | 5 | 6 |

图 3-105　以字典方式添加数据

```
df2 = df.append(pd.Series({'A':7, "B": 8}, name="a"))
df2
```

运行结果如图 3-106 所示。

```
new_df = pd.DataFrame([[5, 6], [7, 8]], columns=['A', 'B'])
df3 = df.append(new_df, ignore_index=True)
df3
```

运行结果如图 3-107 所示。

| | A | B |
|---|---|---|
| 0 | 1 | 2 |
| 1 | 3 | 4 |
| a | 7 | 8 |

图 3-106　以 Series 方式添加数据

| | A | B |
|---|---|---|
| 0 | 1 | 2 |
| 1 | 3 | 4 |
| 2 | 5 | 6 |
| 3 | 7 | 8 |

图 3-107　以 DataFrame 方式添加数据并重置索引

### 3.5.2  主键合并

#### 1. merge()函数

在 pandas 中进行主键合并主要使用的是 merge() 函数，它不同于 concat() 函数，它是按照数据中的某些列来进行数据合并的。

语法格式如下。

```
pandas.merge(left, right, how="inner", on=None, left_on=None, right_on=None, left_index=False,
right_index=False, sort=False, suffixes=("_x", "_y"), copy=True, indicator=False, validate=None)
```

参数说明如下。

（1）left：参与合并的左侧数据对象，可以是 DataFrame 对象或 Series 对象。

（2）right：参与合并的右侧数据对象，可以是 DataFrame 对象或 Series 对象。

（3）how：表示数据合并的方式，可选项有 inner、outer、left、right，分别表示取交集、取并集、取左表及其交集部分、取右表及其交集部分，默认为 inner。

（4）on：指定用于连接的关键字（行或列索引名），要求存在于合并的两个对象中，如果不提供连接关键字，它会自动寻找相同的列来连接。

（5）left_on：左侧数据对象中用于连接的列索引。

（6）right_on：右侧数据对象中用于连接的列索引。

（7）left_index：布尔型，表示是否使用左侧数据对象的索引作为连接关键字。

（8）right_index：布尔型，表示是否使用右侧数据对象的索引作为连接关键字。

（9）sort：布尔型，默认为 True，会根据连接关键字对结果进行排序。

（10）suffixes：对两个数据对象重复的索引进行后缀设置，以方便区分，默认为（"_x", "_y"）。

（11）copy：布尔型，默认为 True，表示复制数据后再进行操作。

（12）indicator：默认为 False，如果设置为 True，则在合并时增加一列合并的相关信息。

（13）validate：检查合并。

【案例 3-34】使用 merge() 函数进行主键合并。

```
left = pd.DataFrame({'key': ['K0', 'K1', 'K2', 'K4'], 'A': ['A0', 'A1', 'A2', 'A3'], 'B': ['I2', 'I3', 'I4', 'I5']},
index=['I0', 'I1', 'I2', 'I3'])
left
```

运行结果如图 3-108 所示。

```
right = pd.DataFrame({'key': ['K0', 'K1', 'K2', 'K3'], 'C': ['C0', 'C1', 'C2', 'C3'], 'D': ['D0', 'D1', 'D2', 'D3']},
index=['I0', 'I2', 'I3', 'I4'])
right
```

运行结果如图 3-109 所示。

```
pd.merge(left, right)
```

运行结果如图 3-110 所示。

| | key | A | B |
|---|---|---|---|
| I0 | K0 | A0 | I2 |
| I1 | K1 | A1 | I3 |
| I2 | K2 | A2 | I4 |
| I3 | K4 | A3 | I5 |

图 3-108　参与合并的左侧数据对象

| | key | C | D |
|---|---|---|---|
| I0 | K0 | C0 | D0 |
| I2 | K1 | C1 | D1 |
| I3 | K2 | C2 | D2 |
| I4 | K3 | C3 | D3 |

图 3-109　参与合并的右侧数据对象

| | key | A | B | C | D |
|---|---|---|---|---|---|
| 0 | K0 | A0 | I2 | C0 | D0 |
| 1 | K1 | A1 | I3 | C1 | D1 |
| 2 | K2 | A2 | I4 | C2 | D2 |

图 3-110　默认按 key 合并

```
pd.merge(left, right, how='outer', left_index=True, right_index=True, indicator=True)
```
运行结果如图 3-111 所示。

```
pd.merge(left, right, left_on='B', right_index=True)
```
运行结果如图 3-112 所示。

| | key_x | A | B | key_y | C | D | _merge |
|---|---|---|---|---|---|---|---|
| I0 | K0 | A0 | I2 | K0 | C0 | D0 | both |
| I1 | K1 | A1 | I3 | NaN | NaN | NaN | left_only |
| I2 | K2 | A2 | I4 | K1 | C1 | D1 | both |
| I3 | K4 | A3 | I5 | K2 | C2 | D2 | both |
| I4 | NaN | NaN | NaN | K3 | C3 | D3 | right_only |

图 3-111　用两张表的索引进行合并，取并集

| | key_x | A | B | key_y | C | D |
|---|---|---|---|---|---|---|
| I0 | K0 | A0 | I2 | K1 | C1 | D1 |
| I1 | K1 | A1 | I3 | K2 | C2 | D2 |
| I2 | K2 | A2 | I4 | K3 | C3 | D3 |

图 3-112　左表 B 列与右表的索引合并

## 2. join()函数

DataFrame 对象的 join()函数也可实现主键合并，但它主要是根据 DataFrame 的索引来进行合并的。

语法格式如下。

```
DataFrame_obj.join(other, on=None, how="left", lsuffix="", rsuffix="", sort=False)
```
参数说明如下。

（1）other：连接的另外一个数据对象（通过索引连接）。

（2）on：表示调用者要通过哪个列去进行连接。

（3）how：可选项有 inner、outer、left、right，分别表示取交集、取并集、取左表及其交集部分、取右表及其交集部分，默认为 left。

（4）lsuffix：当发生重复时为左侧数据对象设置后缀。

（5）rsuffix：当发生重复时为右侧数据对象设置后缀。

（6）sort：是否按连接关键字进行排序，默认为 False。

【案例 3-35】使用 join()函数实现主键合并。

```
df1 = pd.DataFrame({'name': ['jack', 'kate', 'lucy', 'anni'], 'age': [18, 22, 23, 19]})
df1
```
运行结果如图 3-113 所示。

```
df2 = pd.DataFrame({'name': ['lily', 'jack', 'anni', 'tony'], 'score': ['A', 'B', 'C', 'B']})
df2.set_index('name', inplace=True)
df2
```
运行结果如图 3-114 所示。

```
df1.join(df2, on='name')
```

运行结果如图 3-115 所示。

| | name | age |
|---|---|---|
| **0** | jack | 18 |
| **1** | kate | 22 |
| **2** | lucy | 23 |
| **3** | anni | 19 |

| name | score |
|---|---|
| lily | A |
| jack | B |
| anni | C |
| tony | B |

| | name | age | score |
|---|---|---|---|
| **0** | jack | 18 | B |
| **1** | kate | 22 | NaN |
| **2** | lucy | 23 | NaN |
| **3** | anni | 19 | C |

图 3-113 用于连接操作的左表　　图 3-114 用于连接操作的右表　　图 3-115 左表的 name 列和右表的索引连接

### 3.5.3 重叠合并

在处理数据的过程中，当一个 DataFrame（Series）对象中缺失数据时，对于这些缺失数据，我们希望可以使用其他 DataFrame（Series）对象中的数据对其进行填充，可以通过 combine_first() 方法填充缺失数据。当使用 combin_first()方法重叠合并数据时，两个数据对象的行索引和列索引必须有重叠的部分。

语法格式如下。

```
DataFrame_obj(Series_obj).combine_first(other)
```

参数说明如下。

other：用于填充缺失数据的 DataFrame 对象或 Series 对象。

【案例 3-36】重叠合并。

```
df1=pd.DataFrame({'A':[np.nan,'a0','a1','a2'],'B':[np.nan,'b1',np.nan,'b3'],'key':['k0','k1','k2','k3']})
df1
```

运行结果如图 3-116 所示。

```
df2=pd.DataFrame({'A':['c0','c1','c2'],'B':['d0','d1','d2']},index=[1,0,2])
df2
```

运行结果如图 3-117 所示。

```
df1.combine_first(df2)
```

运行结果如图 3-118 所示。

| | A | B | key |
|---|---|---|---|
| **0** | NaN | NaN | k0 |
| **1** | a0 | b1 | k1 |
| **2** | a1 | NaN | k2 |
| **3** | a2 | b3 | k3 |

| | A | B |
|---|---|---|
| **1** | c0 | d0 |
| **0** | c1 | d1 |
| **2** | c2 | d2 |

| | A | B | key |
|---|---|---|---|
| **0** | c1 | d1 | k0 |
| **1** | a0 | b1 | k1 |
| **2** | a1 | d2 | k2 |
| **3** | a2 | b3 | k3 |

图 3-116 生成带缺失数据的　　图 3-117 生成用于填充缺失数据的　　图 3-118 填充缺失数据后的
　　　　DataFrame　　　　　　　　　　DataFrame　　　　　　　　　　DataFrame

## 3.6 项目实训——电影数据分析

### 3.6.1 项目需求

有 6000 多名用户对 3000 多部电影的 100 万条评分数据，数据分布于 3 张表中，users.dat

存放用户数据，movies.dat 存放电影数据，ratings.dat 存放评分数据，3 张表的数据可以通过相关的键来进行连接，需求如下。

（1）通过 pandas 读取 3 张表，并查看每一张表中的数据。

（2）将 3 张表的数据通过 merge() 函数进行连接。

（3）检查合并的数据缺失值和重复值情况。

（4）对缺失值和重复值进行处理。

（5）查看每一部电影不同性别观众的平均评分。

（6）计算评分分歧，找出男性和女性观众评分分歧最大的电影并排序。

（7）查看评分次数多的电影并排序。

（8）查看每一部电影被评论的次数和得到的平均评分。读取至少被评论 100 次的电影，并按照平均评分从大到小排序，查看评分最高的 10 部电影。

## 3.6.2　项目实施

```
import pandas as pd
# 读取 users 表中的用户数据
users = pd.read_csv('users.dat', sep='::', header=None, names=['UserID', 'Gender', 'Age', 'Occupation', 'Zip-code'], engine='python')
users.head()
```

运行结果如图 3-119 所示。

```
# 查看 users 表中有多少条数据
print("users 表中有%s 条数据" % users.shape[0])
```

运行结果为：users 表中有 6042 条数据

```
# 读取 movies 表中的电影数据
movies = pd.read_csv('movies.dat', sep='::', header=None, names=["MovieID", "Title", "Genres"], engine='python')
movies.head()
```

运行结果如图 3-120 所示。

| | UserID | Gender | Age | Occupation | Zip-code |
|---|---|---|---|---|---|
| 0 | 1 | F | 1 | 10 | 48067 |
| 1 | 2 | M | 56 | 16 | 70072 |
| 2 | 3 | M | 25 | 15 | 55117 |
| 3 | 4 | M | 45 | 7 | 02460 |
| 4 | 5 | M | 25 | 20 | 55455 |

图 3-119　读取 users 表中的数据

| | MovieID | Title | Genres |
|---|---|---|---|
| 0 | 1 | Toy Story (1995) | Animation\|Children's\|Comedy |
| 1 | 2 | Jumanji (1995) | Adventure\|Children's\|Fantasy |
| 2 | 3 | Grumpier Old Men (1995) | Comedy\|Romance |
| 3 | 4 | Waiting to Exhale (1995) | Comedy\|Drama |
| 4 | 5 | Father of the Bride Part II (1995) | Comedy |

图 3-120　读取 movies 表中的数据

```
# 查看 movies 表中有多少条数据
print("movies 表中有%s 条数据" % movies.shape[0])
```

运行结果为：movies 表中有 3883 条数据

```
# 读取 ratings 表中的数据
ratings = pd.read_csv('ratings.dat', sep='::', header=None, names=["UserID", "MovieID", "Rating", "Timestamp"], engine='python')
ratings.head()
```

运行结果如图 3-121 所示。

```
# 查看 ratings 表中有多少条数据
print("ratings 表中有%d 条数据" % ratings.shape[0])
```

运行结果为：ratings 表中有 1000209 条数据

```
# 通过 merge()函数连接 3 张表中的数据
movie_data = pd.merge(users, pd.merge(movies, ratings))
movie_data.head()
```

运行结果如图 3-122 所示。

| | UserID | MovieID | Rating | Timestamp |
|---|---|---|---|---|
| 0 | 1 | 1193 | 5 | 978300760 |
| 1 | 1 | 661 | 3 | 978302109 |
| 2 | 1 | 914 | 3 | 978301968 |
| 3 | 1 | 3408 | 4 | 978300275 |
| 4 | 1 | 2355 | 5 | 978824291 |

图 3-121　读取 ratings 表中的数据

| | UserID | Gender | Age | Occupation | Zip-code | MovieID | Title | Genres | Rating | Timestamp |
|---|---|---|---|---|---|---|---|---|---|---|
| 0 | 1 | F | 1 | 10 | 48067 | 1 | Toy Story (1995) | Animation\|Children's\|Comedy | 5 | 978824268 |
| 1 | 1 | F | 1 | 10 | 48067 | 48 | Pocahontas (1995) | Animation\|Children's\|Musical\|Romance | 5 | 978824351 |
| 2 | 1 | F | 1 | 10 | 48067 | 150 | Apollo 13 (1995) | Drama | 5 | 978301777 |
| 3 | 1 | F | 1 | 10 | 48067 | 260 | Star Wars: Episode IV - A New Hope (1977) | Action\|Adventure\|Fantasy\|Sci-Fi | 4 | 978300760 |
| 4 | 1 | F | 1 | 10 | 48067 | 527 | Schindler's List (1993) | Drama\|War | 5 | 978824195 |

图 3-122　将 3 张表通过 merge()函数进行连接

```
# 查看连接后的表中有多少条数据
print("原始数据有%d 条" % (len(movie_data)))
```

运行结果为：原始数据有 1000425 条

```
# 检测有无缺失值
movie_data.isnull().sum()
```

运行结果如图 3-123 所示。

```
# 检测有无重复值
movie_data.duplicated().sum()
```

运行结果为：216

```
# 删除缺失值
movie_data = movie_data.dropna()
movie_data.isnull().sum()
```

运行结果如图 3-124 所示。

```
UserID          0
Gender        208
Age             0
Occupation      0
Zip-code        0
MovieID         0
Title           0
Genres          0
Rating          0
Timestamp       0
dtype: int64
```

图 3-123　Gender 列有 208 个缺失值

```
UserID          0
Gender          0
Age             0
Occupation      0
Zip-code        0
MovieID         0
Title           0
Genres          0
Rating          0
Timestamp       0
dtype: int64
```

图 3-124　缺失值已被删除

```
# 删除重复值
movie_data = movie_data.drop_duplicates()
movie_data.duplicated().sum()
```

运行结果为：0

```
# 查看删除缺失值和重复值后的数据条数
print("去除缺失值和重复值后有%d 条数据" % (len(movie_data)))
```

运行结果为：去除缺失值和重复值后有 1000001 条数据

```
# 使用透视表查看每一部电影不同性别观众的平均评分
data_gender = pd.pivot_table(movie_data, index= 'Title',
columns='Gender', values='Rating')
data_gender.head()
```

运行结果如图 3-125 所示。

| Gender | F | M |
|---|---|---|
| Title | | |
| $1,000,000 Duck (1971) | 3.375000 | 2.761905 |
| 'Night Mother (1986) | 3.388889 | 3.352941 |
| 'Til There Was You (1997) | 2.675676 | 2.733333 |
| 'burbs, The (1989) | 2.793478 | 2.962085 |
| ...And Justice for All (1979) | 3.828571 | 3.689024 |

图 3-125　男性观众和女性观众对不同电影的平均评分

```
# 计算评分分歧，找出男性观众和女性观众评分分歧最大的电影并降序排序
data_gender['diff'] = abs(data_gender['F'] − data_gender['M'])
data_gender_sort = data_gender.sort_values(by='diff', ascending=False)
data_gender_sort.head()
```

运行结果如图 3-126 所示。

| Gender | | F | M | diff |
|---|---|---|---|---|
| Title | | | | |
| Tigrero: A Film That Was Never Made (1994) | | 1.0 | 4.333333 | 3.333333 |
| Spiders, The (Die Spinnen, 1. Teil: Der Goldene See) (1919) | | 4.0 | 1.000000 | 3.000000 |
| Neon Bible, The (1995) | | 1.0 | 4.000000 | 3.000000 |
| James Dean Story, The (1957) | | 4.0 | 1.000000 | 3.000000 |
| Country Life (1994) | | 5.0 | 2.000000 | 3.000000 |

图 3-126　男性观众和女性观众对不同电影的评分分歧

```
# 通过分组聚合计算出每部电影的平均评分并降序排序
mean_score_sort = movie_data.groupby(by='Title').agg({'Rating': 'mean'}).sort_values(by='Rating', ascending=
False)
mean_score_sort.head(20)
```

运行结果如图 3-127 所示。

| | Rating |
|---|---|
| Title | |
| Lured (1947) | 5.000000 |
| Follow the Bitch (1998) | 5.000000 |
| Baby, The (1973) | 5.000000 |
| Smashing Time (1967) | 5.000000 |
| Song of Freedom (1936) | 5.000000 |
| Ulysses (Ulisse) (1954) | 5.000000 |
| Bittersweet Motel (2000) | 5.000000 |
| Schlafes Bruder (Brother of Sleep) (1995) | 5.000000 |
| One Little Indian (1973) | 5.000000 |
| Gate of Heavenly Peace, The (1995) | 5.000000 |
| I Am Cuba (Soy Cuba/Ya Kuba) (1964) | 4.800000 |
| Lamerica (1994) | 4.750000 |
| Apple, The (Sib) (1998) | 4.666667 |
| Sanjuro (1962) | 4.608696 |
| Seven Samurai (The Magnificent Seven) (Shichinin no samurai) (1954) | 4.560510 |
| Shawshank Redemption, The (1994) | 4.554358 |
| Godfather, The (1972) | 4.524966 |
| Close Shave, A (1995) | 4.520548 |
| Usual Suspects, The (1995) | 4.516835 |
| Schindler's List (1993) | 4.510417 |

图 3-127　计算电影平均评分并降序排序

```
# 查看观众评分次数多的电影并降序排序
count = movie_data.groupby(by='Title').size().sort_values(ascending=False)
count.head()
```

运行结果如图 3-128 所示。

```
Title
American Beauty (1999)                                    3426
Star Wars: Episode IV - A New Hope (1977)                2991
Star Wars: Episode V - The Empire Strikes Back (1980)    2990
Star Wars: Episode VI - Return of the Jedi (1983)        2882
Jurassic Park (1993)                                     2671
dtype: int64
```

图 3-128　查看电影的评分次数并降序排列

```
# 查看每一部电影被评论的次数和得到的平均评分
# 读取至少被评论100次的电影并按照平均评分从大到小排序，查看评分最高的10部电影
count_mean = movie_data.groupby(by='Title').agg({'Rating': ['count', 'mean']})
count_mean_100 = count_mean[count_mean['Rating']['count'] >= 100]
count_mean_100_sort = count_mean_100.sort_values(by=('Rating', 'mean'), ascending=False)
count_mean_100_sort.head(10)
```

运行结果如图 3-129 所示。

| | Rating | |
| --- | --- | --- |
| Title | count | mean |
| Seven Samurai (The Magnificent Seven) (Shichinin no samurai) (1954) | 628 | 4.560510 |
| Shawshank Redemption, The (1994) | 2226 | 4.554358 |
| Godfather, The (1972) | 2223 | 4.524966 |
| Close Shave, A (1995) | 657 | 4.520548 |
| Usual Suspects, The (1995) | 1782 | 4.516835 |
| Schindler's List (1993) | 2304 | 4.510417 |
| Wrong Trousers, The (1993) | 882 | 4.507937 |
| Sunset Blvd. (a.k.a. Sunset Boulevard) (1950) | 470 | 4.491489 |
| Raiders of the Lost Ark (1981) | 2513 | 4.477915 |
| Rear Window (1954) | 1050 | 4.476190 |

图 3-129　查看不同电影被评论的次数和得到的平均评分

### 3.6.3　项目分析

本项目是一个电影评分分析项目，数据存放于不同的表中，通过 pandas 读取数据之后，使用 merge() 函数将数据合并到一张表中。之后，我们对数据进行了缺失值和重复值检测，应对缺失值和重复值具有相应的处理办法，由于本项目数据缺失值和重复值不多，因此选择的是删除法。将数据清洗后，通过 pandas 中的分组、聚合、排序等手段，对电影数据进行了各方位的分析，包括评分、不同性别观众对电影的评分差异、评论数量等，并通过这些分析指标，指引我们发现更多数据背后的规律。

# 本 章 小 结

本章主要介绍了数据处理的相关操作与技巧。包括数据的清洗、数据的计算、数据的分组聚合、数据的转换、数据的合并等。在数据清洗环节要掌握缺失值和重复值的检测方法及解决方案（是删除还是替换）。数据计算需要掌握基本数字运算、比较运算及常用的统计方法。须掌握数据分组 groupby()方法、数据聚合 agg()方法和 apply()方法、分组转换 transform()方法、分组过滤 filter()方法的使用规则。在进行数据转换时首先应熟悉 pandas 常见的数据类型，掌握数据类型转换的使用规则。掌握数据转置的 T 属性，以及 stack()方法和 unstack()方法。数据合并的方式主要有堆叠合并 [concat()]、主键合并[merge()]、重叠合并[combine_first()]，需要掌握每种数据合并方式的合并规则和具体参数用法。

# 习　　题

## 一、单选题

1. pandas 中检测重复数据可以用以下哪个方法（　　　）。

A. datadup()方法

B. isany()方法

C. multiple()方法

D. duplicated()方法

2. 关于 pandas 中的 fillna()方法参数的描述，错误的是（　　　）。

A. value：用于填充空值的值

B. method：表示填充空值的方法

C. axis：填充的轴向。当 axis=0 或 "index" 时，表示按行填充；当 axis=1 或 "columns" 时，表示按列填充

D. limit：整数，如果一行或一列数据的空值超过了这个数值，则不予以填充

3. 关于 pandas 中的一些统计方法的描述，错误的是（　　　）。

A. argxmin()可以获取最小值的索引

B. mean()可以求平均值

C. quantile()用于求分位数

D. cumsum()的功能是做累加

4. pandas 中字符串用什么来表示的（　　　）。

A. object

B. str_

C. string

D. str

## 二、多选题

1. pandas 中的 groupby() 可以对数据进行分组，关于它的参数用法，不正确的有（　　）。

A. by：确定分组的依据，可以是列表、索引标签、索引标签列表、数组，但不能是一个 Series

B. axis：分组的轴向，当 axis=0 时表示按列分组，当 axis=1 时表示按行分组

C. level：当存在复合索引时，指定分组的层级

D. as_index：指定作为索引的字段，默认为 None

2. 关于 pandas 中 concat() 函数的参数用法正确的有（　　）。

A. objs：需要合并的数据，Series 或 DataFrame 的序列

B. axis：数据合并的轴向，当 axis=0 时表示纵向合并，当 axis=1 时表示横向合并

C. join：表示数据合并的方式，可选项有 inner、outer、left、right，默认为 outer，表示取数据集的并集。

D. keys：指定新的索引值，以标记数据来源于哪张表

## 三、判断题

1. DataFrame 中 agg() 方法和 apply() 方法的区别是 apply() 方法对各个分组必须进行聚合计算，最终会把每一个组的多个元素汇总为一个标量，而 agg() 方法相对更加灵活，除了可以进行聚合计算，还能进行诸如排序等操作。（　　）

2. pandas 整数的默认类型为 int32，浮点数的默认类型为 float64。（　　）

3. pandas 中可以通过 date_range() 函数快速生成时间索引。（　　）

# 第二篇
## 数据可视化与数据分析

# 04

# 第4章
# 数据可视化

**本章导学**

　　本章主要学习数据可视化作图的方法和编写数据分析报告的思路。其中，Matplotlib 为主要作图技术，Seaborn 为 Matplotlib 的补充技术，两项作图技术，是实现数据分析的重要手段，是后续学习的基础，也是必须要熟练掌握的技术。

**学习目标**

（1）了解 Matplotlib 作图原理。

（2）了解 Seaborn 作图原理。

（3）了解数据分析报告的实施步骤。

（4）掌握 Matplotlib 作图函数和 3D 作图的方法。

（5）掌握 Seaborn 作图函数及参数的应用。

（6）掌握分析数据的方法和数据分析报告的编写方式。

## 4.1　可视化介绍

　　可视化（Visualization）是利用计算机图形学和图像处理技术，将数据转换成图形或图像在屏幕上显示出来，并进行交互处理的理论、方法和技术。它涉及计算机图形学、图像处理、计算机视觉、计算机辅助设计等多个领域，成为研究数据表示、数据处理、决策分析等一系列问题的综合技术。目前正在飞速发展的虚拟现实技术也是以可视化技术为依托的。

　　可视化技术最早应用于计算机科学中，并形成了可视化技术的一个重要分支——科学计算可视化（Visualization in Scientific Computing）。科学计算可视化能够把科学数据，包括测量获得的数值、图像或是计算中涉及、产生的数字信息转换为直观的、以图形图像信息表示的、随时间和空间变化的物理现象或物理量，呈现在研究者面前，使他们能够进行观察、模拟和计算。

## 4.2　Matplotlib 简介

### 4.2.1　什么是 Matplotlib

数据的处理、分析和可视化已经成为 Python 近年来重要的应用之一，在这种情况下，又进一步引出大数据分析等类似的话题，而大数据分析在诸多领域中都有广泛应用，如机器学习。

Python 在处理数据、分析数据及数据可视化方面拥有很多功能强大的工具，这也是 Python 在科学领域中能够迅速发展的主要原因。

简单来说，Matplotlib 是 Python 的一个绘图库。它包含了大量的工具，你可以使用这些工具创建各种图形，包括简单的散点图、正弦曲线，甚至是三维图形。Python 科学计算社区经常使用 Matplotlib 完成数据的可视化工作。当然，Matplotlib 可以有效地结合 NumPy 和 pandas，这也是数据分析人员喜欢使用 Matplotlib 的重要原因。

### 4.2.2　Matplotlib 的使用场景

Matplotlib 是常用于 2D 图形的 Python 软件包，它提供了一种非常快速的方式对来自 Python 的数据进行可视化。

### 4.2.3　Matplotlib 的安装

Matplotlib 是 Python 的第三方库，因此在使用之前需要先安装，启动 Jupyter 进行安装，如图 4-1 所示。

安装命令如下。

```
pip install matplotlib==3.1.4
```

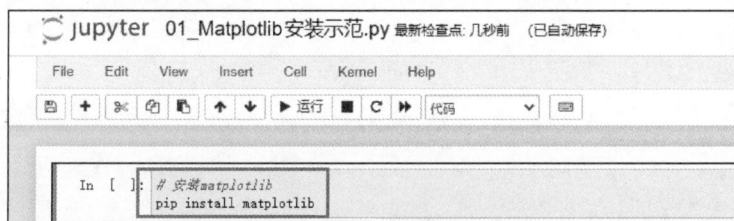

图 4-1　在 Jupyter 下安装 Matplotlib 库

## 4.3　Matplotlib 绘图

### 4.3.1　Matplotlib 绘图的核心原理

Matplotlib 是基于 Python 的开源项目，旨在为 Python 提供一个数据绘图包。使用 Matplotlib 绘图时，必须理解画布（figure）、坐标系（axes）和坐标轴（axis）的区别。Figure 是画布，而 Axes 是画布上的一个图，Axis 是子图上的坐标系。

图 4-2 显示了画布、坐标系、坐标轴之间的关系。

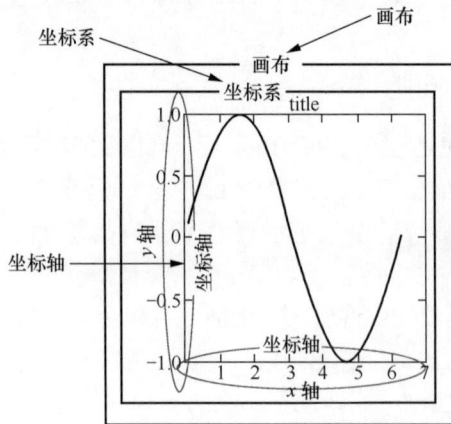

图 4-2　画布、坐标系、坐标轴之间的关系

### 4.3.2　折线图

排列在工作表上的列或行中的数据可以绘制到折线图中。折线图可以显示随时间（根据常用比例设置）变化的连续数据，因此非常适合用于显示在相等时间间隔下数据的趋势。

【案例 4-1】绘制简单的折线图。

```python
# 导入 Matplotlib 库中的 pyplot
# as 在这里是起别名的意思
import matplotlib.pyplot as plt
# x 轴的数据
x = [1,3,5,7]
# y 轴的数据
y = [4,9,6,8]
# plot 绘制折线图
plt.plot(x,y)
# 显示绘图
plt.show()
```

运行结果如图 4-3 所示。

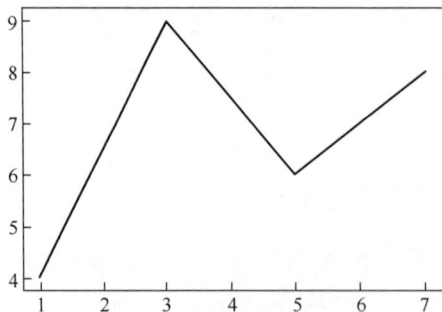

图 4-3　绘制简单的折线图

在前面的叙述中已经提过，想要使用 Matplotlib 绘图，必须先创建一个画布，然后还要有坐标系。但是上述代码并没有创建画布，那么它是如何画图的呢？

创建画布有如下两种方式。

### 1. 隐式画布

当我们在执行 plt.xxx 时，系统会自动判断有没有画布，如果没有，就会自动创建画布，并在画布上创建坐标系，我们只需要提供坐标轴上的数据即可。

### 2. 显式画布

显式画布则需要先创建画布和坐标系，通过对应的坐标轴上的数据值，绘制需要的图表。

【案例 4-2】显式画布绘制图表。

```
# 导入 Matplotlib 库中的 pyplot
# as 在这里是起别名的意思
import matplotlib.pyplot as plt
# 创建画布
# 设置坐标系为（20 像素×200 像素的宽，10 像素×200 像素的高）
# dpi 为像素基础
plt.figure(figsize=(20,10),dpi=200)
# x 轴的数据
x = [1,3,5,7]
# y 轴的数据
y = [4,9,6,8]
# plot 绘制折线图
plt.plot(x,y)
# 显示绘图
plt.show()
```

运行结果如图 4-4 所示。

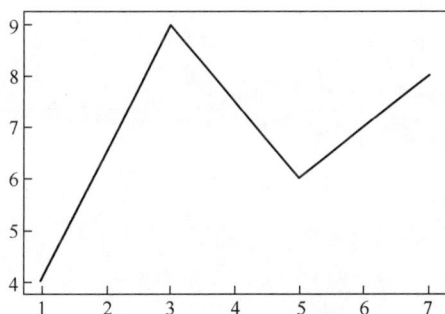

图 4-4　显式画布绘制图表

隐式画布绘图和显式画布绘图只是绘制出了最基本的图形样式，还缺少一些组件。

（1）添加坐标轴上的标签，语法格式如下。

```
#添加坐标轴上的标签
plt.xlabel("x 轴")
plt.ylabel("y 轴")
```

【案例 4-3】添加坐标轴上的标签。

```
# 导入 Matplotlib 库中的 pyplot
# as 在这里是起别名的意思
import matplotlib.pyplot as plt
# 创建画布
# 设置坐标系为（20 像素×200 像素的宽，10 像素×200 像素的高）
# dpi 为像素基础
plt.figure(figsize=(12,6),dpi=200)
# x 轴的数据
x = [1,3,5,7]
# y 轴的数据
y = [4,9,6,8]
# plot 绘制折线图
plt.plot(x,y)
# 添加轴标签
plt.xlabel("x 轴标签")
plt.ylabel("y 轴标签")
# 显示绘图
plt.show()
```

运行结果如图 4-5 所示。

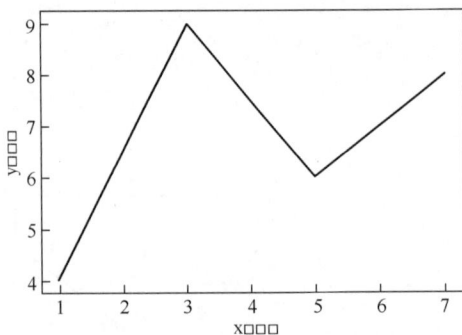

图 4-5　添加坐标轴上的标签

（2）通过对图 4-5 分析后得出，如果"x 轴标签"中的中文并没有显示出来，以"□"的乱码形式表示，则需要处理中文乱码的问题。

显示中文的语法格式如下。

```
# 显示中文
plt.rcParams['font.sans-serif'] = ['SimHei']
plt.rcParams['axes.unicode_minus'] = False
```

【案例 4-4】处理中文乱码。

```
# 导入 Matplotlib 库中的 pyplot
# as 在这里是起别名的意思
import matplotlib.pyplot as plt
# 显示中文
plt.rcParams['font.sans-serif'] = ['SimHei']
plt.rcParams['axes.unicode_minus'] = False
# 创建画布
# 设置坐标系为（20 像素×200 像素的宽，10 像素×200 像素的高）
# dpi 为像素基础
plt.figure(figsize=(12,6),dpi=200)
# x 轴的数据
x = [1,3,5,7]
# y 轴的数据
y = [4,9,6,8]
# plot 绘制折线图
plt.plot(x,y)
# 添加轴标签
plt.xlabel("x 轴标签")
plt.ylabel("y 轴标签")
# 显示绘图
plt.show()
```

运行结果如图 4-6 所示。

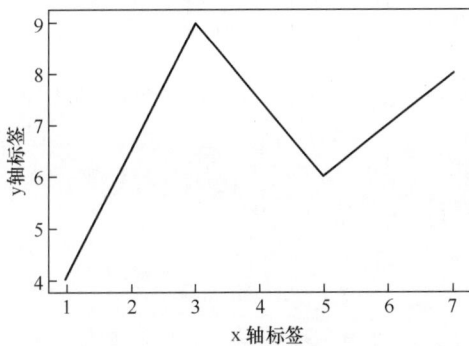

图 4-6　可视化中文显示

（3）设置折线图的线条参数能够使这张图变得更美观。

Matplotlib 颜色对照表如图 4-7 所示。

| | | | | | | | |
|---|---|---|---|---|---|---|---|
| black | bisque | lightgreen | slategrey |
| k | darkorange | forestgreen | lightsteelblue |
| dimgray | burlywood | limegreen | cornflowerblue |
| dimgrey | antiquewhite | darkgreen | royalblue |
| grey | tan | green | ghostwhite |
| gray | navajowhite | g | lavender |
| darkgrey | blanchedalmond | lime | midnightblue |
| darkgray | papayawhip | seagreen | navy |
| silver | moccasin | mediumseagreen | darkblue |
| lightgray | orange | springgreen | mediumblue |
| lightgrey | wheat | mintcream | blue |
| gainsboro | oldlace | mediumspringgreen | b |
| whitesmoke | floralwhite | mediumaquamarine | slateblue |
| white | darkgoldenrod | aquamarine | darkslateblue |
| w | goldenrod | turquoise | mediumslateblue |
| snow | comsilk | lightseagreen | mediumpurple |
| rosybrown | gold | mediumturquoise | blueviolet |
| lightcoral | lemonchiffon | azure | indigo |
| indianred | khaki | lightcyan | darkorchid |
| brown | palegoldenrod | paleturquoise | darkviolet |
| firebrick | darkkhaki | darkslategray | mediumorchid |
| maroon | ivory | darkslategrey | thistle |
| darkred | beige | teal | plum |
| red | lightyellow | darkcyan | violet |
| r | lightgoldenrodyellow | c | purple |
| mistyrose | olive | cyan | darkmagenta |
| salmon | y | aqua | m |
| tomato | yellow | darkturquoise | fuchsia |
| darksalmon | olivedrab | cadetblue | magenta |
| coral | yellowgreen | powderblue | orchid |
| orangered | darknlivegreen | lightblue | mediumvioletred |
| lightsalmon | greenyellow | deepskyblue | deeppink |
| sienna | chartreuse | skyblue | hotpink |
| seashell | lawngreen | lightskyblue | lavenderblush |
| chocolate | sage | steelblue | palevioletred |
| saddlebrown | lightsage | aliceblue | crimson |
| sandybrown | darksage | dodgerblue | pink |
| peachpuff | honeydew | lightslategrey | lightpink |
| peru | darkseagreen | lightslategray | |
| linen | palegreen | slategray | |

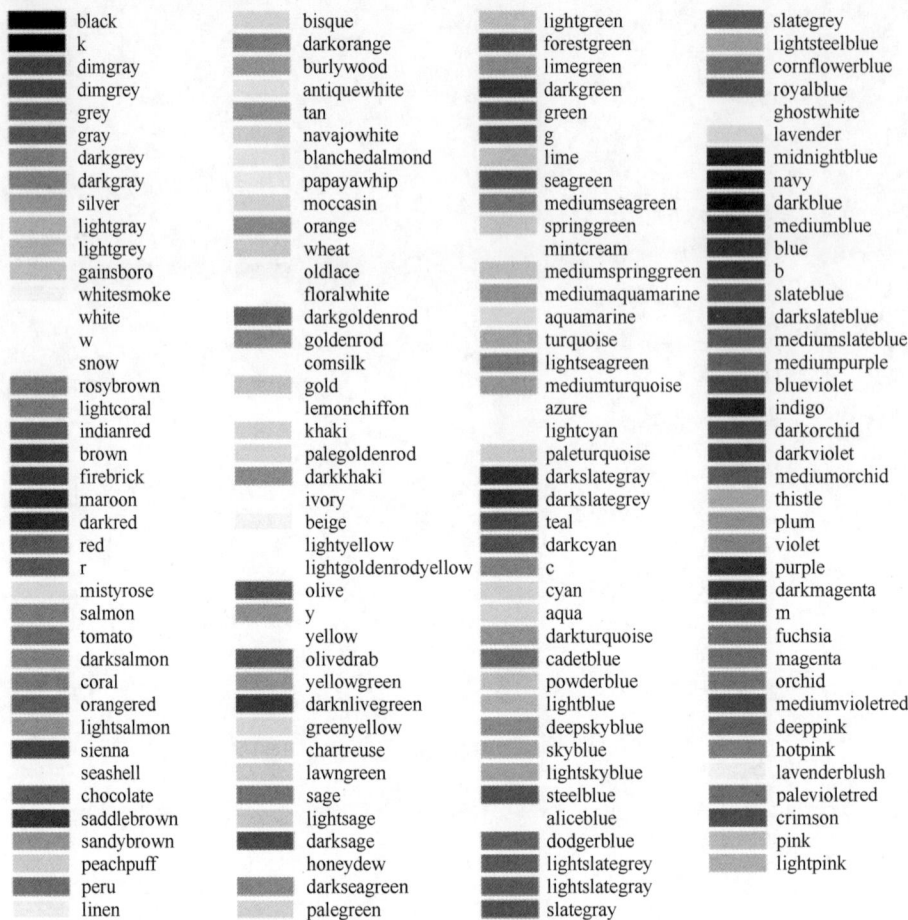

图 4-7　Matplotlib 颜色对照表

plot 画图时可以设定线条参数。包括颜色、线型、标记风格。

① 控制颜色。

颜色之间的对应关系如下。

b：blue　　c：cyan　　g：green　　k：black

m：magenta　　r：red　　w：white　　y：yellow

② 控制线型。

符号和线型之间的对应关系如下。

- － 实线。

- － 短线。

- － . 短点相间线。

- ：虚点线。

③ 控制标记风格。

多种标记风格如下。

- . Point marker。
- , Pixel marker。
- o Circle marker。
- v Triangle down marker。
- ˆ Triangle up marker。
- < Triangle left marker。
- > Triangle right marker。
- 1 Tripod down marker。
- 2 Tripod up marker。
- 3 Tripod left marker。
- 4 Tripod right marker。
- s Square marker。
- p Pentagon marker。
- * Star marker。
- h Hexagon marker。
- H Rotated hexagon D Diamond marker。
- d Thin diamond marker。
- | Vertical line (vlinesymbol) marker。
- _ Horizontal line (hline symbol) marker。
- + Plus marker。
- x Cross (x) marke。

【案例 4-5】修改折线图的线条颜色和样式。

```
# 导入 Matplotlib 库中的 pyplot
# as 在这里是起别名的意思
import matplotlib.pyplot as plt
# 显示中文
plt.rcParams['font.sans-serif'] = ['SimHei']
plt.rcParams['axes.unicode_minus'] = False
# 创建画布
# 设置坐标系为（20 像素×200 像素的宽，10 像素×200 像素的高）
# dpi 为像素基础
plt.figure(figsize=(12,6),dpi=200)
# x 轴的数据
x = [1,3,5,7]
# y 轴的数据
y = [4,9,6,8]
# plot 绘制折线图
# 添加颜色和线条风格写法一
# plt.plot(x,y,linestyle（线型）="-."
color（颜色）="r",
marke（标记）
r="o",linewidth(线宽)=5)
```

```
# plt.plot(x,y,linestyle="-.",color="r",marker="o")
# 添加颜色和线条风格写法二
#   plot(x,y,"r（颜色）o（标记）-.（线型）")
plt.plot(x,y,"ro-.")
# 添加轴标签
plt.xlabel("x 轴标签")
plt.ylabel("y 轴标签")
# 显示绘图
plt.show()
```

运行结果如图 4-8 所示。

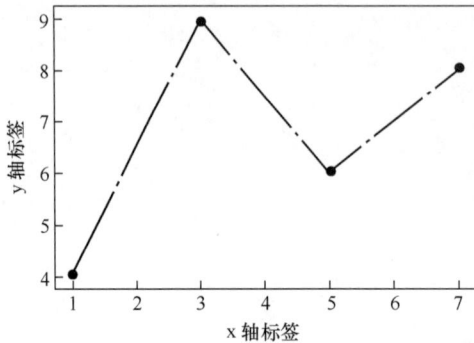

图 4-8  修改折线图的线条颜色和样式

（4）图 4-8 实现了一条折线图的绘制，那么多条折线图在同一坐标系中，该怎样操作呢？在一个坐标系中绘制多条折线图，语法格式如下。

```
# plot 绘制折线图
# # plot(x,y,"r（颜色）o（标记）-.（线型）")
plt.plot(x,y,"ro-.")
#绘制关于 x1,y1 的折线图
plt.plot(x1,y1,"go-.",linewidth=3)
```

【案例 4-6】绘制多条折线图。

```
# 导入 Matplotlib 库中的 pyplot
# as 在这里是起别名的意思
import matplotlib.pyplot as plt
import numpy as np
# 显示中文
plt.rcParams['font.sans-serif'] = ['SimHei']
plt.rcParams['axes.unicode_minus'] = False
# 创建画布
# 设置坐标系为（20 像素×200 像素的宽，10 像素×200 像素的高）
# dpi 为像素基础
plt.figure(figsize=(12,6),dpi=200)
# x 轴的数据
x = [1,3,5,7]
# y 轴的数据
```

```
y = [4,9,6,8]
# 另一条折线下的 x1 数据
x1 = np.linspace(0,10,5)
# 另一条折线下的 y1 数据
y1 = np.linspace(0,12,5)
# plot 绘制折线图
# 添加颜色和线条风格写法一
# plt.plot(x,y,linestyle（线型）="-.",color（颜色）="r",marke（标记）r="o",linewidth(线宽)=5)
# plt.plot(x,y,linestyle="-.",color="r",marker="o",linewidth=5)
# 添加颜色和线条风格写法二
# # plot(x,y,"r（颜色）o（标记）-.（线型）")
plt.plot(x,y,"ro-.")
#绘制关于 x1,y1 的折线图
plt.plot(x1,y1,"go-.",linewidth=3)
# 添加轴标签
plt.xlabel("x 轴标签")
plt.ylabel("y 轴标签")
# 显示绘图
plt.show()
```

运行结果如图 4-9 所示。

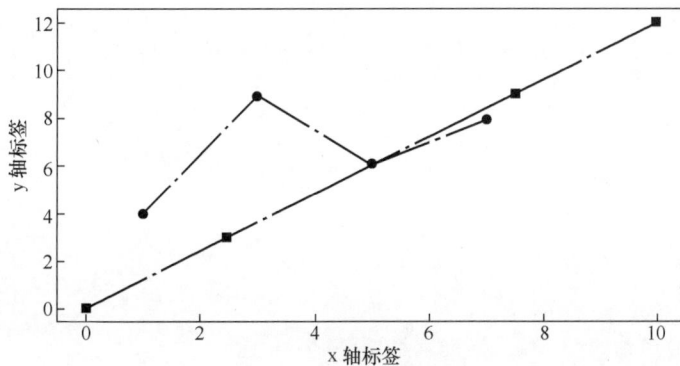

图 4-9　绘制多条折线图

（5）图 4-9 中有两条折线图，这两条折线图分别表示什么？从图 4-9 中无法直接看出，因此需要为折线图添加标题，语法格式如下。

```
#绘制关于 x,y 的折线图
plt.plot(x,y,"ro-.",label="x,y 代表折线图")
#绘制关于 x1,y1 的折线图
plt.plot(x1,y1,"go-.",linewidth=3,label="x1,y1 代表折线图")
# legend 是图例
# 展示位置
plt.legend(loc="best")
```

图例（legend）位置如图 4-10 所示。

| String | Number |
|---|---|
| upper right | 1 |
| upper left | 2 |
| lower left | 3 |
| lower right | 4 |
| right | 5 |
| center left | 6 |
| center right | 7 |
| lower center | 8 |
| upper center | 9 |
| center | 10 |

图4-10　图例（lenged）位置

【案例 4-7】绘制图例。

```
# 导入 Matplotlib 库中的 pyplot
# as 在这里是起别名的意思
import matplotlib.pyplot as plt
import numpy as np
# 显示中文
plt.rcParams['font.sans-serif'] = ['SimHei']
plt.rcParams['axes.unicode_minus'] = False
# 创建画布
# 设置坐标系为（20 像素×200 像素的宽，10 像素×200 像素的高）
# dpi 为像素基础
plt.figure(figsize=(12,6),dpi=200)
# x 轴的数据
x = [1,3,5,7]
# y 轴的数据
y = [4,9,6,8]
# 另一条折线下的 x1 数据
x1 = np.linspace(0,10,5)
# 另一条折线下的 y1 数据
y1 = np.linspace(0,12,5)
# plot 绘制折线图
# 添加颜色和线条风格写法一
# plt.plot(x,y,linestyle（线型）="-.",color（颜色）="r",marke（标记）r="o",linewidth(线宽)=5)
# plt.plot(x,y,linestyle="-.",color="r",marker="o",linewidth=5)
# 添加颜色和线条风格写法二
# # plot(x,y,"r（颜色）o（标记）-.（线型）")
plt.plot(x,y,"ro-.",label="x,y 代表折线图")
#绘制关于 x1,y1 的折线图
plt.plot(x1,y1,"go-.",linewidth=3,label="x1,y1 代表折线图")
plt.legend(loc="best")
#加轴标签
plt.xlabel("x 轴标签")
```

```
plt.ylabel("y 轴标签")
# 显示绘图
plt.show()
```

运行结果如图 4-11 所示。

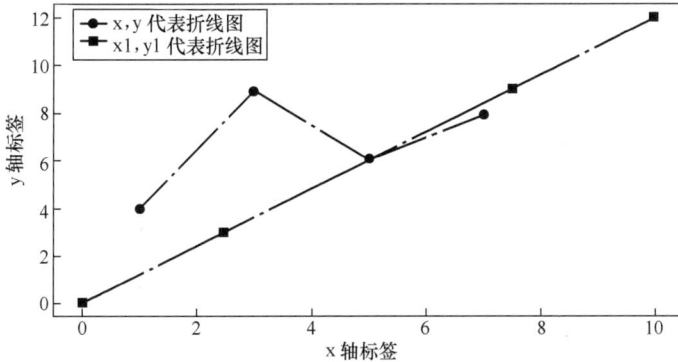

图 4-11　绘制图例

（6）有了图例，图形还缺少坐标轴刻度表示和整个图的标题。接下来，为折线图添加刻度和标题，语法格式如下。

```
# 添加刻度
# 从 pyplot 导入 MultipleLocator 类，此类用于设置刻度间隔
from matplotlib.pyplot import MultipleLocator
x_major_locator=MultipleLocator(1)
#将 x 轴的刻度间隔设置为 1，并存储在变量中
y_major_locator=MultipleLocator(2)
#将 y 轴的刻度间隔设置为 2，并存储在变量中
ax=plt.gca()
#ax 为两条坐标轴的实例
ax.xaxis.set_major_locator(x_major_locator)
#将 x 轴的主刻度设置为 1 的倍数
ax.yaxis.set_major_locator(y_major_locator)
#将 y 轴的主刻度设置为 2 的倍数
plt.xlim(-0.5,11)
#将 x 轴的刻度范围设置为 0~11，因为 0.5 不满一个刻度间隔，所以不会显示数字，但是能看到一点空白
plt.ylim(-3,20)
#将 y 轴的刻度范围设置为-3~20
# 设置标题
plt.title("多条折线坐标图",fontsize=40)
```

【案例 4-8】为折线图添加刻度和标题。

```
# 导入 Matplotlib 库中的 pyplot
# as 在这里是起别名的意思
import matplotlib.pyplot as plt
import numpy as np
# 显示中文
plt.rcParams['font.sans-serif'] = ['SimHei']
plt.rcParams['axes.unicode_minus'] = False
# 创建画布
```

```
# 设置坐标系为（20 像素×200 像素的宽，10 像素×200 像素的高）
# dpi 为像素基础
plt.figure(figsize=(12,6),dpi=200)
# x 轴的数据
x = [1,3,5,7]
# y 轴的数据
y = [4,9,6,8]
# 另一条折线下的 x1 数据
x1 = np.linspace(0,10,5)
# 另一条折线下的 y1 数据
y1 = np.linspace(0,12,5)
# plot 绘制折线图
# 添加颜色和线条风格写法一
# plt.plot(x,y,linestyle（线型）="-.",color（颜色）="r",marke（标记）r="o",linewidth(线宽)=5)
# plt.plot(x,y,linestyle="-.",color="r",marker="o",linewidth=5)
# 添加颜色和线条风格写法二
## plot(x,y,"r（颜色）o（标记）-.（线型）")
plt.plot(x,y,"ro-.",label="x,y 代表折线图")
#绘制关于 x1,y1 的折线图
plt.plot(x1,y1,"go-.",linewidth=3,label="x1,y1 代表折线图")
plt.legend(loc="best")
# 添加刻度
# 从 pyplot 导入 MultipleLocator 类，此类用于设置刻度间隔
from matplotlib.pyplot import MultipleLocator
x_major_locator=MultipleLocator(1)
#将 x 轴的刻度间隔设置为 1，并存储在变量中
y_major_locator=MultipleLocator(2)
#将 y 轴的刻度间隔设置为 2，并存储在变量中
ax=plt.gca()
#ax 为两条坐标轴的实例
ax.xaxis.set_major_locator(x_major_locator)
#将 x 轴的主刻度设置为 1 的倍数
ax.yaxis.set_major_locator(y_major_locator)
#将 y 轴的主刻度设置为 2 的倍数
plt.xlim(-0.5,11)
#将 x 轴的刻度范围设置为 0～11，因为 0.5 不满一个刻度间隔，所以不会显示数字，但是能看到一点空白
plt.ylim(-3,20)
#将 y 轴的刻度范围设置为-3～20
# 设置标题
plt.title("多条折线坐标图",fontsize=40)
# 添加轴标签
plt.xlabel("x 轴标签")
plt.ylabel("y 轴标签")
# 显示绘图
plt.show()
```

运行结果如图 4-12 所示。

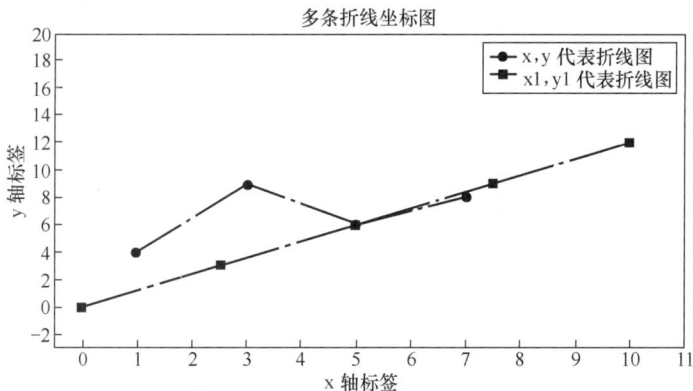

图 4-12 为折线图添加刻度和标题

（7）实现多坐标系绘图，同时应用前面介绍的添加刻度、绘制图例、添加坐标轴的标题等，语法格式如下。

```
# 2 行 2 列第 1 个图
fig.add_subplot(2,2,1)
```

【案例 4-9】多坐标系绘图。

```
import matplotlib.pyplot as plt
import numpy as np
# 显示中文
plt.rcParams['font.sans-serif'] = ['SimHei']
plt.rcParams['axes.unicode_minus'] = False
x = np.arange(1,100)
fig = plt.figure(figsize=(20,10),dpi=200)
# 创建子图 1
sub1 = fig.add_subplot(2,2,1)
sub1.plot(x,x)
sub1.set_title("创建子图 1")
sub1.set_xlabel("sub1_x")
sub1.set_ylabel("sub1_y")
#创建子图 2
sub2 = fig.add_subplot(2,2,2)
sub2.plot(x,x**2,label="偶函数")
# 添加网格，alpha 表示透明度
sub2.grid(color='r',linestyle='-',linewidth=3,alpha=0.2)
sub2.set_title("创建子图 2")
sub2.legend(loc="best")
#创建子图 3
sub3 = fig.add_subplot(2,2,3)
sub3.plot(x,np.log(x))
sub3.set_title("创建子图 3")
sub3.set_xticks([0,10,20,30,40,50,60,70,80,90,100,110])
sub3.set_xticklabels("修改后的刻度数组换成文字")
#创建子图 4
```

```
sub4 = fig.add_subplot(2,2,4)
sub4.plot(x,np.log(x)*x,color="r")
sub4.plot(x,np.log(x+100)*(x+2),color="b")
sub4.set_title("创建子图 4")
plt.show()
```

运行结果如图 4-13 所示。

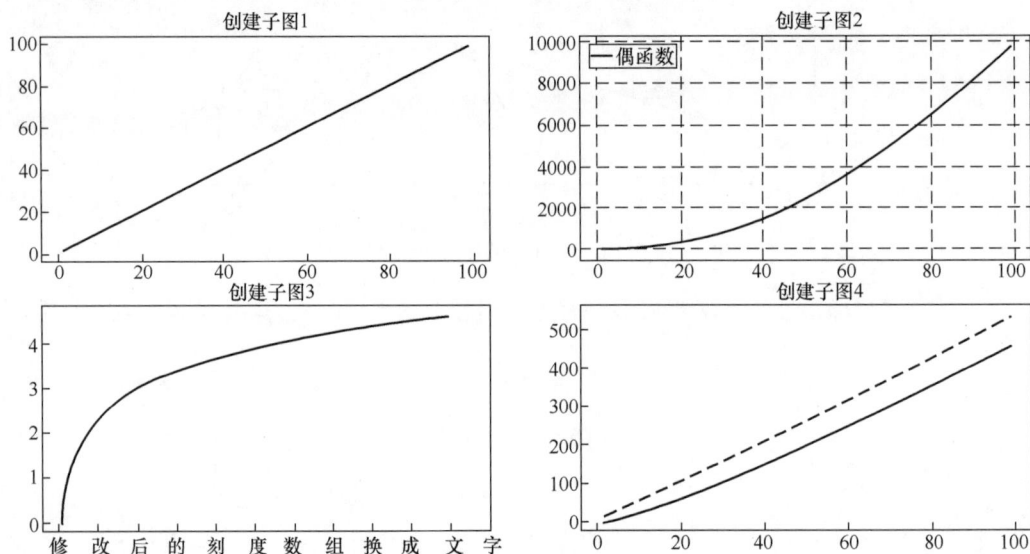

图 4-13　多坐标系绘图

### 4.3.3　柱状图

柱形图，又称为长条图、柱状统计图，是一种以长方形的长度为变量的统计图表。柱状图的作用是比较两个或两个以上的价值（不同时间或者不同条件），只有一个变量，通常用于较小的数据集分析。柱状图亦可横向排列，或用多维方式表达。

#### 1. 基本柱状图

绘制基本柱状图的语法格式如下。

```
# bar()函数绘制柱状图
# range(len(num_list)),x 轴坐标列表
# num_list, y 轴坐标列表
plt.bar(range(len(num_list)), num_list)
```

【案例 4-10】绘制基本柱状图。

```
import matplotlib.pyplot as plt
num_list = [1.5,0.6,7.8,6]
plt.bar(range(len(num_list)), num_list)
plt.show()
```

运行结果如图 4-14 所示。

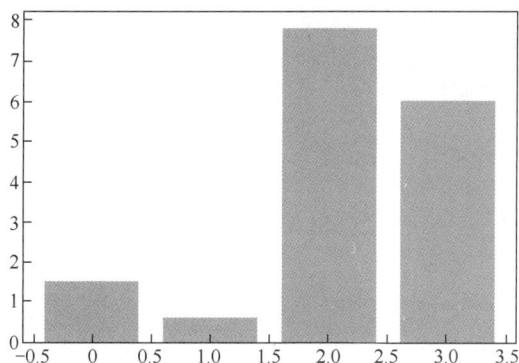

图 4-14 基本柱状图

## 2. 设置颜色

设置颜色的语法格式如下。

```
# color 为绘图颜色值，依次设置 rgb，柱状图数如果超出颜色范围，会循环显示
plt.bar(range(len(num_list)), num_list, color='rgb')
```

【案例 4-11】设置柱状图颜色。

```
import matplotlib.pyplot as plt
num_list = [1.5, 0.6, 7.8, 6, 7]
plt.bar(range(len(num_list)), num_list, color=['r', 'g', 'b'])
plt.show()
```

运行结果如图 4-15 所示。

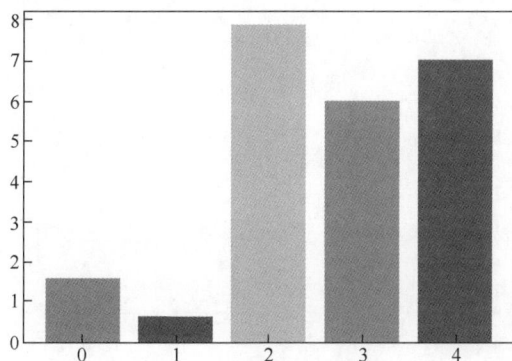

图 4-15 设置柱状图颜色

## 3. 设置刻度

设置刻度的语法格式如下。

```
#tick_label 是刻度标题，需要跟 x 轴数据量一致
name_list = ['Monday', 'Tuesday', 'Friday', 'Saturday', 'Sunday']
plt.bar(range(len(num_list)), num_list, color='rgb', tick_label=name_list)
```

【案例 4-12】设置柱状图刻度。

```
import matplotlib.pyplot as plt
name_list = ['Monday', 'Tuesday', 'Friday', 'Saturday', 'Sunday']
```

```
num_list = [1.5,0.6,7.8,6,7]
plt.bar(range(len(num_list)), num_list,color='rgb',tick_label=name_list)
```

运行结果如图 4-16 所示。

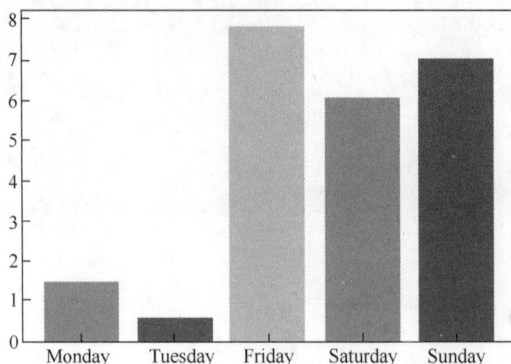

图 4-16  设置柱状图刻度

### 4. 堆叠柱状图

绘制堆叠柱状图的语法格式如下。

```
# bottom 可以叠加计数，fc 等同于 color
plt.bar(range(len(num_list)), num_list, label='boy',fc = 'y')
plt.bar(range(len(num_list)),num_list1,bottom=num_list, label='girl',tick_label = name_list,fc = 'r')
```

【案例 4-13】绘制堆叠柱状图。

```
import matplotlib.pyplot as plt
name_list = ['Monday','Tuesday','Friday','Saturday','Sunday']
num_list = [1.5,0.6,7.8,6,7]
num_list1 = [1,2,3,1,2]
plt.bar(range(len(num_list)), num_list, label='boy',fc = 'y')
plt.bar(range(len(num_list)), num_list1, bottom=num_list, label='girl',tick_label = name_list,fc = 'r')
plt.legend()
plt.show()
```

运行结果如图 4-17 所示。

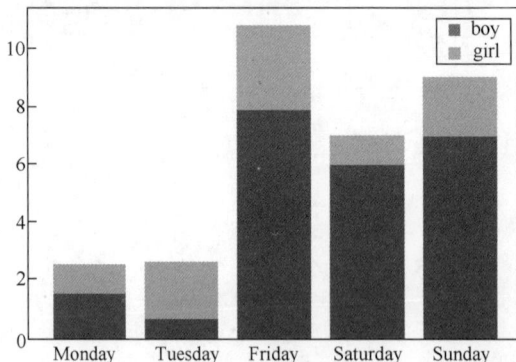

图 4-17  堆叠柱状图

### 5. 并列柱状图

绘制并列柱状图的语法格式如下。

```
# width 表示柱状图中柱子的宽度，并列柱状图需要在 x 轴刻度上多加一个 width
plt.bar(x, num_list, width=width, label='boy', fc = 'y')
plt.bar(x1, num_list1, width=width, label='girl', tick_label = name_list, fc = 'r')
```

【案例 4-14】绘制并列柱状图。

```
import matplotlib.pyplot as plt
name_list = ['Monday', 'Tuesday', 'Friday', 'Saturday', 'Sunday']
num_list = [1.5, 0.6, 7.8, 6, 7]
num_list1 = [1, 2, 3, 1, 2]
x = list(range(len(num_list)))
total_width, n = 0.8, 2
width = total_width / n
plt.bar(x, num_list, width=width, label='boy', fc = 'y')
x1 = []
for i in range(len(x)):
    x1.append(x[i] + width)
plt.bar(x1, num_list1, width=width, label='girl', tick_label = name_list, fc = 'r')
plt.legend()
plt.show()
```

运行结果如图 4-18 所示。

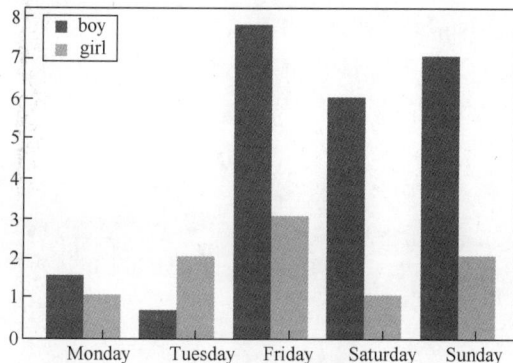

图 4-18　并列柱状图

### 6. 条形图

绘制条形图的语法格式如下。

```
# barh()是条形图的绘制函数
plt.barh(range(len(num_list)), num_list, tick_label = name_list)
```

【案例 4-15】绘制条形图。

```
import matplotlib.pyplot as plt
```

```
name_list = ['Monday','Tuesday','Friday','Saturday','Sunday']
num_list = [1.5,0.6,7.8,6,7]
plt.barh(range(len(num_list)), num_list,tick_label = name_list,color="rgbmy")
plt.show()
```

运行结果如图 4-19 所示。

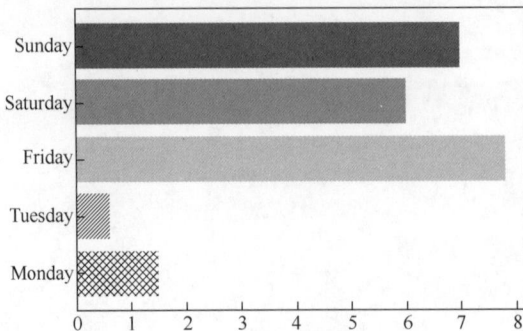

图 4-19　条形图

### 4.3.4　直方图

直方图（Histogram），又称质量分布图，是一种统计报告图，由一系列高度不等的纵向条纹或线段表示数据分布的情况。一般用横轴表示数据类型，用纵轴表示分布情况。

直方图是数值数据分布的精确图形表示。直方图是一个连续变量（定量变量）的概率分布的估计，由卡尔·皮尔逊（Karl Pearson）引入，它是一种条形图。为了构建直方图，先将值的范围分段，即将整个值的范围分成一系列间隔，然后计算每个间隔内有多少值，这些值通常被指定为连续的、不重叠的变量间隔，每个间隔必须相邻，并且通常（但不是必须的）大小相等。

直方图也可以被归一化，以显示"相对"频率。然后，它显示了属于几个类别中的每个案例的比例，其高度等于 1。

#### 1. 简单直方图

```
matplotlib.pyplot.hist(x,bins,color='b',alpha=0.5)
```
绘制简单直方图的语法格式如下。

```
# hist()为绘制直方图的函数
# x 表示数据集
# bins 表示区间分布
```
【案例 4-16】绘制简单直方图。

```
import matplotlib.pyplot as plt
import numpy as np
# 显示中文
plt.rcParams['font.sans-serif'] = ['SimHei']
plt.rcParams['axes.unicode_minus'] = False
x=np.random.randint(0,100,100)#生成 0 到 100 之间的 100 个数据，即生成数据集
bins=np.arange(0,101,10)#设置连续的边界值，即直方图的分布区间，[0,10],[10,20]…
```

```
#直方图会统计各个区间的数值
plt.hist(x,bins,color='b',alpha=0.5)#alpha 设置透明度，0 为完全透明
plt.xlabel('分数')
plt.ylabel('数量占比')
plt.xlim(0,100)#设置 x 轴分布范围
plt.show()
```

运行结果如图 4-20 所示。

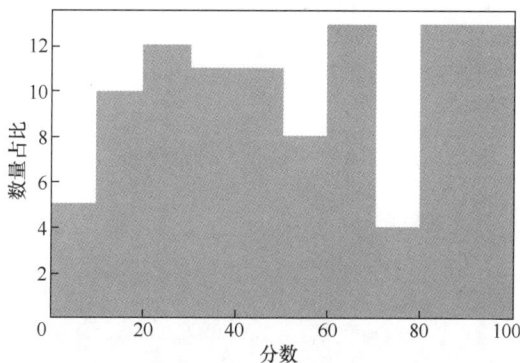

图 4-20  简单直方图

### 2. 直方图曲线拟合

在直方图上绘制折线图的语法格式如下。

```
#在直方图上绘制折线图
#hist_each 为直方区间的中值列表
plt.plot(bins[1:]-(width//2),hist_each,color='m')
```

【案例 4-17】拟合直方图曲线。

```
import matplotlib.pyplot as plt
import numpy as np
# 显示中文
plt.rcParams['font.sans-serif'] = ['SimHei']
plt.rcParams['axes.unicode_minus'] = False
x=np.random.randint(0,100,100 )#生成 0 到 100 之间的 100 个数据，即生成数据集
bins=np.arange(0,101,10) #设置连续的边界值，即直方图的分布区间，[0,10],[10,20]…
width=10 #直方图的宽度
#直方图会统计各个区间的数值
hist_each,_,_ = plt.hist(x,bins,color='b',width=width,alpha=0.5)#alpha 设置透明度，0 为完全透明
plt.xlabel('分数')
plt.ylabel('数量占比')
plt.xlim(0,100)#设置 x 轴分布范围
#利用返回值来绘制区间中点连线
plt.plot(bins[1:]-(width//2),hist_each,color='m')
plt.show()
```

运行结果如图 4-21 所示。

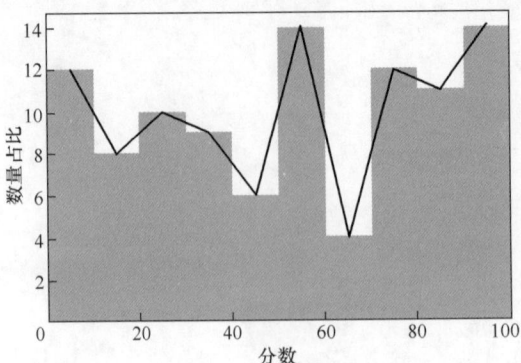

图 4-21　拟合直方图曲线

### 3. 多重直方图

绘制多重直方图的语法格式如下。

```
n1, bins1, patches1 = plt.hist(x1, bins=50,    density=True, color='g', alpha=1)
n2, bins2, patches2 = plt.hist(x2, bins=50,    density=True, color='r', alpha=0.2)
#print(len(bins1)) #51
#print(len(n1))   #50
# n1: y 列表; bins1: x 列表
plt.plot(bins1[:-1],n1,'.-',color="r")
plt.plot(bins2[:-1],n2,'-',color="y")
```

【案例 4-18】绘制多重直方图。

```
import matplotlib.pyplot as plt
mu1, sigma1 = 100, 15
mu2, sigma2 = 80, 15
x1 =  np.random.normal(mu1,sigma1,10000) #（均值，标准差，个数）
x2 =  np.random.normal(mu2,sigma2,10000)
# the histogram of the data
# 50：将数据分成 50 组
# color：颜色；alpha：透明度
# density：是密度而不是具体数值
n1, bins1, patches1 = plt.hist(x1, bins=50,    density=True, color='g', alpha=1)
n2, bins2, patches2 = plt.hist(x2, bins=50,    density=True, color='r', alpha=0.2)
#print(len(bins1)) #51
#print(len(n1))   #50
# n1: y 列表; bins1: x 列表
plt.plot(bins1[:-1],n1,'.-',color="r")
plt.plot(bins2[:-1],n2,'-',color="y")
plt.show()
```

运行结果如图 4-22 所示。

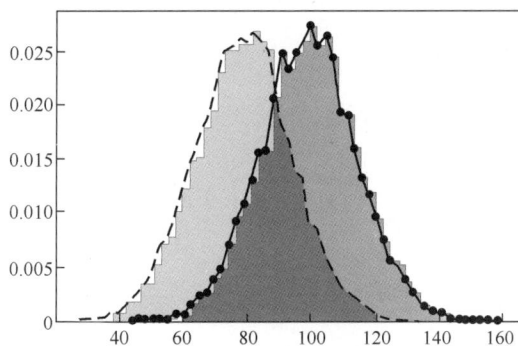

图 4-22　多重直方图

### 4. 多类型直方图

绘制多类型直方图的语法格式如下。

```
# 生成 3 组值，每组的个数可以不一样
# randn(n) 随机取 n 的正态分布数
x1,x2,x3 = [np.random.randn(n) for n in [10000, 5000, 2000]]
# 在 ax.hist() 函数中先指定图例的名称
plt.hist([x1, x2, x3], bins=10, density=True)
```

【案例 4-19】绘制多类型直方图。

```
import numpy as np
import matplotlib.pyplot as plt
plt.figure(figsize=(8,5))
# 生成 3 组值，每组的个数可以不一样
# randn(n) 随机取 n 的正态分布数
x1,x2,x3 = [np.random.randn(n) for n in [10000, 5000, 2000]]
# 在 ax.hist() 函数中先指定图例的名称
plt.hist([x1, x2, x3], bins=10, density=True)
# 通过 ax.legend() 函数来添加图例
plt.legend(list("abc"))
plt.show()
```

运行结果如图 4-23 所示。

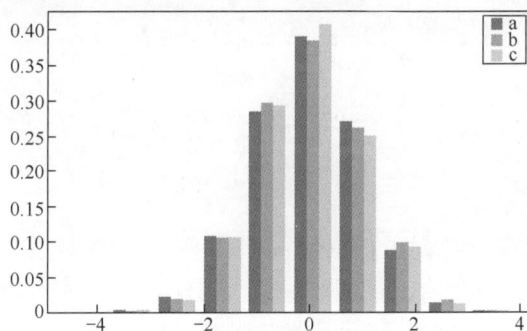

图 4-23　多类型直方图

**5. 添加文字、网格、轴标签及轴范围**

【案例4-20】为直方图添加文字、网格、轴标签及轴范围。

```python
import numpy as np
import matplotlib.pyplot as plt
# 显示中文
plt.rcParams['font.sans-serif'] = ['SimHei']
plt.rcParams['axes.unicode_minus'] = False
mu, sigma = 100, 15
x = mu + sigma * np.random.randn(10000)
# the histogram of the data
plt.hist(x, 50, density=True, color='g', alpha=0.75)
plt.xlabel('分数')
plt.ylabel('数量占比')
# 添加文字
plt.text(60, .025, r'$\mu=100,\sigma=15$')   #(x,y,str,…)
plt.xlim(40, 160)
plt.ylim(0, 0.03)
# 添加网格
plt.grid(True,color="m",alpha=0.1)
plt.title("直方图参数",fontsize=12)
plt.show()
```

运行结果如图4-24所示。

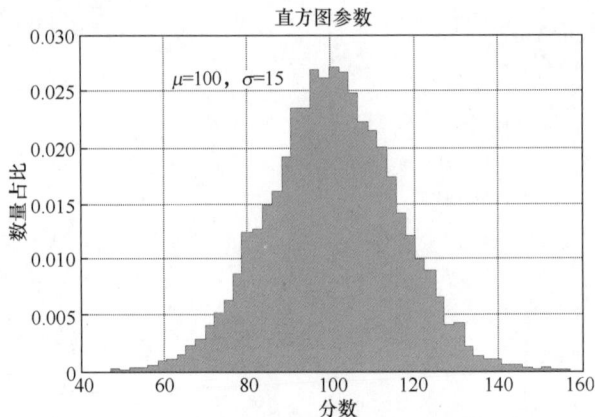

图4-24　直方图参数

## 4.3.5　饼图

饼图常用于统计学模块，仅排列在工作表的一列或一行中的数据可以绘制到饼图中。饼图显示一个数据系列（数据系列：在图表中绘制的相关数据点，这些数据源自数据表的行或列。图表中的每个数据系列具有唯一的颜色或图案，并且在图表的图例中表示。可以在图表中绘制一个或多个数据系列。饼图只有一个数据系列）中各项的大小与各项总和的比例，饼图中的数据点（数据点：在图表中绘制的单个值，这些值由条形、柱形、折线、饼图或圆环图的扇面、圆点和其他被称为数据标记的图形表示。相同颜色的数据标记组成一个数据系列）显示为整个饼图的百分比。

### 1. 绘制简单饼图

绘制简单饼图的语法格式如下。

```
# x：array 类型，表示用于绘制饼图的数据
# explode：array 类型，默认为 None。如果设置为一个与 x 相同长度的数组，则用来指定每部分的偏移量或指定各
# 项距离饼图圆心 n 个半径
# labels：array 类型，默认为 None，指定每一个饼块的名称
# colors：特定的 string 类型或含颜色字符的 array 类型，默认为 None
# autopct：饼图保留小数位
# explode：表示图形距离圆心的位置
matplotlib.pyplot.pie(x, explode=None, labels=None, colors=None, autopct=None,exploder=None）
```

【案例 4-21】绘制简单饼图。

```
import matplotlib.pyplot as plt
plt.rcParams['font.sans-serif'] = ['SimHei']
plt.rcParams['axes.unicode_minus'] = False
plt.figure(figsize=(6,6))   #将画布设为正方形，绘制的饼图为正圆
label=['第一','第二','第三']   #定义饼图的标签，标签的类型是列表
explode=[0.1,0.01,0.01]#指定各项距离圆心 n 个半径
#绘制饼图
values=[4,7,9]
plt.pie(values,explode=explode,labels=label,autopct='%1.1f%%')#绘制饼图
plt.title('2021 年饼图') #绘制标题
plt.savefig('./2021 年饼图')#保存图片
plt.show()
```

运行结果如图 4-25 所示。

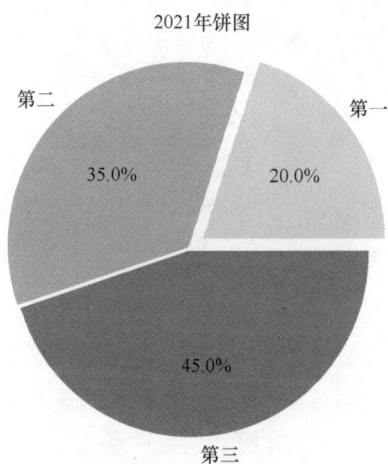

图 4-25　简单饼图

### 2. 饼图参数

设置饼图参数的语法格式如下。

```
# colors = ['r','g','y','b']   #自定义颜色列表
```

```
# shadow 添加阴影
# startangle 表示起始绘制角度，默认从 x 轴正方向逆时针开始
# plt.axis( )
# plt.legend( )
plt.pie(sizes,explode=explode,labels=labels,colors=colors,shadow=True,startangle=30)
```

【案例 4-22】设置饼图参数。

```
import matplotlib.pyplot as plt
plt.rcParams['font.sans-serif']=['SimHei'] #正常显示中文标签
plt.rcParams['axes.unicode_minus'] = False
labels = 'A','B','C','D'
sizes = [10,10,10,70]
explode = (0,0,0.3,0)
colors = ['r','g','y','b']   #自定义颜色列表
plt.pie(sizes,labels=labels,explode=explode,colors=colors,shadow=True,autopct="%.2f%%",startangle=30)
plt.title("饼图详解示例")
plt.text(1,-1.2,'饼图参数')
#保存图片
plt.savefig("饼图.png")
plt.show()
```

运行结果如图 4-26 所示。

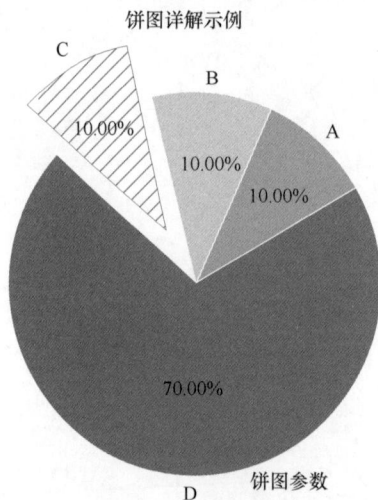

图 4-26　饼图详解示例

## 4.3.6　散点图

散点图是指在回归分析中，数据点在直角坐标系平面上的分布图，散点图表示因变量随自变量的变化而变化的大致趋势，可以选择合适的函数对数据点进行拟合。

用两组数据构成多个坐标点，考察坐标点的分布，判断两个变量之间是否存在某种关联或总结坐标点的分布模式。散点图将序列显示为一组点，值由点在图表中的位置表示，类别由图表中的不同标记表示，散点图通常用于跨类别的聚合数据。

### 1. 普通散点图

绘制普通散点图的语法格式如下。

```
matplotlib.pyplot.scatter(x, y, s=None, c=None, marker=None, alpha=None)
```

参数说明如下。

（1）x，y 组成了散点的坐标。

（2）s 为散点的面积。

（3）c 为散点的颜色（默认为蓝色）。

（4）marker 为散点的标记。

（5）alpha 为散点的透明度（在 0~1，0 为完全透明，1 为完全不透明）。

【案例 4-23】绘制普通散点图。

```
import matplotlib
import matplotlib.pyplot as plt
# 50 个散点
N = 50
# rand() 方法是随机生成 n 个在 0~1 的数，返回列表
x = np.random.rand(N)
y = np.random.rand(N)
plt.scatter(x, y)
plt.show()
```

运行结果如图 4-27 所示。

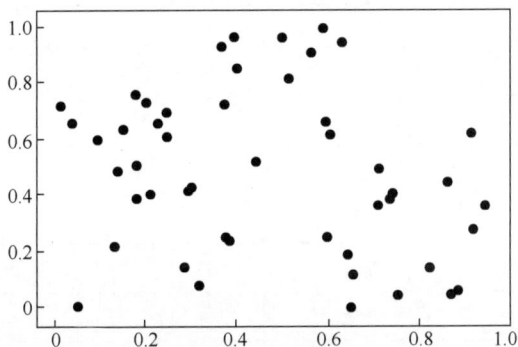

图 4-27　普通散点图

### 2. 更改散点的大小、颜色、透明度

【案例 4-24】更改散点图中散点的大小、颜色、透明度。

```
import matplotlib
import matplotlib.pyplot as plt
import numpy as np
# 50 个散点
N = 50
x = np.random.rand(N)
y = np.random.rand(N)
# 每个点大小随机
```

```
s = (30*np.random.rand(N))**2
#颜色随机
c = np.random.rand(N)
plt.scatter(x, y, s=s, c=c, alpha=0.5)
plt.show()
```

运行结果如图 4-28 所示。

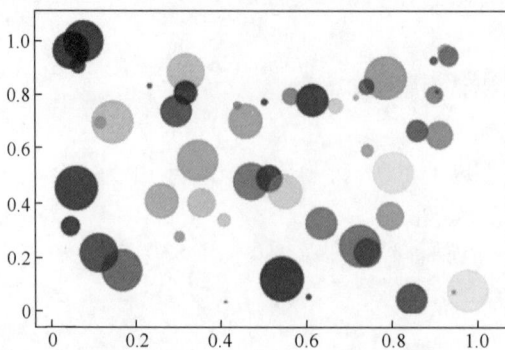

图 4-28　更改散点大小、颜色、透明度后的散点图

### 3. 绘制多种形状散点图

散点形状如表 4-1 所示。

表 4-1　　　　　　　　　　　　　　　　　散点形状

| 形状 | | 描述 |
| --- | --- | --- |
| "." | ● | point |
| "," | . | pixel |
| "o" | ● | circle |
| "v" | ▼ | triangle_down |
| "^" | ▲ | triangle_up |
| "<" | ◀ | triangle_left |
| ">" | ▶ | triangle_right |
| "1" | Y | tri_down |
| "2" | ⅄ | tri_up |
| "3" | ⊣ | tri_left |
| "4" | ⊢ | tri_right |
| "8" | ⬣ | octagon |
| "s" | ■ | square |
| "p" | ⬠ | pentagon |
| "P" | ✚ | plus (filled) |

| | 形状 | 描述 |
| --- | --- | --- |
| "*" | ★ | star |
| "h" | ⬡ | hexagon1 |
| "H" | ⬢ | hexagon2 |
| "+" | ＋ | plus |
| "x" | ✕ | x |
| "X" | ✖ | x (filled) |
| "D" | ◆ | diamond |
| "d" | ◆ | thin_diamond |
| "\|" | \| | vline |
| "_" | — | hline |
| 0 (TICKLEFT) | — | tickleft |
| 1 (TICKRIGHT) | — | tickright |
| 2 (TICKUP) | \| | tickup |
| 3 (TICKDOWN) | \| | tickdown |
| 4 (CARETLEFT) | ◀ | caretleft |
| 5 (CARETRIGHT) | ▶ | caretright |
| 6 (CARETUP) | ▲ | caretup |
| 7 (CARETDOWN) | ▼ | caretdown |
| 8 (CARETLEFTBASE) | ◀ | caretleft (centered at base) |
| 9 (CARETRIGHTBASE) | ▶ | caretright (centered at base) |
| 10 (CARETUPBASE) | ▲ | caretup (centered at base) |
| 11 (CARETDOWNBASE) | ▼ | caretdown (centered at base) |

【案例 4-25】绘制多种形状散点图。

```
import matplotlib.pyplot as plt
import numpy as np
plt.rcParams['font.sans-serif']=['SimHei'] #用来正常显示中文标签
plt.rcParams['axes.unicode_minus'] = False
# 50 个散点
N = 50
x1 = np.random.rand(N)
y1 = np.random.rand(N)
x2 = np.random.rand(N)
y2 = np.random.rand(N)
s1 = (30*np.random.rand(N))**2
s2 = (30*np.random.rand(N))**2
c1 = np.random.rand(N)
c2 = np.random.rand(N)
```

```
plt.scatter(x1, y1, marker='*',s=s1,c=c2,alpha=0.4,label="五角星")
plt.scatter(x2, y2, marker='o',s=s2,c=c2,alpha=0.4,label="圆形")
plt.legend(loc="best") # 显示图例
plt.show()
```

运行结果如图 4-29 所示。

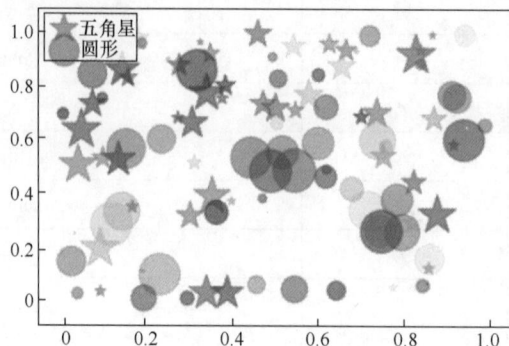

图 4-29　多种形状散点图

### 4.3.7　函数图

函数指自变量 $x$ 的变化，引起因变量 $y$ 的不同表现。生活中很多函数公式，只能根据枯燥的数据来观察函数，这大大降低了对函数变化的明确体验。而函数绘图，能够准确地表示出数据变化的规律，更容易发现问题，可以更好地对函数进行研究。

#### 1. 绘制二次函数 $y = x^2 + 1$ 的图像

【案例 4-26】绘制二次函数 $y = x^2 + 1$ 的图像。

```
import matplotlib.pyplot as plt
import numpy as np
# 定义 x 的取值范围为(-5, 5)，数量为100
x = np.linspace(-5,5,100)
y = x**2 + 1
# 设置 figure 并指定大小
plt.figure(figsize=(10,5),dpi=200)
# 绘制 y=x²+1 的图像，设置 color 为 red，线宽度为1，线的样式为-
plt.plot(x,y,color='red',linewidth=1.0,linestyle='-')
# 设置 x, y 轴的范围及 label 标注
plt.xlim(-3,5)
plt.ylim(-2,25)
plt.xlabel('x')
plt.ylabel('y')
# 设置坐标轴刻度线
# x轴的取值范围为(-3, 5)，刻度数量为10 个
new_ticks=np.linspace(-3,5,10)
plt.xticks(new_ticks)
# y轴的取值范围(1～26，隔一个显示一个)
plt.yticks([ i for i in range(1,26)][::2])
```

```
# 设置坐标轴并获取坐标轴信息
ax=plt.gca()
# 使用.spines 设置边框：x 轴，将其右边和上边颜色设置为 none
ax.spines['right'].set_color('none')
ax.spines['top'].set_color('none')
# 移动坐标轴
# 将 bottom 即 x 坐标轴设置到 y=0 的位置
ax.xaxis.set_ticks_position('bottom')
#使用.set_position 设置边框位置即 y=0 的位置（位置所有属性为 outward, axes, data）
ax.spines['bottom'].set_position(('data',0))
# 将 left 即 y 坐标轴设置到 x=0 的位置
ax.yaxis.set_ticks_position('left')
ax.spines['left'].set_position(('data',0))
# 设置标签
ax.set_title('y = x^2 + 1', fontsize=14, color='b')
# 显示图像
plt.show()
```

运行结果如图 4-30 所示。

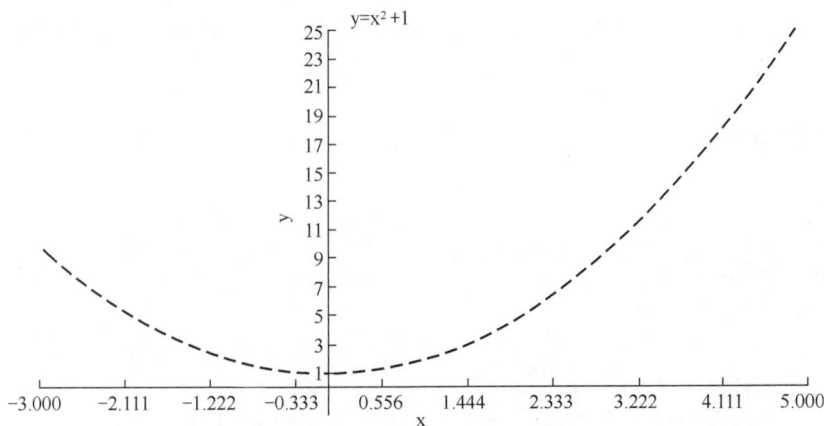

图 4-30　二次函数 $y = x^2+1$ 的图像

## 2. 正弦和余弦函数

【案例 4-27】绘制正弦函数和余弦函数。

```
import matplotlib.pyplot as plt
import math
import numpy
x=numpy.arange(0.0, 2*2*numpy.pi, 0.01)
y=numpy.cos(x)
y1 = numpy.sin(x)
plt.plot(x, y, color="r", linestyle="-.", label="余弦函数")
plt.plot(x, y1, color="b", linestyle="-", label="正弦函数")
plt.legend(loc="best")
plt.title("y=cos(x)和 y=sin(x)") #添加标题
plt.show()
```

运行结果如图 4-31 所示。

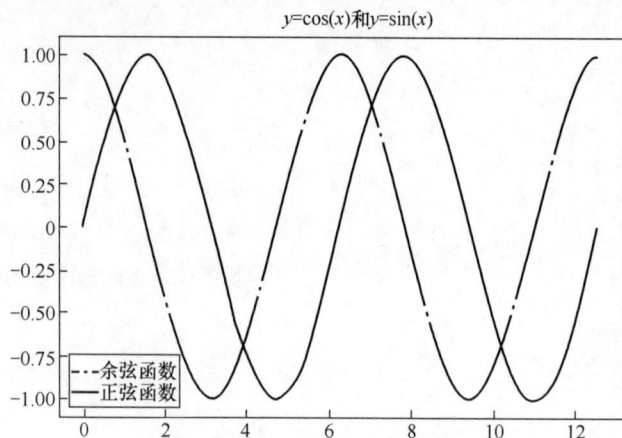

图 4-31　正弦函数和余弦函数

### 4.3.8　3D 图

3D 图就是在一张特制平面图中，通过眼睛的视觉成像系统的重合和分离，可以看出图中隐含的图像。

#### 1. 绘制简单 3D 图

绘制简单 3D 图的语法格式如下。

```
# 设置画布，绘制 3D 图
ax = plt.axes(projection="3d")
```

【案例 4-28】绘制简单的 3D 图。

```
import numpy as np
import matplotlib.pyplot as plt
fig = plt.figure() # 创建画板
ax = plt.axes(projection="3d")
plt.show()
```

运行结果如图 4-32 所示。

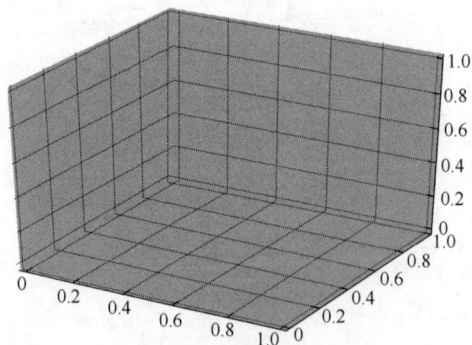

图 4-32　简单 3D 图

### 2. 绘制 3D 散点图和线图

绘制 3D 散点图和线图的语法格式如下。

```
# 绘制曲线 3D 图
# x_line, y_line, z_line,列表值
ax.plot3D(x_line, y_line, z_line,color='gray')
# c 表示颜色
# cmap 是 colormap 实例，只有颜色带有小数的时候，才能生效
# HSV 模式（也称为 HSB 模式），通过色调（H）、饱和度（S）、明度（V）3 个颜色参数去描述颜色
ax.scatter3D(x_points, y_points, z_points, c=z_points, cmap='hsv')
```

【案例 4-29】绘制 3D 散点图和线图。

```
import numpy as np
import matplotlib.pyplot as plt
import mpl_toolkits. mplot3d import Axes3D
fig = plt.figure() # 创建画板
ax = plt.axes(projection="3d")
z_line = np.linspace(0, 15, 1000)
x_line = np.cos(z_line)
y_line = np.sin(z_line)
ax.plot3D(x_line, y_line, z_line,color='gray')
z_points = 15 * np.random.random(100)
x_points = np.cos(z_points) + 0.1 * np.random.randn(100)
y_points = np.sin(z_points) + 0.1 * np.random.randn(100)
# c 表示颜色
# cmap 是 colormap 实例，只有颜色带有小数的时候，才能生效
#  HSV 模式（也称为 HSB 模式），通过色调（H）、饱和度（S）、明度（V）3 个颜色参数去描述颜色
ax.scatter3D(x_points, y_points, z_points, c=z_points, cmap='hsv')
plt.show()
```

运行结果如图 4-33 所示。

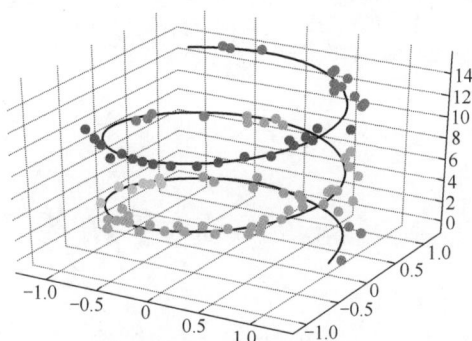

图 4-33　3D 散点图和线图

## 4.4　Seaborn 绘图

### 4.4.1　认识 Seaborn

Seaborn 是基于 Matplotlib 的图形可视化 Python 包，它提供了一种高度交互式界面，便于用户制作出各种有吸引力的统计图表。

Seaborn 是在 Matplotlib 的基础上进行了更高级的 API 封装，从而使作图更加容易，在大多数情况下，使用 Seaborn 能制作出更具有吸引力的图，而使用 Matplotlib 则能够制作出更有特色的图。应该把 Seaborn 视为 Matplotlib 的补充，而不是替代物。

安装 Seaborn 的方法如下。

```
pip install seaborn==0.11
```

### 4.4.2　折线图

#### 1. 绘制普通折线图

使用 Seaborn 绘制普通折线图的语法格式如下。

```
seaborn.relplot(*,x=None,y=None,hue=None,size=None,style=None,data=None,kind=None,dashes=
None,markers=None)
# x，y：x 轴和 y 轴指定变量
# hue：可选项，分组变量，将产生不同颜色的线条
# size：可选项，分组变量，将产生不同粗细的线条
# style：可选项，分组变量，将产生不同样式的线条
# data：输入数据结构
# dashes：确定如何为 style 变量的不同级别绘制线条的对象，可选项，如果设置 True 将使用默认的短线代码
# markers ：绘制图例
# kind：默认为散点图，line 为折线图
```

【案例 4-30】绘制普通折线图。

```
import numpy as np
import pandas as pd
import seaborn as sns
# 二维数组
df = pd.DataFrame(dict(time=np.arange(500),
                       value=np.random.randn(500).cumsum()))
g = sns.relplot(x="time", y="value", kind="line", data=df)
# 更改 x 的显示方式，使其斜着显示
g.fig.autofmt_xdate()
```

运行结果如图 4-34 所示。

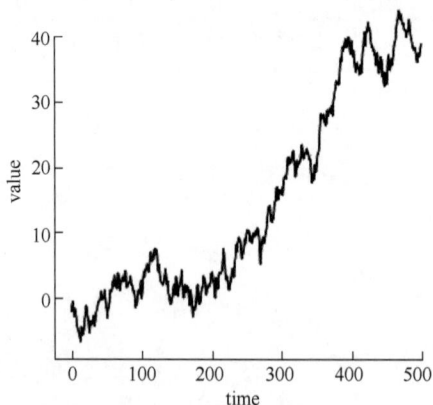

图 4-34　普通折线图

#### 2. 聚合表示不确定性

对于 x 变量的相同值，复杂的数据集将具有多个度量。Seaborn 默认 x 通过绘制均值和均值周围的 95%置信区间来汇总每个值的多次测量结果。

【案例 4-31】聚合表示不确定性。

```
import seaborn as sns
# 读入 Seaborn 自带的数据
fmri = sns.load_dataset("fmri")
sns.relplot(x="timepoint", y="signal", kind="line", data=fmri);
```
运行结果如图 4-35 所示。

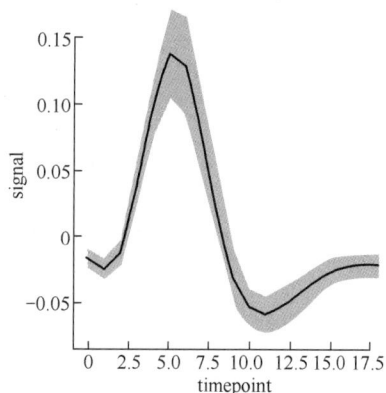

图 4-35　聚合表示不确定性

#### 3. 使用语义映射绘制数据子集

添加具有两个级别的色相语义会将绘图分成两条线和错误带，分别给它们上色以指示它们对应数据的哪个子集。

【案例 4-32】使用语义映射绘制数据子集。

```
import seaborn as sns
# 读入 Seaborn 自带的数据
fmri = sns.load_dataset("fmri")
print(fmri)
sns.relplot(x="timepoint", y="signal", hue="region", style="event",
            dashes=False, markers=True, kind="line", data=fmri)
```
运行结果如图 4-36 所示。

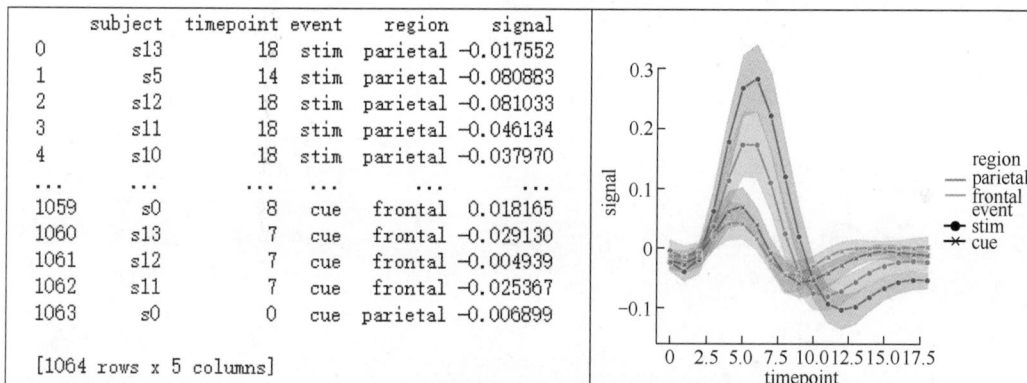

图 4-36　使用语义映射绘制数据子集

### 4.4.3　散点图

散点图是统计可视化的主要图形，它使用点云描绘了两个变量的联合分布情况，其中每个点代表数据集中的观测值，通过这种描绘，我们可以用肉眼推断出它们之间是否存在有意义关系的大量信息。

147

【案例 4-33】绘制散点图。

```
import seaborn as sns
tips = sns.load_dataset("tips")
print(tips)
sns.relplot(x="total_bill", y="tip", data=tips);
```

运行结果如图 4-37 所示。

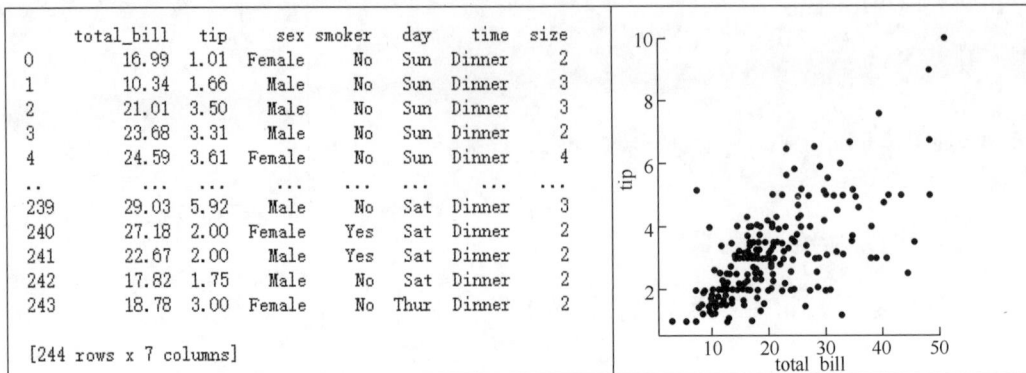

```
     total_bill   tip     sex smoker   day    time  size
0         16.99  1.01  Female     No   Sun  Dinner     2
1         10.34  1.66    Male     No   Sun  Dinner     3
2         21.01  3.50    Male     No   Sun  Dinner     3
3         23.68  3.31    Male     No   Sun  Dinner     2
4         24.59  3.61  Female     No   Sun  Dinner     4
..          ...   ...     ...    ...   ...     ...   ...
239       29.03  5.92    Male     No   Sat  Dinner     3
240       27.18  2.00  Female    Yes   Sat  Dinner     2
241       22.67  2.00    Male    Yes   Sat  Dinner     2
242       17.82  1.75    Male     No   Sat  Dinner     2
243       18.78  3.00  Female     No  Thur  Dinner     2

[244 rows x 7 columns]
```

图 4-37　散点图

通过独立地更改每个点的色相和样式，还可以表示 4 个变量。

【案例 4-34】修改每个点的色相和样式。

```
import seaborn as sns
tips = sns.load_dataset("tips")
print(tips)
sns.relplot(x="total_bill", y="tip", hue="smoker", style=
"time", data=tips);
```

运行结果如图 4-38 所示。

### 4.4.4　直方图

**1. 普通直方图**

直方图是条形图，其中代表数据变量的轴被分为一组离散的条带，并使用相应高度的条形显示了每个条带内的观测值数量。

语法格式如下。

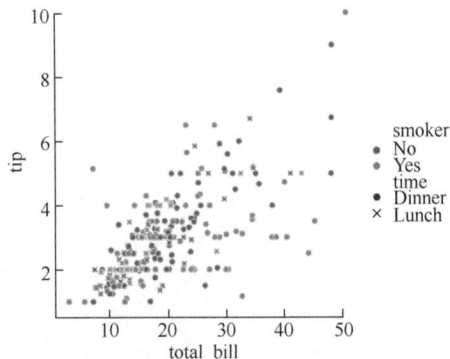

图 4-38　修改每个点的色相和样式

```
# displot 绘制函数
# data：pandas.DataFrame, numpy.ndarray 数据结构
# x,y：向量
# hue：定义子集绘制的变量
# kind：选择基础绘图功能并确定其他有效参数集
# row,col 定义数据子集绘制在不同构面上的变量
seaborn.displot(data=None,*,x=None,y=None,hue=None,row=None,col=None,kind=None)
```

【案例 4-35】绘制普通直方图。

```
import seaborn as sns
```

```
#设置背景风格
sns.set_theme(style="darkgrid")
penguins = sns.load_dataset("penguins")
print(penguins)
sns.displot(penguins, x="flipper_length_mm")
```

运行结果如图 4-39 所示。

| | species | island | bill_length_mm | bill_depth_mm | flipper_length_mm | body_mass_g | sex |
|---|---|---|---|---|---|---|---|
| 0 | Adelie | Torgersen | 39.1 | 18.7 | 181.0 | 3750.0 | Male |
| 1 | Adelie | Torgersen | 39.5 | 17.4 | 186.0 | 3800.0 | Female |
| 2 | Adelie | Torgersen | 40.3 | 18.0 | 195.0 | 3250.0 | Female |
| 3 | Adelie | Torgersen | NaN | NaN | NaN | NaN | NaN |
| 4 | Adelie | Torgersen | 36.7 | 19.3 | 193.0 | 3450.0 | Female |
| ... | ... | ... | ... | ... | ... | ... | ... |
| 339 | Gentoo | Biscoe | NaN | NaN | NaN | NaN | NaN |
| 340 | Gentoo | Biscoe | 46.8 | 14.3 | 215.0 | 4850.0 | Female |
| 341 | Gentoo | Biscoe | 50.4 | 15.7 | 222.0 | 5750.0 | Male |
| 342 | Gentoo | Biscoe | 45.2 | 14.8 | 212.0 | 5200.0 | Female |
| 343 | Gentoo | Biscoe | 49.9 | 16.1 | 213.0 | 5400.0 | Male |

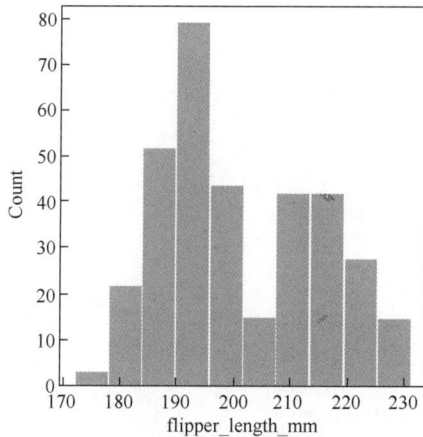

图 4-39　普通直方图

## 2. 特征分布直方图

绘制特征分布直方图的语法格式如下。

```
# hue 变量分层
sns.displot(penguins, x="flipper_length_mm", hue="species")
```

【案例 4-36】绘制特征分布直方图。

```
import seaborn as sns
#设置背景风格
sns.set_theme(style="darkgrid")
penguins = sns.load_dataset("penguins")
# print(penguins)
sns.displot(penguins, x="flipper_length_mm", hue="species")
```

运行结果如图 4-40 所示。

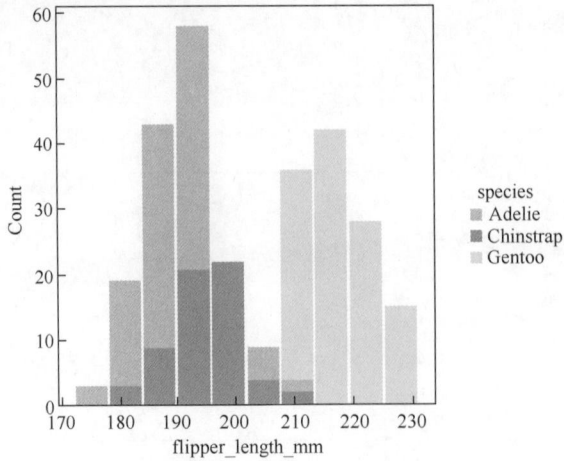

图 4-40　特征分布直方图

### 3. 阶梯图

绘制阶梯图的语法格式如下。

```
# element 类型=步梯
sns.displot(penguins, x="flipper_length_mm", hue="species", element="step")
```

【案例 4-37】绘制阶梯图。

```
import seaborn as sns
#设置背景风格
sns.set_theme(style="darkgrid")
penguins = sns.load_dataset("penguins")
# element 类型=步梯
sns.displot(penguins, x="flipper_length_mm", hue="species", element="step")
```

运行结果如图 4-41 所示。

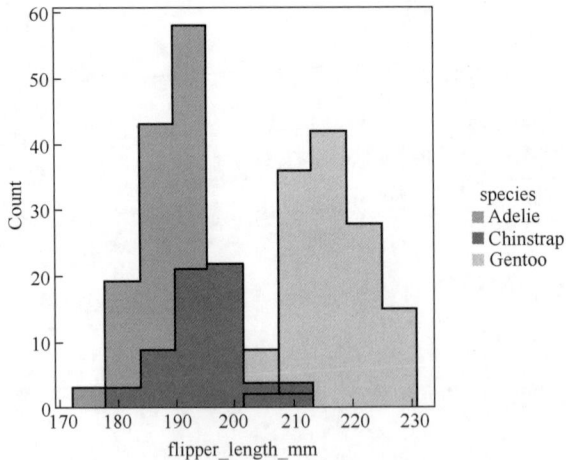

图 4-41　阶梯图

### 4. 堆叠图和避开图

绘制堆叠图和避开图的语法格式如下。

```
# multiple：数量列表(stack：堆叠，dodge：避开)
sns.displot(penguins, x="flipper_length_mm", hue="species", multiple="stack")
```

【案例 4-38】绘制堆叠图和避开图。

```
import seaborn as sns
#设置背景风格
sns.set_theme(style="darkgrid")
penguins = sns.load_dataset("penguins")
# multiple：数量列表(stack：堆叠，dodge：避开)
sns.displot(penguins, x="flipper_length_mm", hue="species", multiple="stack")
sns.displot(penguins, x="flipper_length_mm", hue="sexual", multiple="dodge")
```

运行结果如图 4-42 所示。

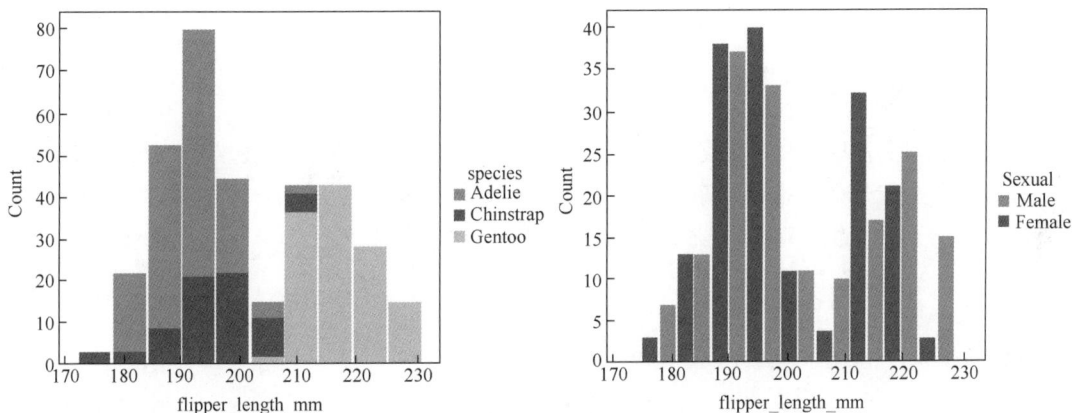

图 4-42　堆叠图和避开图

### 5. 多个变量的柱状图

绘制多个变量的柱状图的语法格式如下。

```
#通过将第二个变量分配给 col 或 row，实现多个变量柱状图的绘制
sns.displot(penguins, x="flipper_length_mm", col="sex", multiple="dodge")
```

【案例 4-39】绘制多个变量的柱状图。

```
import seaborn as sns
#设置背景风格
sns.set_theme(style="darkgrid")
penguins = sns.load_dataset("penguins")
#通过将第二个变量分配给 col 或 row，实现多个变量的柱状图的绘制
sns.displot(penguins, x="flipper_length_mm", col="sexual", multiple="dodge")
```

运行结果如图 4-43 所示。

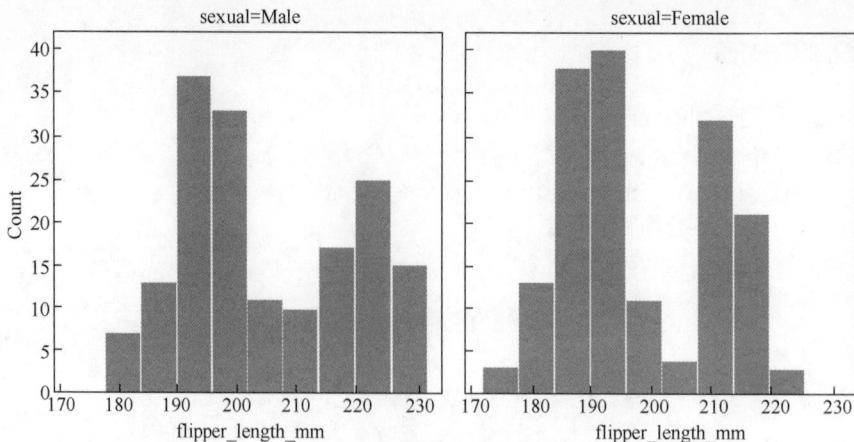

图 4-43　多个变量的柱状图

# 4.5　可视化分析报告

## 4.5.1　报告需求

随着国民收入的增长及育儿成本的提升，母婴用品市场的整体规模保持稳定的增长。本次报告以数据集中的线上母婴用品购买情况为例，通过对产品和用户的行为数据分析，形成用户画像和产品模型，为产品的销售策划和广告的精确投放提出可行性的建议。

## 4.5.2　报告内容说明

① 数据集：shop_info_history1.csv。
② 数据集项目：线上购买婴儿用品信息数据。
③ 数据内容：用户购买商品的次数和购买数量。

## 4.5.3　业务实践

对原始数据进行数据清洗和数据挖掘，得到关联好的有效数据后，对数据进行分析，示例如下。

```python
import pandas as pd
import matplotlib.pyplot as plt
import numpy as np
import seaborn as sns
#设置背景风格
sns.set_theme(style="darkgrid")
# 显示中文
plt.rcParams['font.sans-serif'] = ['SimHei']
plt.rcParams['axes.unicode_minus'] = False
# 获取商品数据信息
shop_data = pd.read_csv("./shop_info_history1.csv")
# print(shop_data)
# 统计历年每月商品的用户购买次数和购买数量
# 对 shop_data 中的 buy_mount 和 day 两列数据进行提取，得到一个新的数组 get_cat_day
```

```
get_cat_day = shop_data[["buy_mount","day"]]
# 将 get_cat_day 中的 day 数据类型转成字符串
# print(get_cat_day)
a = get_cat_day.astype({'day':'str'})
# 在 get_cat_day 中，新增一列为 y-m（年和月的日期），内容为数据的前 6 位
a['y_m'] = a['day'].apply(lambda x: x[:6])
# print(a)
# 通过 y_m 分组
# 抽取用户购买次数
shop_num = a.groupby(by='y_m').agg({'buy_mount':['size']})
# 抽取用户购买数量
shop_num1 = a.groupby(by='y_m').agg({'buy_mount':['sum']})
# print(shop_num)
# print(shop_num1)
## 根据 y_m 绘图
plt.figure(figsize=(20,10),dpi=80)
plt.plot(shop_num,color="orange",label="用户购买次数",linewidth="3")
plt.plot(shop_num1,color="blue",label="用户购买数量",linewidth="3")
plt.legend(loc="best",prop={"size":18})
# 设置刻度
plt.xticks(rotation=70)
Plt.ytixks()
# 修改刻度文字大小
plt.tick_params(labelsize=16)
# 设置标题
plt.title("历年每月商品的用户购买次数和购买数量走势分析",fontsize=26)
plt.show()
```

运行结果如图 4-44 所示。

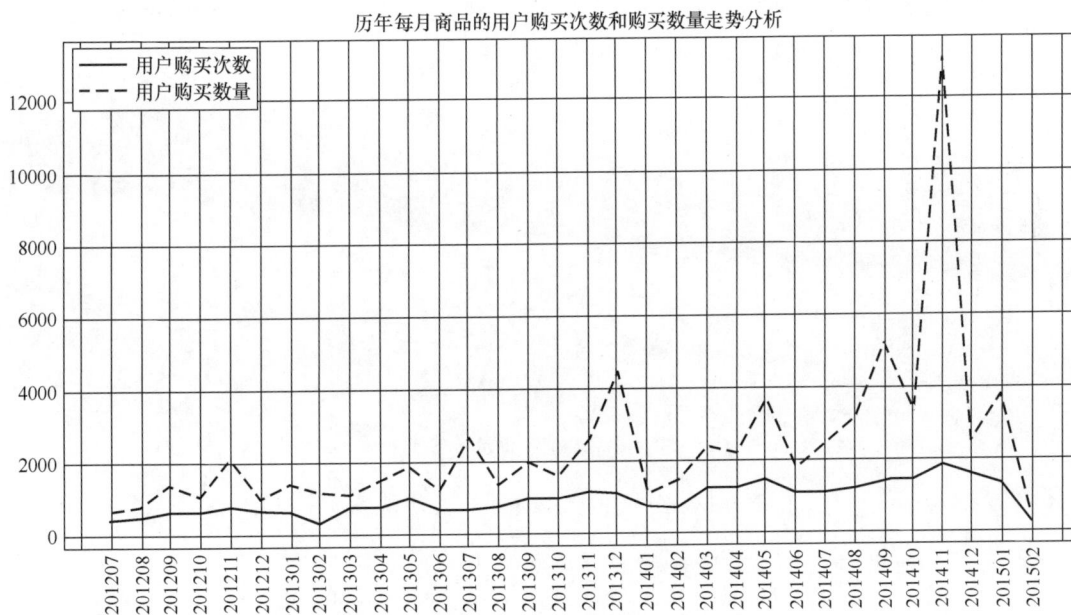

图 4-44　历年每月商品的用户购买次数和购买数量走势

### 4.5.4 报告分析

如图 4-44 所示，用户历年每个月购买商品次数和购买商品数量均呈现出逐年递增的趋势，说明近年来业务增长势头较好。同时，在每年的 10 月～12 月，用户购买商品次数大量增加，需要提前做好库存，防止出现货品数量不足的情况。

## 4.6 项目实训——2014 年度用户每月购买商品次数和购买商品数量分析报告

### 4.6.1 报告需求

随着国民收入的增长及育儿成本的提升，母婴用品市场的整体规模保持稳定的增长。为了了解年度销售规律，更加有效地实施方案，需要对 2014 年度用户每月购买商品次数和购买商品数量的关系进行对比分析。

### 4.6.2 报告内容说明

① 数据集：shop_info_history1.csv。
② 数据集项目：线上购买婴儿用品信息数据。
③ 数据内容：用户购买商品次数和购买商品数量。

### 4.6.3 项目实施

对原始数据进行数据清洗和数据挖掘，得到关联好的有效数据后，对数据进行分析，示例如下。

```python
import pandas as pd
import matplotlib.pyplot as plt
import numpy as np
import seaborn as sns
#设置背景风格
sns.set_theme(style="darkgrid")
# 显示中文
plt.rcParams['font.sans-serif'] = ['SimHei']
plt.rcParams['axes.unicode_minus'] = False
# 获取商品数据信息
shop_data = pd.read_csv("./shop_info_history1.csv")
shop_info = shop_data[["buy_mount","day"]]
new_shop_info = shop_info.astype({"day":"str"})
new_shop_info["yearM"] = new_shop_info["day"].apply(lambda x:x[:6])
# 分组
shop_data = new_shop_info.groupby(by="yearM").agg({"buy_mount":["size","sum"]})
print(shop_data)
# 筛选 2014 年用户每月的购买商品次数和购买商品数量
get_num = shop_data.loc[(shop_data.index<'201501') & (shop_data.index>'201312')]
# 月份
month_num = [i for i in get_num.index]
print(month_num)
```

```
# 用户购买商品次数
buy_num = []
# 用户购买商品数量
buy_sum = []
for i in range(get_num.shape[0]):
    buy_num.append(get_num.iloc[i, 0])
    buy_sum.append(get_num.iloc[i, 1])
# print(buy_num)
# print(buy_sum)
# 绘图
plt.figure(figsize=(20, 10), dpi=80)
width=0.3
x1_data = list(range(len(month_num)))
# print(x1_data)
x2_data = [i+width for i in x1_data]
plt.bar(x1_data, buy_num, width=width, label="用户购买商品次数")
plt.bar(x2_data, buy_sum, width=width, label="用户购买商品数量")
plt.legend(loc="best", fontsize=20)
# 设置刻度
plt.xticks(x1_data, month_num)
# 修改刻度文字大小
plt.tick_params(labelsize=20)
# 设置标题
plt.title("每月用户购买商品次数和购买商品数量走势分析", fontsize="30")
plt.show()
```

运行结果如图 4-45 所示。

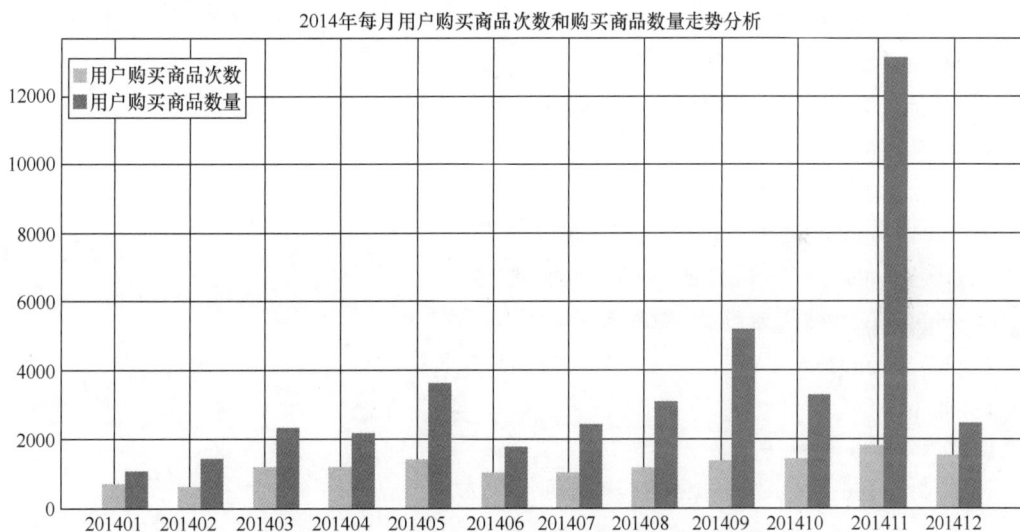

图 4-45　2014 年每月用户购买商品次数和购买商品数量走势

### 4.6.4　报告分析

如图 4-45 所示，用户 2014 年的每月购买商品数量总量和购买商品次数总量体现出了用户 2014 年周期性购买意愿，因此可以得出如下结论。

① 2014 年 1 月~2 月，农历春节期间物流休息无法送货，消费者无法购买，导致销量下滑。

② 2014 年 6 月相较 2014 年 5 月也出现用户购买商品次数和购买商品数量大幅下滑趋势，对于商品销量低的月份商家须有针对性地组织促销活动，提升销售额。

③ 2014 年 11 月处于"双 11"营销月，为应对销售高峰期，商家必须提前备足货。

# 本 章 小 结

本章主要讲了用 Matplotlib 和 Seaborn 作图的方式。Matplotlib 和 Seaborn 中设置了 50 多种作图方法，大家可以根据不同的使用场景熟练应用。作图后对分析报告的撰写，需要读者了解分析报告的编写步骤和分析方式。

# 习 题

**一、选择题**

1. 以下关于可视化的描述，错误的选项是（ ）。

A. 可视化利用了计算机图形学和图像处理技术

B. 它涉及计算机图形学、计算机辅助设计、计算机显示屏设计等多个领域

C. 可视化技术是研究数据表示、数据处理、决策分析的综合技术

D. 虚拟现实技术是以图形图像的可视化技术为依托的

2. 以下选项中说法不正确的是（ ）。

A. Matplotlib 是 Python 的一个标准库

B. Matplotlib 绘制折线图、饼图、直方图的方法分别是：plot、pie、hist

C. 画布的两种方式：隐式画布和显式画布

D. xlabel，ylabel 是添加轴标签的方法

3. 在 Matplotlib 绘图中，有关参数解释不正确是（ ）。

A. plt.legend(loc="best")可以自动设置图例位置

B. plot(marker="o")是绘图中的数据点标记

C. plt.rcParams['font.sans-serif'] = ['SimHei']可以显示中文

D. plt.xticks()设置 x 轴的数据

4. 关于 Seaborn 绘图的说法，解释不正确是（ ）。

A. relplot()方法，可以绘制散点图和折线图

B. displot()方法，可以绘制直方图、饼图和核密度

C. displot(markers=True)中的 markers 是绘图中数据点的标记

D. displot(hue=None)中的 hue 是分组变量，将产生不同颜色的线条

5. 关于数据分析报告错误的描述是（ ）。

A. 数据分析报告一般分为 4 步骤去实施

B. Python 数据分析报告可以在没有图的情况下进行分析

C. 数据分析报告需要统计大量的数据

D. 数据分析报告是根据图像呈现的规律形成的

## 二、操作题

1. 请利用 Matplotlib 编写一个程序，显示 $y=x^2+18$ 这条抛物线。

2. 请利用 Matplotlib 编写一个程序，该程序能在一行中并列显示两个子图，一个子图是 $y=x^2$，另一个子图是 $y=x$。

3. 使用 Seaborn tips 绘制回归散点图。

提示信息：

① 数据集：sns.load_dataset("tips")。

② 设置画图风格为灰色网格。

# 05

# 第5章
# 数据分析

**本章导学**

本章详细介绍了4种数据分析方法，分别为列表分析、协方差分析、直方图分析、对比分析。这4种分析方法都是以案例的形式进行讲解的，涉及大量数据资源包。

**学习目标**

（1）了解列表分析思路。

（2）了解协方差分析思路。

（3）了解直方图分析思路。

（4）了解对比分析思路。

（5）掌握各种分析方法的步骤。

## 5.1 数据分析介绍

数据分析是指使用适当的统计分析方法对收集来的大量数据进行分析，将它们加以汇总并理解和消化，以求最大化地开发数据的功能，发挥数据的作用。数据分析是为了提取有用信息和形成结论而对数据进行详细研究和概括总结的过程。数据分析的数学基础在20世纪早期就已确立，但直到计算机的出现才使实际操作成为可能，并使数据分析得以推广。数据分析是数学与计算机科学相结合的产物。

数据分析的目的是将隐藏在一大批看起来杂乱无章的数据中的信息集中和提取出来，从而找出所研究对象的内在规律。在实际应用中，数据分析可帮助人们做出判断，以便采取适当的行动。数据分析是有组织、有目的地收集数据、分析数据，使之成为信息的过程，这一过程是质量管理体系的支持过程。在产品的整个生命周期中，包括从市场调研到售后服务和最终处置的各个过程都需要适当运用数据分析，以提升有效性。例如，设计人员在开始一个新的设计前，要通过广泛的设计调查，分析所得数据以判定设计方向，因此数据分析在策划方案中具有极其重要的作用。

## 5.2 列表分析

### 5.2.1 分析需求

IP 代理公司想了解大公司对于代理 IP 的需求量，于是就从扫描器结果中分离出一些大公司泛解析 IP 列表，从中分析出大公司对于 IP 代理数量的需求，从而制定针对大公司的有效营销战略。分析需求的数据文件如图 5-1 所示。

360, adobe, alibaba, amazon, antgroup, apple, autohome, baidu, blockchain, cainiao, didi, dropbox, ebay, github, google, jd, kuaishou, lahitapiola, linkedin, microsoft, netease, other, paypal, pingan, rockstargames, shopify, shunfeng, sina, slack, snapchat, tencent, twitter, uber, vimeo, vk, xiaomi, yahoo

图 5-1 数据文件

### 5.2.2 分析关注点

IP 代理公司需要了解不同层次的大公司需求 IP 的数量，然后按数量大致分为 3 层：高效需求量；中稳需求量；低耗需求量。对此有以下 3 点要求。

（1）统计每个公司需求的 IP 代理数量。

（2）对统计的数量进行分类。

（3）对分类的数据进行分析。

### 5.2.3 分析思路

（1）需要读取 IncExtensiveList 文件夹中每个 txt 文档数据，并配置完整的文件路径列表。

【案例 5-1】列表分析数据。

```
import os
# listdir 方法：读取文件夹中的文件名，返回的是列表
file_name_list = os.listdir("./IncExtensiveList/")
# 完整的路径文件列表
file_list = []
for file_name in file_name_list:
    file_path = "./IncExtensiveList/"+file_name
#   将路径添加到列表中
    file_list.append(file_path)
print(file_list)
```

运行结果：

['360.txt', 'adobe.txt', 'alibaba.txt', 'amazon.txt', 'antgroup.txt', 'apple.txt', 'autohome.txt', 'baidu.txt', 'blockchain.txt', 'cainiao.txt', 'didi.txt', 'dropbox.txt', 'ebay.txt', 'github.txt', 'google.txt', 'jd.txt', 'kuaishou.txt', 'lahitapiola.txt', 'linkedin.txt', 'microsoft.txt', 'netease.txt', 'other.txt', 'paypal.txt', 'pingan.txt', 'rockstargames.txt', 'shopify.txt', 'shunfeng.txt', 'sina.txt', 'slack.txt', 'snapchat.txt', 'tencent.txt', 'twitter.txt', 'uber.txt', 'vimeo.txt', 'vk.txt', 'xiaomi.txt', 'yahoo.txt']

（2）使用 for 循环，创建文档名作为列表名，获取每个 txt 文件中的 IP，并添加到对应的列表中。

```python
import os
# listdir 方法：读取文件夹中的文件名，返回的是列表
file_name_list = os.listdir("./IncExtensiveList/")
# 完整的路径文件列表
file_list = []
for file_name in file_name_list:
    file_path = "./IncExtensiveList/"+file_name
#   将路径添加到列表中
    file_list.append(file_path)
# print(file_list)
# 获取文档中的 IP
# 将 IP、数量和公司名字典存放在列表中
file_num = []
for file in file_list:
    with open(file,"r") as f:
        item = {}
        # 读取每行数据，返回列表
        line_list = f.readlines()
        num = len(line_list)
# 提取公司名
        company_name = file.split("/")[-1].split(".")[0]
        # 将数据列表和数量加入 item 字典中
        item["line_list"] = line_list
        item[file] = num
        item["company_name"] = company_name
        file_num.append(item)
print(file_num)
```

运行结果如图 5-2 所示。

```
['./IncExtensiveList/360.txt', './IncExtensiveList/adobe.txt', './IncExtensiveList/alibaba.txt', '
 ./IncExtensiveList/amazon.txt', './IncExtensiveList/antgroup.txt', './IncExtensiveList/apple.txt', '
 ./IncExtensiveList/autohome.txt', './IncExtensiveList/baidu.txt', './IncExtensiveList/blockchain.txt', '
 ./IncExtensiveList/cainiao.txt', './IncExtensiveList/didi.txt', './IncExtensiveList/dropbox.txt', '
 ./IncExtensiveList/ebay.txt', './IncExtensiveList/github.txt', './IncExtensiveList/google.txt', '
 ./IncExtensiveList/jd.txt', './IncExtensiveList/kuaishou.txt', './IncExtensiveList/lahitapiola.txt', '
 ./IncExtensiveList/linkedin.txt', './IncExtensiveList/microsoft.txt', './IncExtensiveList/netease.txt', '
 ./IncExtensiveList/other.txt', './IncExtensiveList/paypal.txt', './IncExtensiveList/pingan.txt', '
 ./IncExtensiveList/rockstargames.txt', './IncExtensiveList/shopify.txt', './IncExtensiveList/shunfeng.txt',
 './IncExtensiveList/sina.txt', './IncExtensiveList/slack.txt', './IncExtensiveList/snapchat.txt', '
```

图 5-2　IP 内容和数量

（3）根据数据量进行分类。

```python
import os
# listdir 方法：读取文件夹中的文件名，返回的是列表
file_name_list = os.listdir("./IncExtensiveList/")
# 完整的路径文件列表
file_list = []
for file_name in file_name_list:
    file_path = "./IncExtensiveList/"+file_name
```

```
#    将路径添加到列表中
    file_list.append(file_path)
# print(file_list)
# 获取文档中的 IP
# 将 IP、数量字典存放在列表中
file_num = []
for file in file_list:
    with open(file,"r") as f:
        item = {}
        # 读取每行数据，返回列表
        line_list = f.readlines()
        num = len(line_list)
        # 提取公司名
        company_name = file.split("/")[-1].split(".")[0]
        # print(num)
        # 将数据列表和数量加入 item 字典中
        item[file] = line_list
        item["file_num"] = num
        item["company_name"] = company_name
        file_num.append(item)
# print(file_num)
# 一类：IP 量大于等于 1000
gte_1000 = []
# 二类：IP 量大于等于 100，小于 1000
gte_100 = []
# 三类：IP 量小于 100
lt_100 = []
for item in file_num:
    if int(item["file_num"]) >= 1000:
        gte_1000.append(item)
    elif 100 <= int(item["file_num"]) < 1000:
        gte_100.append(item)
    elif int(item["file_num"]) < 100:
        lt_100.append(item)
print("大于等于 1000：",gte_1000)
print("大于等于 100 小于 1000：",gte_100)
print("小于 100：",lt_100)
```

运行结果如图 5-3 所示。

```
大于等于1000：  [{'./IncExtensiveList/amazon.txt': ['52.216.227.9\n', '52.216.227.8\n', '52.216.227.3\n', '52.216.227
.2\n', '52.216.227.1\n', '52.216.227.0\n', '52.216.227.4\n', '74.125.155.113\n', '52.216.227.75\n', '52.216.227
.74\n', '52.216.227.76\n', '52.216.227.73\n', '52.216.227.72\n', '108.160.165.93\n', '209.85.159.137\n', '54.231.121
.11\n', '54.231.121.10\n', '54.231.40.34\n', '54.231.121.12\n', '54.231.40.32\n', '54.231.40.33\n', '54.231.121
.17\n', '54.231.121.16\n', '54.231.121.19\n', '54.231.121.18\n', '52.216.17.250\n', '52.216.17.251\n', '52.216.17
.252\n', '108.160.165.189\n', '77.4.7.92\n', '54.231.98.192\n', '54.231.98.195\n', '54.231.98.194\n', '54.231.98
.196\n', '54.231.184.178\n', '54.231.184.179\n', '54.231.184.174\n', '54.231.184.175\n', '54.231.184.177\n',
'54.231.184.170\n', '54.231.184.171\n', '54.231.184.173\n', '52.219.28.44\n', '52.219.28.47\n', '52.219.28.46\n',
'52.219.28.40\n', '52.219.28.43\n', '52.219.28.42\n', '52.219.28.48\n', '52.216.65.162\n', '54.231.169.47\n',
```

图 5-3　数据分类

（4）对 3 类列表进行数据分析，如下。

① 每类的公司数量。

② 每类的公司名。

③ 每个公司具体需求 IP 的数量。

④ 保存 3 类公司信息到文件中。

```python
import os
# listdir 方法：读取文件夹中的文件名，返回的是列表
file_name_list = os.listdir("./IncExtensiveList/")
# 完整的路径文件列表
file_list = []
for file_name in file_name_list:
    file_path = "./IncExtensiveList/"+file_name
# 将路径添加到列表中
    file_list.append(file_path)
# print(file_list)
# 获取文档中的 IP
# 将 IP、数量字典存放在列表中
file_num = []
for file in file_list:
    with open(file,"r") as f:
        item = {}
        # 读取每行数据，返回列表
        line_list = f.readlines()
        # 提取公司名
        company_name = file.split("/")[-1].split(".")[0]
        num = len(line_list)
        # print(num)
        # 将数据列表和数量加入 item 字典中
        item[file] = line_list
        item["file_num"] = num
        item["company_name"] = company_name
        file_num.append(item)
# print(file_num)

# 一类：IP 量大于等于 1000
gte_1000 = []
# 二类：IP 量大于等于 100，小于 1000
gte_100 = []
# 三类：IP 量小于 100
lt_100 = []
for item in file_num:
    if int(item["file_num"]) >= 1000:
        gte_1000.append(item)
    elif 100 <= int(item["file_num"]) < 1000:
        gte_100.append(item)
    elif int(item["file_num"]) < 100:
        lt_100.append(item)
```

```
# print("大于等于 1000：",gte_1000)
# print("大于等于 100 小于 1000：",gte_100)
# print("小于 100：",lt_100)
# 对列表进行数据分析
i = 0
gte_company_num = []
for gte in gte_1000:
    i += 1
    gte_dic = {}
    gte_dic["company_num"] = gte["company_name"]
    gte_dic["IP_num"] = gte["file_num"]
    gte_company_num.append(gte_dic)
with open("gte_1000_company.txt","w") as f:
    f.write("需求 IP 大于等于 1000 的公司信息是：{}，数量有：{}".format(gte_company_num,i))
j = 0
gt_company_num = []

for gte in gte_100:
    j += 1
    gte_dic = {}
    gte_dic["company_num"] = gte["company_name"]
    gte_dic["IP_num"] = gte["file_num"]
    gt_company_num.append(gte_dic)
with open("gte_100_company.txt","w") as f:
    f.write("需求 IP 大于等于 100 小于 1000 的公司信息是：{}，数量有：{}".format(gt_company_num,j))
k= 0
lt_company_num = []

for gte in lt_100:
    k += 1
    gte_dic = {}
    gte_dic["company_num"] = gte["company_name"]
    gte_dic["IP_num"] = gte["file_num"]
    lt_company_num.append(gte_dic)
with open("lt_100_company.txt","w") as f:
f.write("需求 IP 小于 100 的公司信息是：{}，数量有：{}".format(lt_company_num,k))
```

运行结果如图 5-4 所示。

```
需求IP大于等于1000的公司信息是：
[{'company_num': 'amazon', 'IP_num': 7575},
 {'company_num': 'cainiao', 'IP_num': 1472},
 {'company_num': 'google', 'IP_num': 1537},
 {'company_num': 'other', 'IP_num': 1566},
 {'company_num': 'rockstargames', 'IP_num': 1450},
 {'company_num': 'twitter', 'IP_num': 1354}],
数量有：6
```

```
需求IP大于等于100小于1000的公司信息是：
[{'company_num': 'adobe', 'IP_num': 342},
 {'company_num': 'alibaba', 'IP_num': 100},
 {'company_num': 'antgroup', 'IP_num': 150},
 {'company_num': 'ebay', 'IP_num': 411},
 {'company_num': 'github', 'IP_num': 452},
 {'company_num': 'microsoft', 'IP_num': 563},
 {'company_num': 'paypal', 'IP_num': 276},
 {'company_num': 'shopify', 'IP_num': 259},
 {'company_num': 'tencent', 'IP_num': 147}],
数量有：9
```

图 5-4　三类数据保存结果

```
{'company_num': 'apple', 'IP_num': 30},
{'company_num': 'autohome', 'IP_num': 5},
{'company_num': 'baidu', 'IP_num': 12},
{'company_num': 'blockchain', 'IP_num': 1},
{'company_num': 'didi', 'IP_num': 5},
{'company_num': 'dropbox', 'IP_num': 24},
{'company_num': 'jd', 'IP_num': 28},
{'company_num': 'kuaishou', 'IP_num': 7},
{'company_num': 'lahitapiola', 'IP_num': 26},
{'company_num': 'linkedin', 'IP_num': 15},
{'company_num': 'netease', 'IP_num': 45},
{'company_num': 'pingan', 'IP_num': 2},
{'company_num': 'shunfeng', 'IP_num': 1},
{'company_num': 'sina', 'IP_num': 58},
{'company_num': 'slack', 'IP_num': 45},
{'company_num': 'snapchat', 'IP_num': 26},
{'company_num': 'uber', 'IP_num': 26},
{'company_num': 'vimeo', 'IP_num': 18},
{'company_num': 'vk', 'IP_num': 28},
{'company_num': 'xiaomi', 'IP_num': 18},
{'company_num': 'yahoo', 'IP_num': 47}],
数量有: 22
```

图 5-4　三类数据保存结果（续）

### 5.2.4　列表分析结果

（1）需求 IP 量大的公司有 6 个。可以针对这些公司提供大量 IP。

（2）需求 IP 量较大的公司有 9 个。可以针对这些公司需要制定套餐方案，长期供应。

（3）需求 IP 量不大的公司有 22 个。了解这些公司 IP 需求量这么少的原因，提供相应的帮助，加大其对 IP 的需求。

## 5.3　协方差分析

### 5.3.1　认识协方差分析

协方差分析亦称为"共变量（数）分析"，是方差分析的引申和扩大。协方差分析的基本原理是将线性回归与方差分析结合起来，调整各组平均数和 F 检验的实验误差项，检验两个或多个调整平均数有无显著差异，以便控制影响实验效应（因变量）而无法人为控制的协变量（与因变量有密切回归关系的变量）在方差分析中的影响。例如，在研究某种教学方法（实验变量）对学业成绩（实验效应）的影响时，可用协方差分析从学业成绩的总变异中将基础差异的部分划分出去，便于确切地分析教学方法对学业成绩的影响。

### 5.3.2　协方差分析的意义

在概率论中，两个随机变量 $X$ 与 $Y$ 之间的相互关系大致有下列 3 种情况，如图 5-5 所示。

情况一，$X$ 越大 $Y$ 也越大，$X$ 越小 $Y$ 也越小，我们将这种情况称为"正相关"。

情况二，$X$ 越大 $Y$ 越小，$X$ 越小 $Y$ 越大，我们将这种情况称为"负相关"。

情况三，既不是 $X$ 越大 $Y$ 也越大，也不是 $X$ 越大 $Y$ 越小，我们将这种情况称为"不相关"。

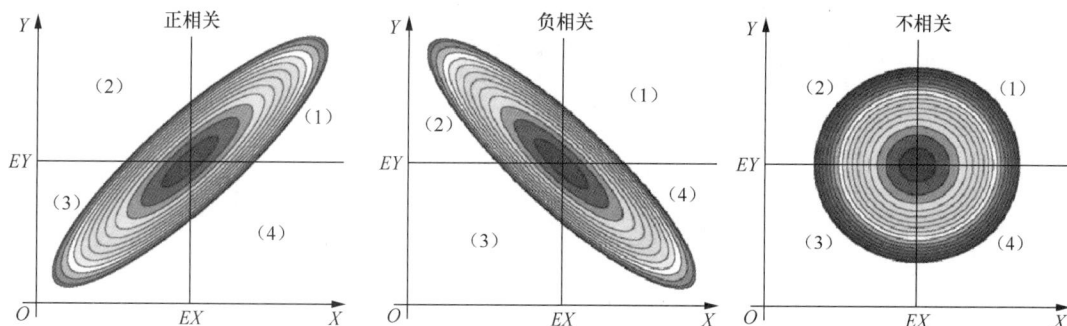

图 5-5　协方差 3 种关系

### 5.3.3　协方差分析实施

【案例 5-2】协方差分析实施。

```
import numpy as np
def de_mean(x):
    # 求平均值
    xmean = mean(x)
    return [xi – xmean for xi in x]
# 计算方差
def covariance(x, y):
    n = len(x)
    # 求两个矩阵的乘积
    return dot(de_mean(x), de_mean(y)) / (n-1)
# 生成高斯分布的概率密度随机数
# np.random.normal(3.0, 1.0, 1000)
# 3.0：float
# 此概率分布的均值
# 1,o：float
# 此概率分布的标准差
# 1000：数量
# page 速度
pageSpeeds = np.random.normal(3.0, 1.0, 1000)
# print(pageSpeeds)
# 采购金额
purchaseAmount = np.random.normal(50.0, 10.0, 1000)
# print(purchaseAmount)
# 绘制散点图
scatter(pageSpeeds, purchaseAmount)
# 计算协方差
covariance(pageSpeeds, purchaseAmount)
```

运行结果如图 5-6 所示。

Out[60]: −0.2481573618910075

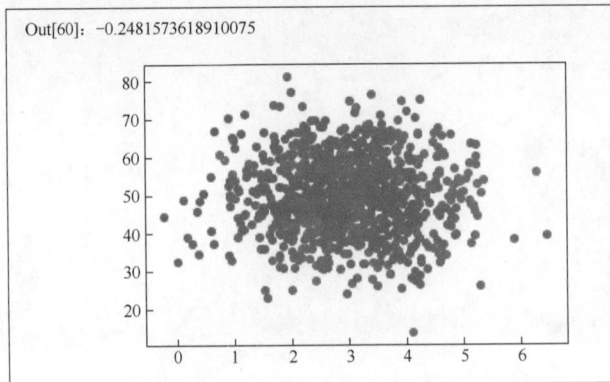

图 5-6　两组数据协方差分析

### 5.3.4　协方差分析结果

可以得出 pageSpeeds、purchaseAmount 为不相关数据，pageSpeeds 的增加并不会导致 purchaseAmount 的增加或减少。

## 5.4　直方图分析

### 5.4.1　需求分析

保险公司目前有一组保险数组，通过数据分析制定营销方案，影响因素如下。

（1）age：主要受益人年龄。

（2）sex：保险合约人性别。

（3）bmi：体重指数，提供了一个指标来衡量相对于身高来说体重是重了还是轻了。

（4）children：有几个小孩。

（5）smoker：是否吸烟。

（6）region：地域。

（7）charges：保费。

详细数据如图 5-7 所示。

```
age,sex,bmi,children,smoker,region,charges
19,female,27.9,0,yes,southwest,16884.924
18,male,33.77,1,no,southeast,1725.5523
28,male,33,3,no,southeast,4449.462
33,male,22.705,0,no,northwest,21984.47061
32,male,28.88,0,no,northwest,3866.8552
31,female,25.74,0,no,southeast,3756.6216
46,female,33.44,1,no,southeast,8240.5896
37,female,27.74,3,no,northwest,7281.5056
37,male,29.83,2,no,northeast,6406.4107
60,female,25.84,0,no,northwest,28923.13692
25,male,26.22,0,no,northeast,2721.3208
62,female,26.29,0,yes,southeast,27808.7251
23,male,34.4,0,no,southwest,1826.843
```

图 5-7　保险数据

### 5.4.2　分析关注点

（1）年龄的分布关系。

（2）体重指数的分布关系。

（3）保费的分布关系。

### 5.4.3　分析思路

（1）读取 csv 文件，通过数据分析提取每列数据。

【案例 5-3】数据直方图分析。

```
import pandas as pd
data = pd.read_csv("./insurance.csv")
```

```
charges_data = data[["charges"]]
age_data = data[["age"]]
bmi_data = data[["bmi"]]
```

（2）通过读出的数据绘制直方图。

① 绘制保费与人数之间的关系的直方图。

```
import pandas as pd
import numpy as np
import matplotlib.pyplot as plt
data = pd.read_csv("./insurance.csv")
charges_data = data.loc[: ,"charges"]
age_data = data[["age"]]
bmi_data = data[["bmi"]]
# 绘图
plt.figure(figsize=(20,10),dpi=80)
# 行距
bins = np.arange(0,50000,1000)
plt.hist(charges_data,bins)
plt.text(20000,80,"charges_data",fontsize=30)
plt.xlabel("charges",fontsize=20)
plt.ylabel("people_count",fontsize=20)
plt.show()
```

运行结果如图 5-8 所示。

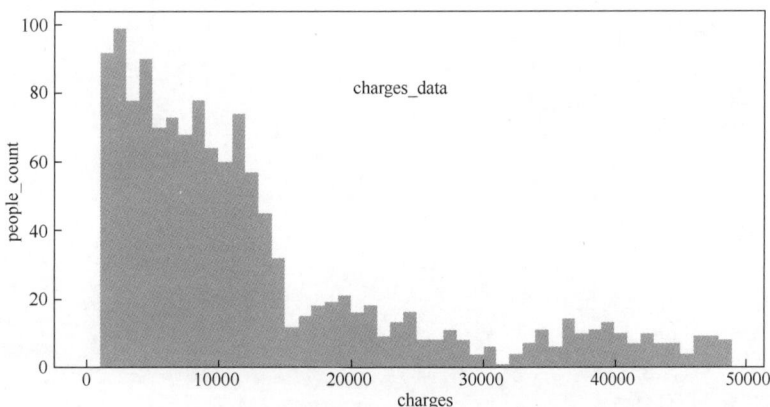

图 5-8　保费与人数之间的关系的直方图

② 通过分析体重指数与人数之间的关系，绘制直方图。

```
import pandas as pd
import numpy as np
import matplotlib.pyplot as plt
data = pd.read_csv("./insurance.csv")
charges_data = data.loc[: ,"charges"]
age_data = data.loc[: ,"age"]
bmi_data = data.loc[: ,"bmi"]
# 绘图
plt.figure(figsize=(20,10),dpi=80)
# 行距
```

```
bins = np.arange(15,40,1)
plt.hist(bmi_data,bins)
plt.text(20,80,"bmi_data",fontsize=30)
plt.show()
```

运行结果如图 5-9 所示。

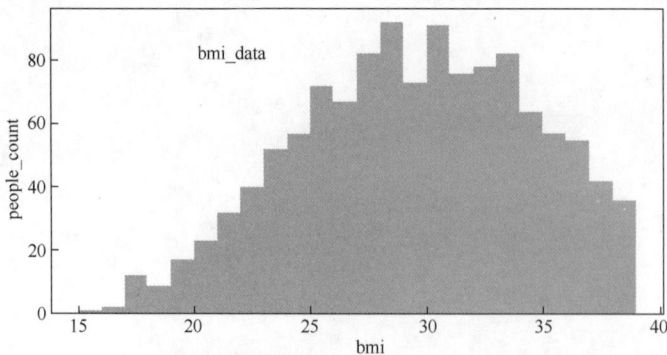

图 5-9  体重指数与人数之间的关系的直方图

③ 绘制年龄与人数之间的关系的直方图。

```
import pandas as pd
import numpy as np
import matplotlib.pyplot as plt
data = pd.read_csv("./insurance.csv")
charges_data = data.loc[:,"charges"]
age_data = data.loc[:,"age"]
bmi_data = data.loc[:,"bmi"]
# 绘图
plt.figure(figsize=(20,10),dpi=80)
# 行距
bins = np.arange(0,60,1)
plt.hist(bmi_data,bins)
plt.text(50,60,"age_data",fontsize=30)
plt.xlabel("age",fontsize=20)
plt.ylabel("people_count",fontsize=20)
plt.show()
```

运行结果如图 5-10 所示。

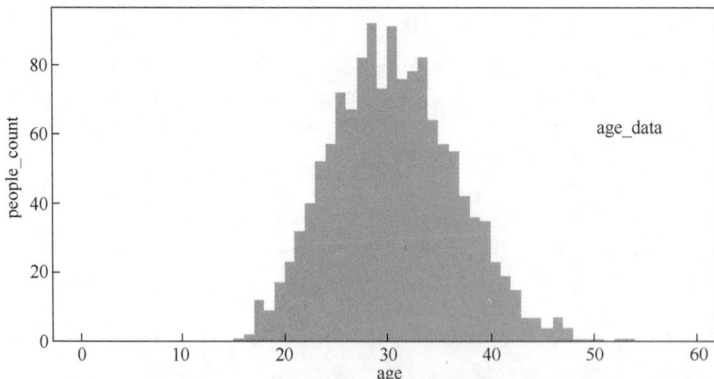

图 5-10  年龄与人数之间的关系的直方图

### 5.4.4　直方图分析结果

（1）保费在万元以内的人较多，随着保费的增加，人数变少。

（2）体重指数在 25～35 的人最多。

（3）年龄在 30 岁左右的人，买保险的人最多。

（4）保险营销方案：可以将目标客户锁定在 30 岁左右，体重指数在 25～35，低保费的人群。

## 5.5　对比分析

### 5.5.1　认识对比分析

对比分析法也称为比较分析法，是把客观的事物加以比较，以达到认识事物的本质和规律的目标，并能够做出正确的判断。

举例说明，某菜铺某一天的销售数据下跌了 600 元，某宝某一天的销售数据下跌了 600 元。那么对于某宝来说这个数据算异常吗？

接下来要解决对比分析法中的 3 个问题：比什么？如何比？跟谁比？

### 5.5.2　分析需求

有一组关于厦门某区的二手房源数据。使用对比分析来研究该组数据，包括不同朝向对房源单价的影响，不同楼层对房源单价的影响，不同户型对房源单价的影响及不同装修对房源单价的影响。厦门某区的二手房源数据如图 5-11 所示。

```
index,单价,小区名称,建筑面积,户型,房屋总价,朝向,楼层,装修
0,41117元/平米,仙岳山庄,104.58平米,2室2厅2卫,430万,南北,低层,简装修
1,63489元/平米,禹洲华侨海景城,201.61平米,5室2厅2卫,1280万,东北,高层,豪华装修
2,58339元/平米,汇丰家园,128.56平米,3室2厅2卫,750万,南北,中层,中装修
3,46739元/平米,嘉盛豪园,92平米,3室2厅1卫,430万,南北,中层,精装修
4,43952元/平米,金帝花园,118.31平米,3室2厅2卫,520万,南北,高层,简装修
5,43245元/平米,摩登时代,48.56平米,1室1厅1卫,210万,东,中层,简装修
6,39667元/平米,金榜铁路家园,60平米,2室1厅1卫,238万,南北,高层,简装修
7,75666元/平米,贺笃书院,85.64平米,3室2厅2卫,648万,南北,低层,简装修
8,48350元/平米,龙山二期安置房,103平米,3室2厅1卫,498万,南北,高层,精装修
9,65753元/平米,海洋新村,73平米,3室1厅1卫,480万,南北,中层,精装修
```

图 5-11　厦门某区的二手房源数据

### 5.5.3　分析关注点

（1）不同朝向房源单价的平均值。

（2）不同楼层房源单价的平均值。

（3）不同户型房源单价的平均值。

（4）不同装修房源单价的平均值。

### 5.5.4　分析思路

【案例 5-4】对比分析法应用。

（1）获取不同朝向房源单价的平均值，与自身朝向相比较，并绘图。

```
import pandas as pd
import numpy as np
import matplotlib.pyplot as plt
import seaborn as sns
sns.set_theme(style="darkgrid")

data = pd.read_csv("./house_information.csv")
# 从 csv 文件中提取房源单价和朝向数据
chao_data = data[["单价","朝向"]]
# 对单价进行清洗，只保留数字
chao_data["新单价"] = chao_data["单价"].apply(lambda x : int(x.split("元")[0]))
# 根据朝向分组，求出不同朝向房源单价的平均值
cx_data = chao_data.groupby(by="朝向").agg({"新单价":["mean"]})
# print(cx_data)
cx_data = cx_data.loc[(cx_data.index!="暂无")]
# print(cx_data)
# 绘制柱状图
plt.figure(figsize=(20,10),dpi=80)
# 显示中文
plt.rcParams['font.sans-serif'] = ['SimHei']
plt.rcParams['axes.unicode_minus'] = False
# 绘图
x_data = list(cx_data.index)
x = list(range(len(x_data)))
y = list(cx_data.values[:,0])
# print(y)
plt.bar(x,y,width=0.2,label="朝向")
plt.legend(loc="best")
plt.xticks(x,x_data,fontsize=20)
plt.yticks(fontsize=20)
plt.ylim((40000,70000))
plt.title("房源单价与朝向之间的关系",fontsize=30)
plt.show()
```

运行结果如图 5-12 所示。

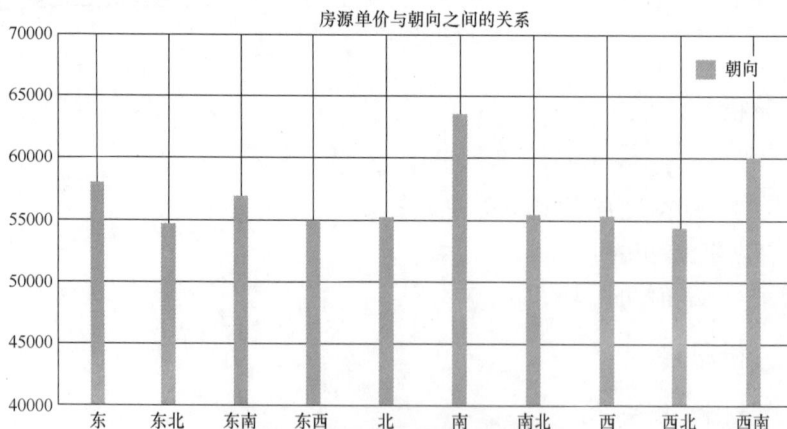

图 5-12　房源单价与朝向之间的关系

（2）获取不同楼层房源单价的平均值，与自身楼层相比较，并绘图。

```python
import pandas as pd
import numpy as np
import matplotlib.pyplot as plt
import seaborn as sns
sns.set_theme(style="darkgrid")
data = pd.read_csv("./house_information.csv")
# 获取房源单价和楼层数据
chao_data = data[["单价","楼层"]]
# 对房源单价进行数据清洗，只保留数字
chao_data["新单价"] = chao_data["单价"].apply(lambda x:int(x.split("元")[0]))
# 根据楼层分组，求出不同楼层的房源单价平均值
cx_data = chao_data.groupby(by="楼层").agg({"新单价":["mean"]})
print(cx_data)
# 绘制柱状图
plt.figure(figsize=(20,10),dpi=80)
## 显示中文
plt.rcParams['font.sans-serif'] = ['SimHei']
plt.rcParams['axes.unicode_minus'] = False
## 绘图
x_data = list(cx_data.index)
x = list(range(len(x_data)))
y = list(cx_data.values[:,0])
print(y)
plt.bar(x,y,width=0.4,label="楼层")
plt.legend(loc="best",fontsize=20)
plt.xticks(x,x_data,ro    tation,fontsize=20)
plt.yticks(fontsize=20)
plt.ylim((40000,70000))
plt.title("房源单价与楼层之间的关系",fontsize=30)
plt.show()
```

运行结果如图 5-13 所示。

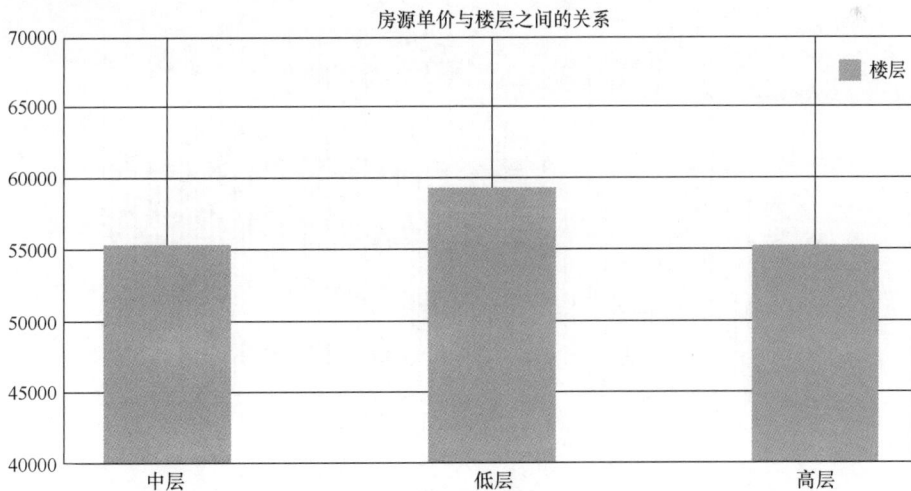

图 5-13　房源单价与楼层之间的关系

（3）获取不同户型房源单价的平均值，与自身户型相比较，并绘图。

```
import pandas as pd
import numpy as np
import matplotlib.pyplot as plt
import seaborn as sns
sns.set_theme(style="darkgrid")
data = pd.read_csv("./house_information.csv")
# 获取房源单价和楼层数据
chao_data = data[["单价","户型"]]
# 对单价进行数据清洗，只保留数字
chao_data["新单价"] = chao_data["单价"].apply(lambda x:int(x.split("元")[0]))
# 根据户型分组，求出不同户型的房源单价平均值
cx_data = chao_data.groupby(by="户型").agg({"新单价":["mean"]})
print(cx_data)
# 处理数据错误
cx_data = cx_data.loc[cx_data.index!="暂无"]
# 绘制柱状图
plt.figure(figsize=(20,10),dpi=80)
## 显示中文
plt.rcParams['font.sans-serif'] = ['SimHei']
plt.rcParams['axes.unicode_minus'] = False
## 绘图
x_data = list(cx_data.index)
x = list(range(len(x_data)))
y = list(cx_data.values[:,0])
print(y)
plt.bar(x,y,width=0.3,label="户型")
plt.legend(loc="best",fontsize=20)
plt.xticks(x[::3],x_data[::3],rotation=90,fontsize=20)
plt.yticks(fontsize=20)
plt.ylim((50000,100000))
plt.title("房源单价与户型之间的关系",fontsize=30)
plt.show()
```

运行结果如图 5-14 所示。

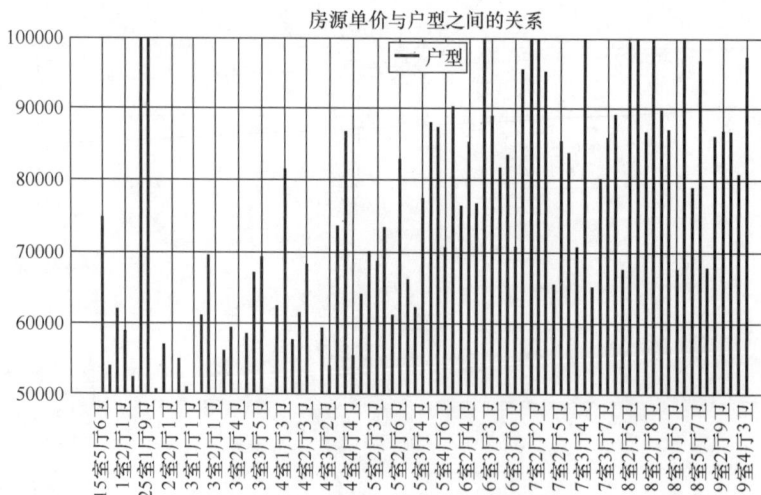

图 5-14　房源单价与户型之间的关系

（4）获取不同装修房源单价的平均值，与自身装修相比较，并绘图。

```
import pandas as pd
import numpy as np
import matplotlib.pyplot as plt
import seaborn as sns
sns.set_theme(style="darkgrid")
data = pd.read_csv("./house_information.csv")
# 获取房源单价和装修数据
chao_data = data[["单价","装修"]]
# 对单价进行数据清洗，只保留数字
chao_data["新单价"] = chao_data["单价"].apply(lambda x:int(x.split("元")[0]))
# 根据装修分组，求出不同装修的房源单价平均值
cx_data = chao_data.groupby(by="装修").agg({"新单价":["mean"]})
# print(cx_data)
# 处理数据错误
cx_data = cx_data.loc[cx_data.index!="暂无"]
# 绘制柱状图
plt.figure(figsize=(20,10),dpi=80)
## 显示中文
plt.rcParams['font.sans-serif'] = ['SimHei']
plt.rcParams['axes.unicode_minus'] = False
## 绘图
x_data = list(cx_data.index)
x = list(range(len(x_data)))
y = list(cx_data.values[:,0])
print(y)
plt.bar(x,y,width=0.3,label="装修")
plt.legend(loc="best",fontsize=20)
plt.xticks(x,x_data,fontsize=20)
plt.yticks(fontsize=20)
plt.ylim((50000,70000))
plt.title("房源单价与装修之间的关系",fontsize=30)
plt.show()
```

运行结果如图 5-15 所示。

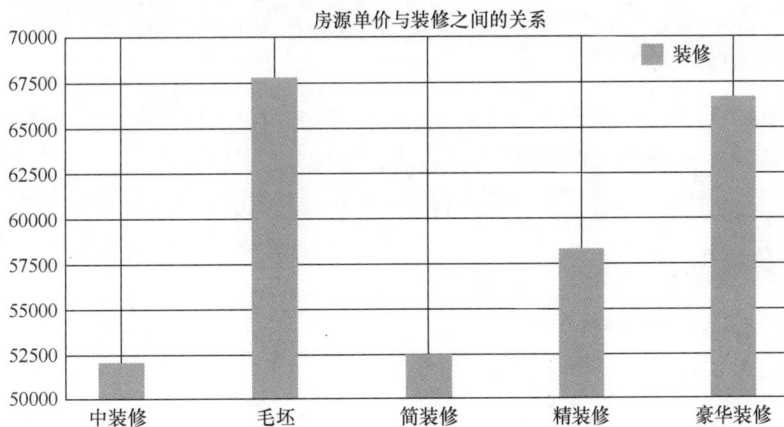

图 5-15 房源单价与装修之间的关系

### 5.5.5　对比分析结果

上述内容主要是厦门某区二手房源自身情况的对比分析，也就是与自己相比较，当然也能与其他城市房价相比较，从图5-16对比分析的结果可以得出如下结论。

（1）对于房源朝向来说，朝南、朝西南、朝东南和朝东的房源房价较高。

（2）对于房源楼层来说，低层的房源房价较高。

（3）对于房源户型来说，房间（卫生间）多的房源房价较高，其次是（卧室）多的房源房价高。

（4）对于房源装修来说，毛坯房的房价较高，也更受购房人喜欢。

## 5.6　项目实训——全国各省份"985"高校高考录取分数线分析

### 5.6.1　需求分析

根据数据表school_data.csv，读取到不同年份的各省份"985"高校录取情况数据。分析全国各省份"985"高校专业、学校、平均分、最高分、考生地区、文理科、年份等数据，数据表部分内容如图5-16所示。

```
专业,学校,平均分,最高分,考生地区,文理科,年份,批次,是否本部及本部附属医学院,
专业在大学内排名,专业在大学内排名得分,专业在省内排名,专业在省内排名得分
会计学,厦门大学,548,548,广西,文科,2016,第一批,1,1,1,1,1
社会学类,西北农林科技大学,570,583,广西,文科,2016,第一批,1,1,1,2,0.992248062
经济学类,中国农业大学,571,582,广西,文科,2016,第一批,1,1,1,3,0.984496124
历史学类,兰州大学,576,585,广西,文科,2016,第一批,1,1,1,4,0.976744186
法学,西北农林科技大学,581,585,广西,文科,2016,第一批,1,2,0.5,0.968992248
广告学,吉林大学,582,597,广西,文科,2016,第一批,1,1,1,6,0.96124031
英语,兰州大学,584,595,广西,文科,2016,第一批,1,2,0.666666667,7,0.953488372
哲学,兰州大学,586,588,广西,文科,2016,第一批,1,3,0.333333333,8,0.945736434
文化产业管理,中国海洋大学,587,591,广西,文科,2016,第一批,1,1,1,9,0.937984496
法学,兰州大学,588,591,广西,文科,2016,第一批,1,4,0,10,0.930232558
哲学,华中科技大学,588,588,广西,文科,2016,第一批,1,1,1,11,0.92248062
汉语言文学,吉林大学,588,595,广西,文科,2016,第一批,1,2,0.8,12,0.914728682
广播电视学,中南大学,590,598,广西,文科,2016,第一批,1,1,1,13,0.906976744
英语,山东大学,590,594,广西,文科,2016,第一批,1,1,1,14,0.899224806
朝鲜语,中国海洋大学,590,596,广西,文科,2016,第一批,1,2,0.75,15,0.891472868
```

图5-16　全国各省份"985"高校录取数据

### 5.6.2　分析关注点

（1）2016年不同省份"985"高校的录取最高分的平均分的对比关系。

（2）2016年不同省份"985"高校文、理科录取平均分的对比关系。

（3）2016年不同省份"985"高校的录取平均分和录取最高分的平均分的对比关系。

### 5.6.3　分析思路

（1）获取2016年全国各省份"985"高校录取最高分的平均分，并绘出比较关系柱状图。

```python
import pandas as pd
import matplotlib.pyplot as plt
import seaborn as sns
sns.set_theme(style="darkgrid")
#　显示中文
```

```
plt.rcParams['font.sans-serif'] = ['SimHei']
plt.rcParams['axes.unicode_minus'] = False
data = pd.read_csv("./school_data.csv",encoding="gbk")
# print(data)
# 获取 2016 年全国各省份 "985" 高校录取数据
data_2016 = data.loc[data["年份"]==2016]
# 获取不同考生地区 "985" 高校录取最高分的平均分
stu_data = data_2016[["最高分","考生地区"]]
stu_data = stu_data.groupby(by="考生地区").agg({"最高分":"mean"})
print(stu_data)
plt.figure(figsize=(20,12),dpi=80)
x_data = (stu_data.index)
x = list(range(len(x_data)))
y = list(stu_data.loc[:,"最高分"].values)
# 绘制柱状图
plt.bar(x,y,width=0.3)
plt.xticks(x,x_data,rotation=90,fontsize=20)
plt.yticks(fontsize=20)
plt.ylim((500,700))
plt.xlabel("省份",fontsize=20)
plt.ylabel("最高录取线平均分",fontsize=20)
plt.title("2016 年全国各省份 "985" 高校最高录取线平均分",fontsize=30)
plt.show()
```

运行结果如图 5-17 所示。

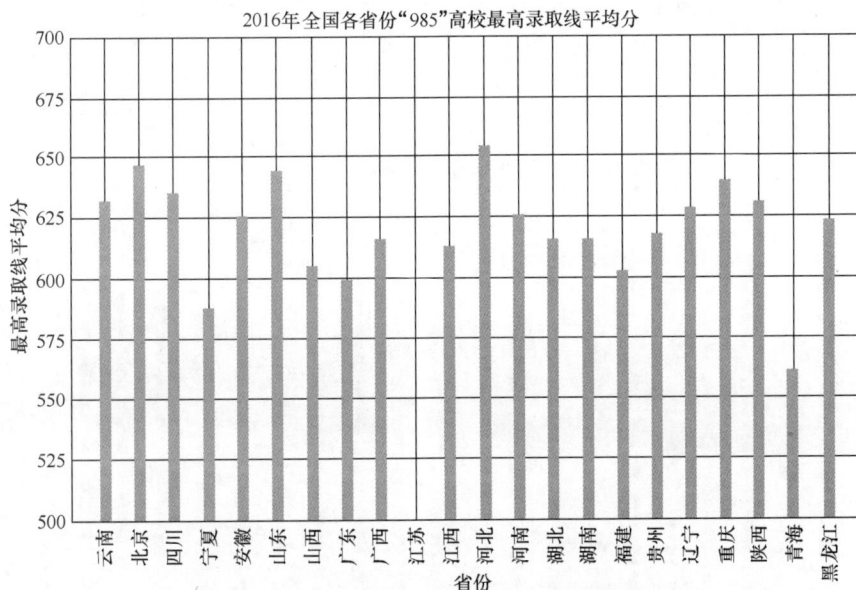

图 5-17　2016 年全国各省份 "985" 高校最高录取线平均分

（2）获取 2016 年不同省份 "985" 高校文科、理科录取平均分，并绘出比较关系柱状图。

```
import pandas as pd
import matplotlib.pyplot as plt
import seaborn as sns
sns.set_theme(style="darkgrid")
# 显示中文
plt.rcParams['font.sans-serif'] = ['SimHei']
```

```
plt.rcParams['axes.unicode_minus'] = False
data = pd.read_csv("./school_data.csv",encoding="gbk")
# print(data)
# 获取 2016 年全国各省份 "985" 高校录取数据
data_2016 = data.loc[data["年份"]==2016]
# 获取不同考生地区 "985" 高校文、理科录取最高分的平均分
stu_data = data_2016[["平均分","文、理科","考生地区"]]
stu_data = stu_data.groupby(by=["文、理科","考生地区"]).mean()
print(stu_data)
w_data = stu_data.loc["文科"]
l_data = stu_data.loc["理科"]
plt.figure(figsize=(20,12),dpi=80)
x_data = (w_data.index)
x1 = list(range(len(x_data)))
x2 = [x+0.3 for x in x1]
y_w = list(w_data.loc[:,"平均分"].values)
y_l = list(l_data.loc[:,"平均分"].values)
# 绘制柱状图
plt.bar(x1,y_w,width=0.3,label="文科")
plt.bar(x2,y_l,width=0.3,label="理科")
plt.legend(loc="best",fontsize=20)
plt.xticks(x1,x_data,rotation=90,fontsize=20)
plt.yticks(fontsize=20)
plt.ylim((300,700))
plt.xlabel("省份",fontsize=20)
plt.ylabel("文、理科录取线平均分",fontsize=20)
plt.title("2016 年全国各省份 "985" 高校文、理科录取线平均分",fontsize=30)
plt.show()
```

运行结果如图 5-18 所示。

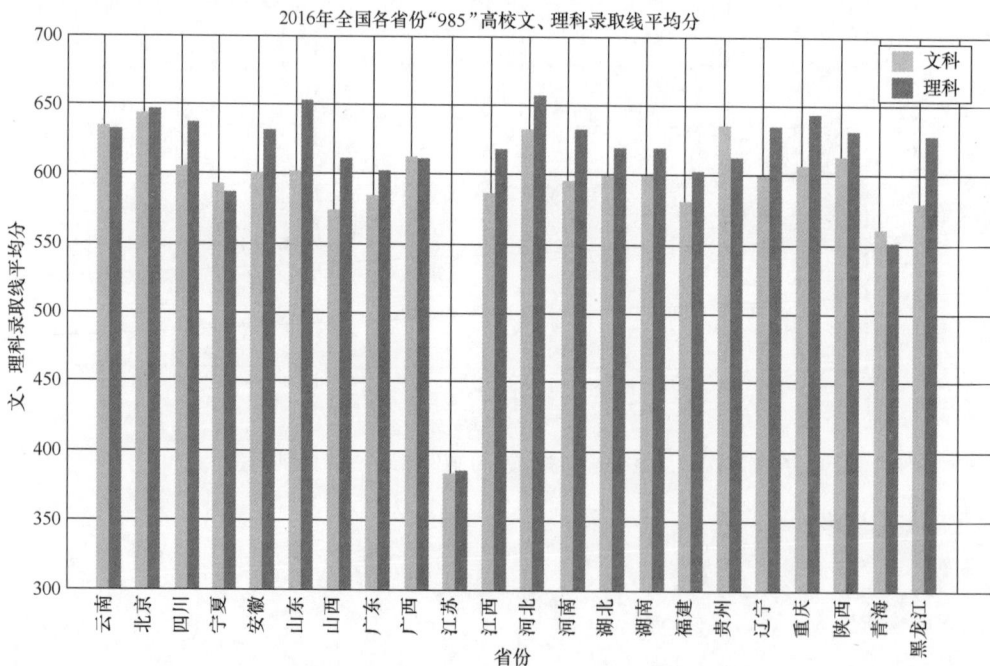

图5-18　2016 年全国各省份 "985" 高校文、理科录取线平均分

（3）获取 2016 年全国各省份"985"高校录取平均分和最高分的平均分，并绘出比较关系柱状图。

```python
import pandas as pd
import matplotlib.pyplot as plt
import seaborn as sns
sns.set_theme(style="darkgrid")
# 显示中文
plt.rcParams['font.sans-serif'] = ['SimHei']
plt.rcParams['axes.unicode_minus'] = False
data = pd.read_csv("./school_data.csv", encoding="gbk")
# print(data)
# 获取 2016 年全国各省份"985"高校录取数据
data_2016 = data.loc[data["年份"]==2016]
# 获取不同考生地区"985"高校录取最高分的平均分
stu_data = data_2016[["平均分", "最高分", "学校"]]
stu_data = stu_data.groupby(by="学校").agg({"平均分":"mean", "最高分":"mean"})
# print(stu_data)
w_data = stu_data["平均分"]
l_data = stu_data["最高分"]
print(w_data)
# print(l_data)
plt.figure(figsize=(20, 12), dpi=80)
x_data = (w_data.index)
print(x_data)
x1 = list(range(len(x_data)))
x2 = [x+0.3 for x in x1]
y_w = list(w_data.loc[:,])
y_l = list(l_data.loc[:,])
# print(y_l)
# print(y_w)
## 绘制柱状图
plt.bar(x1, y_w, width=0.3, label="录取线平均分")
plt.bar(x2, y_l, width=0.3, label="最高分平均分")
plt.legend(loc="best", fontsize=20)
plt.xticks(x1, x_data, rotation=90, fontsize=20)
plt.yticks(fontsize=20)
plt.ylim((300, 700))
plt.xlabel("学校", fontsize=20)
plt.ylabel("录取线", fontsize=20)
plt.title("2016 年全国各省份"985"高校录取线平均分和最高分平均分", fontsize=30)
plt.show()
```

运行结果如图 5-19 所示。

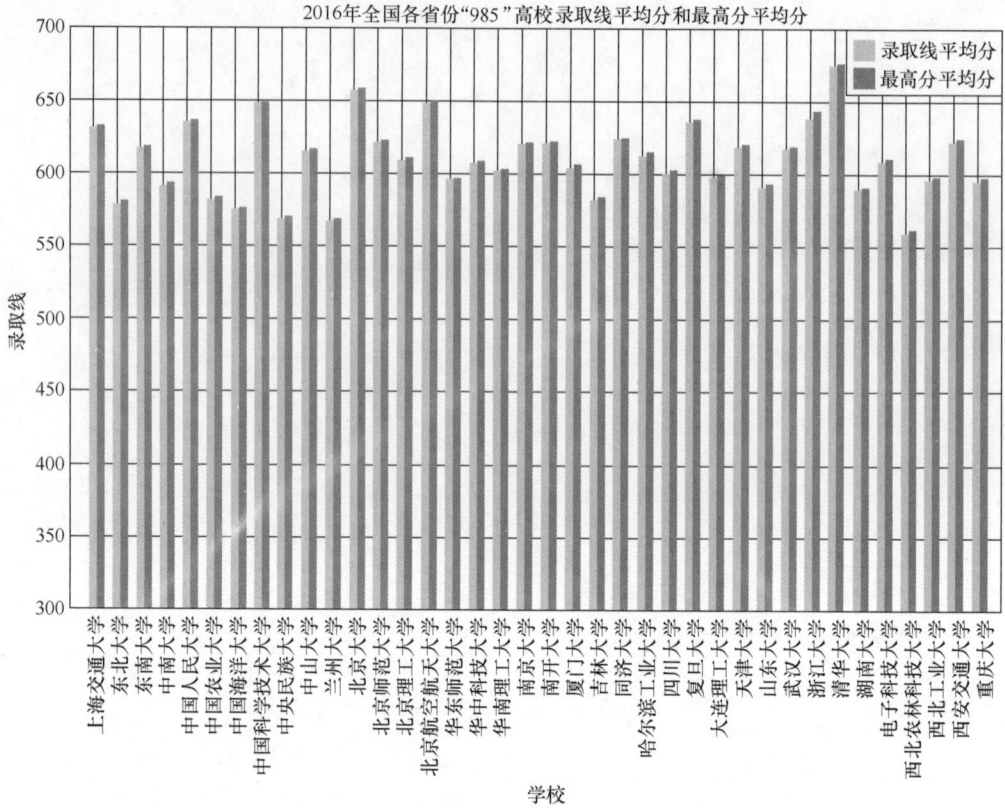

2016年全国各省份"985"高校录取线平均分和最高分平均分

图 5-19　2016 年全国各省份 "985" 高校录取线平均分和最高分平均分

### 5.6.4　对比分析结果

对比包括自身对比和其他对比。从上述分析结果可以得出如下结论。

（1）2016 年全国各省份最高分录取省份：河北、北京、山东、重庆。

（2）2016 年全国各省份最低分录取省份：江苏、青海、宁夏、广东。

（3）2016 年全国各省份理科录取线远高于文科的省份：四川、山东、安徽、山东、江西、河北、河南、辽宁、重庆、黑龙江。

（4）2016 年全国各省份 "985" 高校中录取分数线较高的高校：清华大学、北京航空航天大学、北京大学、中国科技大学、中国人民大学、上海交通大学、复旦大学、浙江大学、西安交通大学。

# 本 章 小 结

本章主要介绍了列表分析、协方差分析、直方图分析、对比分析等数据分析方法。需要大家了解分析过程中的步骤和思路，掌握分析方法。

# 习　　题

## 一、选择题

1. 以下关于数据分析的描述，错误的选项是（　　）。

A. 使用适当的统计分析方法对收集来的大量数据进行分析

B. 数据分析是为了提取有用信息和对数据进行详细研究和概括总结的过程

C. 数据分析可帮助人们做出判断，以便采取适当的行动

D. 数据分析是数学与图像相结合的产物

2. 以下关于协方差分析的选项中说法不正确的是（　　）。

A. 检验两个或多个调整平均数有无显著差异

B. 协方差的 3 种意义：正相关、负相关、不相关

C. 协方差分析的基本原理是将线性回归与方差分析结合起来

D. 任意两个数据都可以做协方差分析

## 二、操作题

使用对比分析，获取 2016 年全国各省份"985"高校录取分数线、各专业录取平均分。

# 第三篇
## 人工智能应用

# 06

# 第6章
# 机器学习

**本 章 导 学**

机器学习（ML，Machine Learning）使用计算机来展示数据背后的真实含义，它可以把无序的数据转换成有用的信息，是一门多领域交叉学科，涉及概率论、统计学、逼近论、凸分析、算法复杂度理论等学科。机器学习研究计算机怎样模拟或实现人类的学习行为，以获取新的知识或技能，重新组织已有的知识结构使之不断改善自身的性能，它是人工智能的核心，其应用遍及人工智能的各个领域，它主要使用归纳法、综合法而不是演绎法。

**学 习 目 标**

（1）了解机器学习的应用场景。
（2）了解机器学习的组成。
（3）掌握机器学习的开发流程。
（4）掌握 Scikit-Learn 的基本用法。
（5）掌握基本的分类、回归、聚类算法。

## 6.1 认识机器学习

机器学习是一门人工智能的科学，该领域的主要研究对象是人工智能，特别是如何在经验学习中改善具体算法的性能。机器学习是对能通过经验自动改进的计算机算法的研究。机器学习是用数据或以往的经验优化计算机程序的性能标准。

机器学习的应用十分广泛，例如，数据挖掘、计算机视觉、自然语言处理、生物特征识别、搜索引擎、医学诊断、检测信用卡欺诈、证券市场分析、DNA 序列测序、语音和手写识别、战略游戏和机器人运用等。

### 6.1.1 机器学习应用场景

机器学习应用场景如下，以识别动物中的猫为例。

① 模式识别（官方标准）：人们通过大量的经验，得到结论，从而判断它就是猫。

② 机器学习（数据学习）：人们通过阅读进行学习，观察它会叫、小眼睛、两只耳朵、四条腿、一条尾巴，从而得出结论，判断它就是猫。

③ 深度学习（深入数据）：人们通过深入了解它，发现它会"喵喵"地叫、与同类的猫科动物很类似，从而得出结论，判断它就是猫。（深度学习常用于语音识别、图像识别领域）。

（1）模式识别（Pattern Recognition）：作为一个术语而言，模式识别是很过时的。

① 我们把环境与客体统称为"模式"，识别是对模式的一种认知，是让计算机程序去做一些看起来很"智能"的事情。

② 通过融入智慧和直觉来构建程序，识别一些事物，而不只是人，如识别数字。

（2）机器学习（Machine Learning）：机器学习较为基础，是当下研究的热点领域之一。

① 在 20 世纪 90 年代初，人们开始意识到可以使用数据来构建模式识别算法。

② "机器学习"强调在向计算机程序（或者机器）输入一些数据后，计算机程序（或者机器）必须学习这些数据，而学习步骤是明确的。

③ 机器学习是一门专门研究计算机怎样模拟或实现人类的学习行为，以获取新的知识或技能，重新组织已有的知识结构使之不断改善自身性能的学科。

（3）深度学习（Deep Learning）：深度学习是非常有影响力的前沿领域。

深度学习是机器学习中的一个领域，其目的在于建立一个模拟人脑进行分析学习的神经网络，模仿人脑的机制来解释数据，如解释图像、声音和文本。

机器学习已应用于多个领域，远超出大多数人的想象，横跨计算机科学、工程技术和统计学等多个学科。

① 搜索引擎：根据你的搜索，优化你下一次的搜索结果，机器学习帮助搜索引擎判断哪个搜索结果更适合你（同时也判断哪个广告更适合你）。

② 垃圾邮件：会自动地过滤垃圾邮件。

③ 超市优惠券：在购买儿童尿布时，售货员会赠送你一张可以兑换 6 罐啤酒的优惠券。

④ 邮局邮寄：手写软件自动识别寄送贺卡的地址。

⑤ 申请贷款：通过你最近的金融活动信息来进行综合评定，判断你是否有资格申请贷款。

## 6.1.2　机器学习的组成

### 1. 主要任务

（1）分类（classification）——将实例数据划分到合适的类别中。

应用实例：判断网站是否被黑客入侵（二分类），手写数字的自动识别（多分类）。

（2）回归（regression）——主要用于预测数值型数据。

应用实例：预测股票价格波动，预测房屋价格等。

（3）聚类（cluster）——同一类的数据尽可能聚集到一起，不同类别的数据尽量分离。

应用实例：对用户进行归类等。

### 2. 监督学习（Supervised Learning）

（1）必须确定目标变量的值，以便机器学习算法可以发现特征和目标变量之间的关系。在监督学习中，给定一组数据，我们要知道正确的输出结果，并且要知道在输入和输出之间的特定关系（包括分类和回归）。

（2）样本集：训练数据 + 测试数据。

① 训练样本集 = 特征（feature）+目标变量（label，分类-离散值/回归-连续值）。

② 特征通常是训练样本集的列，它们是独立测量得到的结果。

③ 目标变量是机器学习算法的预测结果。

在分类算法中目标变量的类型通常是标称型（如真与假），而在回归算法中通常是连续型（如1～100）。

（3）监督学习需要注意的问题。

① 偏置方差的权衡。

② 功能的复杂性和与数量有关的训练数据。

③ 输入空间的维数。

④ 噪声中的输出值。

（4）知识表示。

① 可以采用规则集的形式（如数学成绩大于90分为优秀）。

② 可以采用概率分布的形式（通过统计分布发现，90%的同学数学成绩在70分以下，那么将数学成绩大于70分定为优秀）。

③ 可以使用训练样本集中的一个实例（例如，通过样本集合，我们训练出一个模型实例，得出如果具备年轻、数学成绩中等以上（含中等）、谈吐优雅的特征，我们认为这个人是优秀的）。

### 3. 非监督学习（Unsupervised Learning）

（1）在机器学习中，非监督学习试图在未加标签的数据中，找到隐藏的结构。非监督学习提供给学习者的实例是未标记的，因此没有错误来评估潜在的解决方案。

（2）非监督学习与统计数据密度估计类似，然而非监督学习还包括寻求、总结和解释数据的主要特点等诸多技术。在非监督学习中使用的许多方法基于数据挖掘方法。

（3）数据没有类别信息，也不会给定目标值。

（4）非监督学习包括如下类型。

① 聚类：在非监督学习中，将数据集分组为由类似的对象组成多个类的过程称为聚类。

② 密度估计：通过样本分布的紧密程度，来估计与分组的相似性。

此外，非监督学习还可以减少数据特征的维度，以便我们可以使用二维或三维图形更加直观地展示数据信息。

### 4. 强化学习

机器学习算法可以训练程序做出某一决定。程序在某一情况下尝试所有可能的行动，记录不同行动的结果并尝试找出最好的一次来做决定。马尔可夫决策过程属于这一类算法。

### 6.1.3　训练过程

训练过程是将处理好的数据加载到程序中运算，得出目标变量的过程（如图 6-1 所示）。

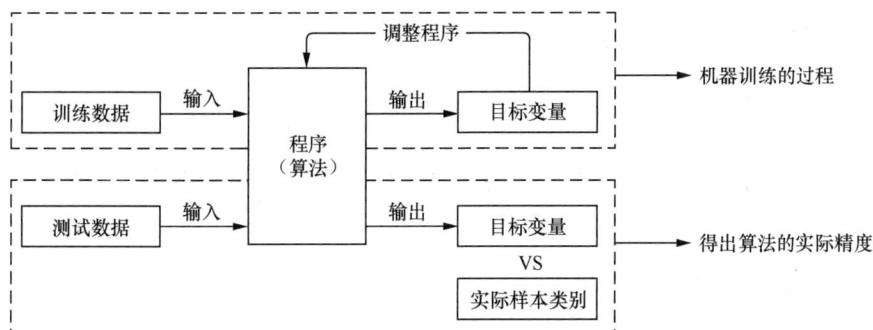

图6-1　训练过程

### 6.1.4　算法汇总

机器学习算法大体分为监督学习和非监督学习两类，监督学习的用途和非监督学习的用途如图 6-2 所示。

| 监督学习的用途 | |
| --- | --- |
| k近邻算法 | 线性回归 |
| 朴素贝叶斯算法 | 局部加权线性回归 |
| 支持向量机 | Ridge回归 |
| 决策树 | Lasso最小回归系数估计 |
| 非监督学习的用途 | |
| k均值 | 最大期望算法 |
| DBSCAN | Parzen窗设计 |

图6-2　算法汇总

### 6.1.5　开发流程

（1）收集数据：收集样本数据。

（2）准备数据：注意数据的格式。

（3）分析数据：确保数据集中没有垃圾数据。

① 如果是算法可以处理的数据格式或可信任的数据源，则可以跳过该步骤。

② 另外，该步骤需要人工干预，这会降低自动化系统的价值。

（4）训练算法：由于非监督学习算法不存在目标变量值，如果使用非监督学习算法，则可以跳过该步骤。

（5）测试算法：评估算法效果。

（6）使用算法：将机器学习算法转为应用程序。

## 6.2　认识并安装 Scikit-Learn

### 6.2.1　Scikit-Learn 简介

sklearn（sklearn 为 Scikit-Learn 包名）是一个 Python 第三方提供的非常强力的机器学习库，它包含了从数据预处理到训练模型的各个方面。在实战中使用 Scikit-Learn 可以极大地节省我们编写代码的时间及减少代码量，使我们有更多精力去分析数据分布，调整模型和修改超参数。

### 6.2.2　Scikit-Learn 基本概括

Scikit-Learn 拥有可以用于监督学习和非监督学习的方法，一般来说监督学习方法使用的更多。Scikit-Learn 中的大部分函数可以归为估计器（Estimator）和转换器（Transformer）两类。

估计器其实就是模型，它用于数据的预测或回归。基本上估计器都会存在如下使用方法。

（1）fit(x,y)：传入数据及标签即可训练模型，设置训练的时间和参数，与数据集大小及数据本身的特点有关。

（2）score(x,y)：用于对模型的正确率进行评分（范围为 0~1）。但对于不同的问题，评判模型优劣的标准不同，不限于简单的正确率，还可能包括召回率或查准率等其他指标，特别是对于类别失衡的样本，正确率并不能很好地评估模型的优劣，因此在对模型的优势进行评估时，不要轻易被 score 的值蒙蔽。

（3）predict(x)：用于对数据进行预测，它接收输入并输出预测标签，输出的格式为 NumPy 数组。我们通常使用这个方法返回测试的结果，再将这个结果用于模型评估。

转换器用于对数据进行处理，如标准化、降维及特征选择等操作，与估计器的使用方法类似。

（1）fit(x,y)：该方法接收输入和标签，计算出数据变换的方式。

（2）transform(x)：根据已经计算出的数据变换方式，返回输入数据 x 变换后的结果（不改变 x）。

（3）fit_transform(x,y)：该方法在计算出数据变换方式后，对输入数据 x 进行转换。

以上仅简单地概括了 Scikit-Learn 的函数的一些特点，绝大部分的 Scikit-Learn 函数的基本用法有这些特点，但是，不同的估计器会有自己不同的属性。

### 6.2.3　模型选择

Scikit-Learn 模型选择路径如图 6-3 所示，对于一个分类任务，可以按照图 6-3 来选择一个比较合适的解决方法或模型，但模型的选择并不是绝对的。事实上，在很多情况下只有去试验很多种的模型，才能得到适合该问题的模型。

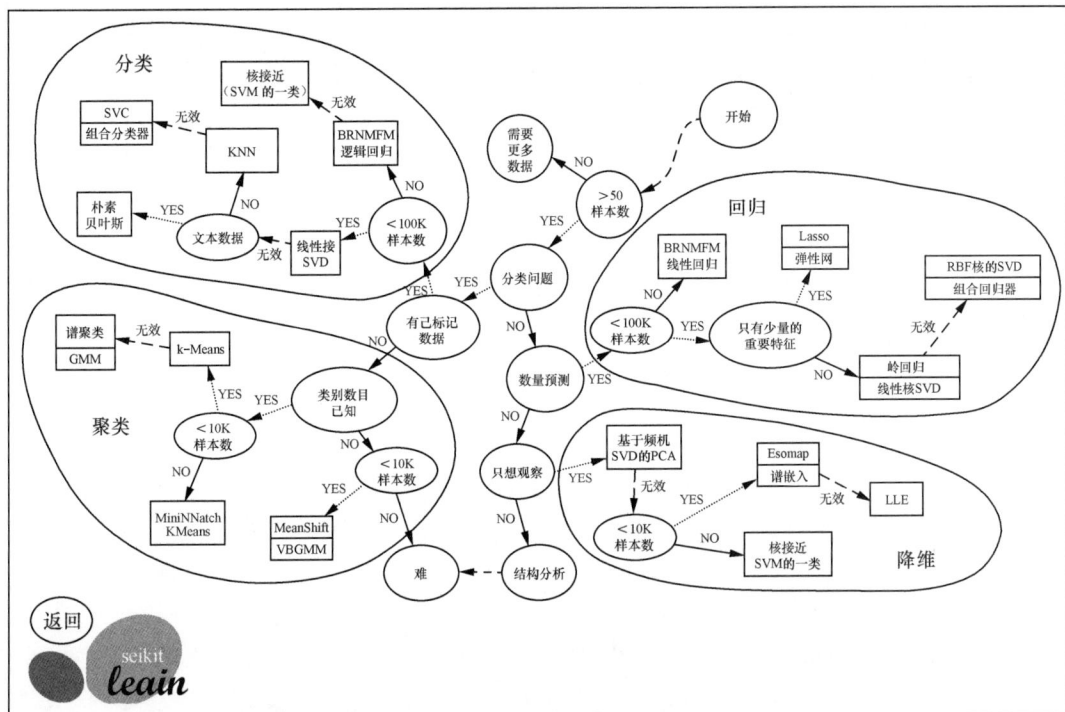

图 6-3　Scikit-Learn 模型选择路径

## 6.2.4　数据划分

可以使用交叉验证或其他划分数据集的方法对数据集进行多次划分，以得出模型平均性能，而不是偶然结果。Scikit-Learn 有很多划分数据集的方法，它们都在 model_selection 中，常用的方法如下。

### 1. $k$ 折交叉验证

（1）KFold()：普通 $k$ 折交叉验证。

（2）StratifiedKFold()：保证每一类的比例相等。

### 2. 留一法

（1）LeaveOneOut()：留一法验证。

（2）LeavePOut()：留 $P$ 法验证，当 $P=1$ 时变成留一法验证。

### 3. 随机划分法

（1）ShuffleSplit()：随机打乱后划分数据集。

（2）StratifiedShuffleSplit()：随机打乱后，返回分层划分数据集，每个分类的比例与样本原始比例一致。

以上方法（除了留一法）都有几个同样的参数。

（1）n_splits：设置划分次数。

（2）random_state：设置随机种子。

上面的划分方法各有各的优点，留一法、$k$ 折交叉验证充分利用了数据，但开销比随机划分法要高，随机划分法可以较好地控制训练集与测试集的比例。

### 6.2.5 常用模块

Scikit-Learn 中的常用模块有分类、回归、聚类、降维、模型选择、预处理。

分类：识别某个对象属于哪个类别，常用的算法有 SVM（支持向量机）、Nearest Neighbors（最近邻）、Random Forest（随机森林）等。常见的应用有垃圾邮件识别、图像识别等。

回归：预测与对象相关联的连续值属性，常见的算法有 SVR（支持向量机）、Ridge Regression（岭回归）、Lasso（套索算法）等。常见的应用有药物反应、预测股价等。

聚类：将相似对象自动分组，常用的算法有 k-Means（k 均值聚类算法）、Spectral Clustering（谱聚类算法）、Mean-Shift（均值偏移算法）等。常见的应用有客户细分、分组实验结果等。

降维：减少要考虑的随机变量的数量，常见的算法有 PCA（主成分分析）、Feature Selection（特征选择）、Non-Negative Matrix Factorization（非负矩阵分解）等。常见的应用有数据可视化等。

模型选择：比较、验证、选择参数和模型，常用的模块有 Grid Search（网格搜索）、Cross Validation（交叉验证）、Metrics（度量）等，它的目标是通过参数调整提高精度。

预处理：特征提取和归一化，常用的模块有 Preprocessing（预处理）和 Feature Extraction（特征提取）。常见的应用是把输入数据（如文本）转换为机器学习算法可用的数据。

### 6.2.6 安装 Scikit-Learn

安装 Scikit-Learn 对环境要求如下。

- Python（ ≥ 3.4）。
- NumPy（ ≥ 1.8.2）。
- SciPy（ ≥ 0.13.3）。

Scikit-Learn 安装命令如下。

```
pip install -U scikit-learn
```

## 6.3 回归模型

### 1. 基础模型

（1）线性回归（包含岭回归、Lasso 回归、弹性网络回归）。

（2）树回归。

（3）支持向量机回归。

（4）k 近邻回归。

**2. 集成模型**

（1）随机森林回归。

（2）AdaBoost 回归。

【案例 6-1】波士顿房价数据集。

```
#示例数据：波士顿房价数据集
from sklearn.datasets import load_boston
from sklearn.preprocessing import StandardScaler
from sklearn.model_selection import train_test_split
# 载入波士顿房价数据集
boston = load_boston()
x = boston.data
y = boston.target
# 标准化
x = StandardScaler().fit_transform(x)
y = StandardScaler().fit_transform(y.reshape(-1, 1)).reshape(-1)
# 划分波士顿房价的训练集与测试集
x_train, x_test, y_train, y_test = train_test_split(x, y, test_size=0.2)
print(x_train)
print(x_test)
print(y_test)
print(y_train)
```

注意：本节的回归模型都使用波士顿房价数据集的训练集与测试集 x_train、x_test、y_train、y_test 中的数据。

运行结果如图 6-4 所示。

```
[[ 0.72267387 -0.48772236  1.01599907 ...  0.80657583  0.44105193
   1.20366341]
 [-0.4053214  -0.48772236 -0.16440754 ... -0.30309415 -0.19784123
   0.3808433 ]
 [-0.23282834 -0.48772236 -0.43725801 ...  1.17646583 -1.18814208
   1.07750701]]
 ...

 [-0.39494207 -0.48772236 -0.61672651 ... -0.2568579   0.44105193
   0.49718754]
 [-0.41689472 -0.48772236 -0.98441806 ...  0.15926834  0.31759326
  -0.29759781]
 [-0.38194318 -0.48772236 -0.72032214 ... -0.48803915  0.2442417
  -1.2199413 ]]
```

图 6-4　波士顿房价数据集划分的训练集和测试集

## 6.3.1　广义线性模型

**1. 线性回归**

一元线性回归假设解释变量和响应变量之间存在线性关系，这个线性模型所构成的空间是一个超平面（hyperplane）。

超平面是 $n$ 维欧氏空间中余维度等于 1 的线性子空间，如平面中的直线、空间中的平面等，比包含它的空间少一维。

在一元线性回归中，一个维度是响应变量，另一个维度是解释变量。因此，其超平面只有一维，就是一条线。

最基本的线性回归法接收如下参数。

（1）fit_intercept：是否考察截距项 $b$，默认为 True。

（2）normalize：是否先对数据进行 Z-score 标准化，默认为 False。

（3）copy_X：默认为 True，表示复制 X，否则直接在原 X 上覆写。

（4）n_jobs：使用的处理器核数，默认为 None，表示单核。

【案例 6-2】一元线性回归。

```
from sklearn.linear_model import LinearRegression
reg = LinearRegression(fit_intercept=True, normalize=False, copy_X=True, n_jobs=None)
reg.fit(x_train, y_train)
reg.score(x_test, y_test) #回归模型的返回值
# 各特征的系数 w
reg.coef_
# 截距 b
reg.intercept_
```

运行结果如图 6-5 所示。

```
[-0.11160906  0.10806644  0.01386013  0.07378038 -0.23318824  0.26150671
  0.00734493 -0.33659548  0.3133327  -0.23427623 -0.22567186  0.08223635
 -0.44949249]
0.0020085785870455584
```

图 6-5　特征系数 $w$ 和截距 $b$

## 2. 岭回归

岭回归是一种专用于多元线性回归模型共线性问题的有偏估计回归方法，实质上是一种改良的最小二乘估计法，通过放弃最小二乘法的无偏性，以损失部分信息、降低精度为代价获得回归系数，它是一种更符合实际、更可靠的回归方法，对病态数据的拟合要强于最小二乘法。

带 $L2$ 正则项的线性回归，相比 LinearRegression 主要多一个正则项系数 $\alpha$ 的参数。

与 Ridge 相比，RidgeCV 内置了交叉验证，会自动帮我们筛出 $\alpha$ 的最优解，省去了超参数调试的麻烦。

【案例 6-3】岭回归。

```
from sklearn.linear_model import RidgeCV
reg = RidgeCV(alphas=(0.1, 1.0, 10.0), fit_intercept=True, normalize=False,
              scoring=None, cv=5, gcv_mode=None, store_cv_values=False)
reg.fit(x_train, y_train)
reg.score(x_test, y_test)

# 正则项系数α
print(reg.alpha_)
```

运行结果为：10.0

### 3. Lasso 回归

带 $L1$ 正则项的线性回归，常用来估计稀疏参数的高维线性模型。

共有 Lasso、LassoCV、LassoLars、LassoLarsCV 和 LassoLarsIC 5 种模型可供选择，带 CV 的模型自动选择最优的正则项系数，带 Lars 的模型采用最小角回归法，而不带 Lars 的模型采用坐标轴下降法进行损失函数优化。LassoLarsIC 模型采用 AIC（Akaike 信息准则）或 BIC（Bayes 信息准则）确定正则项系数。在大多数回归任务中，首选 LassoCV 模型，次选 LassoLarsCV 模型。

【案例 6-4】Lasso 回归。

```
from sklearn.linear_model import LassoCV
reg = LassoCV(eps=0.001, n_alphas=100, alphas=None, fit_intercept=True,
              normalize=False, precompute="auto", max_iter=1000, tol=0.0001,
              copy_X=True, cv=5, verbose=False, n_jobs=None,
              positive=False, random_state=None, selection="cyclic")
reg.fit(x_train, y_train)
reg.score(x_test, y_test)
```

运行结果为：

LassoCV(cv=5)

0.7677563061333059

## 6.3.2　树回归

在基本线性回归模型中，假设全局的数据之间的关系是线性的，可以通过拟合所有的样本点，训练得到最终的模型。但是现实中很多问题都是非线性的，处理这类问题时，特征之间的关系不是简单的线性关系，所以不可能用全局的线性回归模型拟合这类数据。虽然可以使用局部加权线性回归对非线性数据进行拟合，但是它属于非参数学习算法，每次预测都需要利用数据重新训练模型的参数，当数据量大时，非常耗时。

CART 树回归算法属于一种局部的回归算法，将全局的数据集划分为多份容易建模的数据集，在每个局部的数据集上进行回归建模。它采用的是一种二分递归分割的技术。

CART 用于回归时，参数与分类器类似，它可以接收如下参数。

（1）criterion：分枝的标准，可选择 friedman_mse（Friedman 均方差）或者 mae（绝对平均误差），通常默认为 mse（均方差）。

（2）splitter：分枝的策略，默认为 best 在所有划分点中找出最优的划分点，适合样本量不大的情况。样本量较大时，建议选择 random，在部分划分点中找到局部最优的划分点。

（3）max_depth：限制树的最大深度，默认为 None。如果样本和特征数量较多时，可以适当限制树的最大深度。

（4）min_samples_split：分割一个节点所需要的最小样本数，默认值为 2，当样本量非常大时可以增加这个值。

（5）min_samples_leaf：叶节点上所需要的最小样本数，叶节点样本数少于这个值时会被剪枝。默认值为 1，当样本量非常大时可以增加这个值。

（6）min_weight_fraction_leaf：叶节点样本权重和所需要的最小值，默认值为 0，即视所有叶节点样本具有相同的权重。

（7）max_features：分枝时考虑的特征数量最大值，默认为 auto，即该值等于特征数量。可以指定整数或者浮点数（表示占特征总数的比例）。也可以选择 sqrt（特征数的开根）、log2（特征数的对数）、None（等于特征数）。如果特征数较多，可以考虑限制特征数量的最大值来加快模型拟合。

（8）random_state：随机数种子。

（9）max_leaf_nodes：叶节点数最大值，默认为 None，不对叶节点数量做限制，如果特征较多可以加以限制。

（10）min_impurity_decrease：默认值为 0，如果分枝导致不纯度的减少大于等于该值，则节点将被分枝。

（11）min_impurity_split：默认值为 1e-7，如果某节点的不纯度超过这个值，则该节点会分枝，否则该节点为叶节点。

超参数调优的主要对象为 max_depth、min_samples_split、min_samples_leaf、max_features。

【案例 6-5】CART 树回归算法。

```
from sklearn.tree import DecisionTreeRegressor
reg = DecisionTreeRegressor(criterion="mse", splitter="best", max_depth=None,
                min_samples_split=2, min_samples_leaf=1,
                min_weight_fraction_leaf=0.0, max_features=None,
                random_state=None, max_leaf_nodes=None,
                min_impurity_decrease=0.0, min_impurity_split=None)
print(reg.fit(x_train, y_train))
print(reg.score(x_test, y_test))
```

运行结果为：

DecisionTreeRegressor()
0.7169487405425139

### 6.3.3  k 近邻回归

k 近邻算法的核心思想是未标记样本的类别，由距离其最近的 $k$ 个邻居投票决定。

该算法具有准确性高，对异常值和噪声有较高的容忍度等优点。缺点是计算量较大，内存消耗量也大。

k 近邻算法的部分参数如下。

（1）n_neighbors：最近邻单元的个数 $k$。

（2）weights：表示是否考虑邻居的权重，默认为 uniform，表示每个邻居的权重相等，如果设置为 distance，则表示给距离较近的单元更大的权重（取距离的倒数），也可以指定一个可调用的函数。

（3）algorithm：计算最近邻的算法，默认为 auto，自动挑选模型认为最合适的，可选 ball_tree、kd_tree、brute。

（4）leaf_size：叶节点数量，默认值为 30，只有在 algorithm 选择球树或 KD 树时有效。

（5）p：闵氏距离的度量，$p$=1 时为曼哈顿距离，$p$=2 时为欧氏距离（默认）。

n_neighbors 是最需要关注的超参数，weights 和 p 也可以做适当调整。

【案例 6-6】k 近邻算法。

```
from sklearn.neighbors import KNeighborsRegressor
reg = KNeighborsRegressor(n_neighbors=5, weights="uniform", algorithm="auto",
        leaf_size=30, p=2, metric="minkowski", metric_params=None)
print(reg.fit(X_train, y_train))
print(reg.score(X_test, y_test))
```

运行结果为：

```
KNeighborsRegressor()
0.7491089947061804
```

### 6.3.4　集成回归模型：Bagging

随机森林回归参数如下。

（1）n_estimators：树的数量，默认值为 10。

（2）criterion：分枝的标准，默认为 mse（均方差），可选择 mae（绝对平均误差）。

（3）max_depth：限制树的最大深度，默认为 None，表示一直分枝直到所有叶节点都是纯净的，或所有叶节点的样本数小于 min_samples_split。

（4）min_samples_split：分割一个节点所需要的最小样本数，默认值为 2。

（5）min_samples_leaf：叶节点上所需要的最小样本数，叶节点样本数小于这个值时会被剪枝。默认值为 1。

（6）min_weight_fraction_leaf：叶节点样本权重和所需要的最小值，默认值为 0，即表示样本具有相同的权重。

（7）max_features：分枝时考虑的特征数量最大值，默认为 auto，即该值等于特征数量。可以指定为整数或者浮点数（表示占特征总数的比例）。也可选择 sqrt（特征数的开方）log2（特征数的以 2 为底的对数）、None（等于特征数）。

（8）max_leaf_nodes：叶节点数最大值，默认为 None，表示不对叶节点数量做限制。

（9）min_impurity_decrease：默认值为 0，如果叶节点的分枝导致不纯度的减少大于等于该值，则节点将被分枝。

（10）min_impurity_split：该值决定树的生长，默认值为 1e-7，如果某节点的不纯度超过这个值，则该节会分枝，否则该节点不再生成子节点，即该节点为叶节点。

（11）bootstrap：对于样本是否有放回抽样，默认为 True。如果选择 False，则使用整个数据集构建每个树。

（12）oob_score：是否使用包外样本。默认为 False。

（13）random_state：随机数种子。

（14）warm_start：默认为 False，如果选择 True，表示下一次训练以上一次模型的参数为初始参数。

除了 n_estimators，还可以适当调整 max_depth、min_samples_split、min_samples_leaf、max_features 等决策树的参数。

【案例 6-7】随机森林回归。

```
from sklearn.ensemble import RandomForestRegressor
reg = RandomForestRegressor(n_estimators=10, criterion="mse", max_depth=None,
```

```
                    min_samples_split=2, min_samples_leaf=1,
                    min_weight_fraction_leaf=0.0, max_features="auto",
                    max_leaf_nodes=None, min_impurity_decrease=0.0,
                    min_impurity_split=None, bootstrap=True, oob_score=False,
                    random_state=None, verbose=0, warm_start=False)
print(reg.fit(x_train, y_train))
print(reg.score(x_test, y_test))
# 各特征的重要性
print(reg.feature_importances_)
```

运行结果为：

RandomForestRegressor(n_estimators=10)

0.8817233021383385

[0.04689851 0.00130453 0.00425793 0.00065208 0.00363164 0.23859067

 0.0229889  0.04334026 0.00485107 0.01385569 0.01176618 0.00882703

 0.59903549]

### 6.3.5　集成回归模型：Boosting

AdaBoost 回归参数如下。

（1）base_estimator：弱回归学习器，可指定为任意回归模型对象，默认为 None，即 DecisionTreeRegressor（max_depth=3）。

（2）n_estimators：最大迭代次数，即弱回归学习器的最大个数，默认值为 50。

（3）learning_rate：每个弱回归学习器的权重缩减系数，介于 0 和 1 之间，默认值为 1。

（4）loss：每次迭代后更新权重时采用的损失函数，默认为 linear，可选择 square、exponential，通常使用默认值。

（5）random_state：随机数种子。

n_estimators 和 learning_rate 两个参数相互牵制，通常会一起进行调参。

【案例 6-8】AdaBoost 回归。

```
from sklearn.ensemble import AdaBoostRegressor
clf = AdaBoostRegressor(base_estimator=None, n_estimators=50, learning_rate=1.0, loss="linear")
print(clf.fit(x_train, y_train))
print(clf.score(x_test, y_test))
```

运行结果为：

AdaBoostRegressor()

0.7953236240815678

## 6.4　分类模型

### 1. 基础模型

（1）逻辑回归。

（2）决策树。

（3）支持向量机。

（4）KNN。

（5）朴素贝叶斯。

### 2. 集成模型

（1）随机森林。

（2）Gradient Boosting。

【案例 6-9】鸢尾花数据集。

```
# 示例数据：鸢尾花数据集
from sklearn.datasets import load_iris
from sklearn.preprocessing import StandardScaler
from sklearn.model_selection import train_test_split
# 载入鸢尾花数据集
iris = load_iris()
x= iris.data
y = iris.target
# 标准化
x = StandardScaler().fit_transform(x)
# 划分训练集与测试集
x_train, x_test, y_train, y_test = train_test_split(x, y, test_size=0.2)
print(x_test)
print(x_train)
print(y_test)
print(y_train)
```

注意：本节使用鸢尾花数据集划分的训练集和测试集 x_train、x_test、y_train、y_test 运行结果如图 6-6 所示。

```
[[ 1.03800476e+00  5.58610819e-01  1.10378283e+00  1.71209594e+00]
 [-1.73673948e-01 -5.92373012e-01  4.21733708e-01  1.32509732e-01]
 [ 3.10997534e-01 -3.62176246e-01  5.35408562e-01  2.64141916e-01]
 [ 5.53333275e-01  7.88807586e-01  1.04694540e+00  1.58046376e+00]
 [-1.50652052e+00  9.82172869e-02 -1.28338910e+00 -1.31544430e+00]
 [ 3.10997534e-01 -1.31979479e-01  4.78571135e-01  2.64141916e-01]
 [ 1.15917263e+00  3.28414053e-01  1.21745768e+00  1.44883158e+00]
 [-1.02184904e+00  5.58610819e-01 -1.34022653e+00 -1.31544430e+00]
 [-1.26418478e+00 -1.31979479e-01 -1.34022653e+00 -1.44707648e+00]
 [ 7.95669016e-01 -1.31979479e-01  9.90107977e-01  7.90670654e-01]
 [-5.37177559e-01  7.88807586e-01 -1.28338910e+00 -1.05217993e+00]
 [-7.79513300e-01  7.88807586e-01 -1.34022653e+00 -1.31544430e+00]
```

图 6-6  鸢尾花数据集划分的训练集和测试集

## 6.4.1  逻辑回归

LogisticRegressionCV 模型比 LogisticRegression 模型多出使用交叉验证求最佳正则项系数的功能，通常使用前者。其主要参数如下。

（1）Cs：浮点列表或者整型。如模型 SVM 中的 $C$ 值，是正则项系数 lambda 的倒数，$C$ 越小，正则项对系数的惩罚性越强。

（2）fit_intercept：布尔型，表示是否考虑截距项，默认为 True。

（3）cv：交叉验证折数，默认为 None，代表 3 折交叉验证。

（4）penalty：采用何种正则化，默认为 l2，可选 l1，但注意使用 newton-cg、sag 和 lbfgs 这 3 种优化算法时，仅能选择 l2。

（5）scoring：评分函数，默认使用 accuracy 准确度。

（6）solver：优化算法，可选 newton-cg、lbfgs（默认）、liblinear、sag、saga。小数据集可选择 liblinear，巨型数据集可选择随机梯度下降 sag 或 saga；此外，进行多分类任务时尽量不要选择 liblinear，因为其只能采用一对多的分类方式。

（7）max_iter：表示优化算法的最大迭代次数。

（8）class_weight：类别权重，默认认为所有类别具有相同的权重，可选 balanced，自动按照类别频率分配权重，也可指定一个字典。

（9）multi_class：表示多分类时的分类策略，可选 ovr（默认）、multinomial、auto。ovr 即一对多，迭代快、准确性不如多对多；multinomial 即多对多，迭代慢、准确度高。当优化算法使用 liblinear 时无法使用 multinomial。

（10）random_state：随机数种子。

【案例 6-10】逻辑回归。

```
from sklearn.linear_model import LogisticRegressionCV
clf = LogisticRegressionCV(Cs=10, fit_intercept=True, cv=5, dual=False, penalty="l2", scoring=None,
        solver="lbfgs", tol=0.0001, max_iter=200, class_weight=None, n_jobs=None,
        verbose=0, refit=True, multi_class="multinomial", random_state=None)
clf.fit(X_train, y_train)
clf.score(X_test, y_test)
```

运行结果为：

LogisticRegressionCV(cv=5, max_iter=200, multi_class='multinomial')
0.9

### 6.4.2　决策树

CART 用于分类，其参数与 CART 回归类似，部分参数如下。

（1）criterion：分枝的标准，默认为 gini，表示基尼不纯度，可选 entropy（信息增益）。

（2）splitter：分枝的策略，默认为 best 在所有划分点中找出最优的划分点，适合样本量不大的情况。样本量较大时建议选择 random，在部分划分点中找局部最优的划分点。

（3）max_depth：限制树的最大深度，默认为 None，即分割至所有叶节点都是纯的或者少于 min_samples_split 个样本。如果样本和特征较多时，可以适当限制树的最大深度。

（4）min_samples_split：分割一个叶节点所需的最小样本数，默认值为 2，当样本量较大时可以增加这个值。

（5）min_samples_leaf：叶节点上所需的最小样本数，当某个叶节点样本数少于这个值时会被剪枝。默认值为 1，当样本量较大时可以增加这个值。

（6）min_weight_fraction_leaf：叶节点样本权重和所需的最小值，默认值为 0，即认为样本具有相同的权重。

（7）max_features：分枝时考虑的特征数量最大值，默认为 None，即该值等于特征数量。可以指定整数或者浮点数（表示占特征总数的比例）。也可选 sqrt（特征数的开根）、auto、log2（特征数的以 2 为底的对数）。如果特征数较多可以考虑限制特征数量的最大值来加快模型拟合。

（8）random_state：随机数种子。

（9）max_leaf_nodes：叶节点数量最大值，默认为 None，表示不对叶节点数量加以限制，如果特征数量较多可以加以限制。

（10）min_impurity_decrease：默认值为 0，如果分枝导致不纯度的减少大于等于该值，则节点将被分枝。

（11）min_impurity_split：该值决定树的生长，默认值为 1e-7，如果某节点的不纯度超过这个值，则该节会分枝，否则该节点不再生成子节点，即为叶节点。

（12）class_weight：接收字典或字典的列表来指定各类别的权重，也可指定为 balanced，使用类别出现频率的倒数作为权重。默认为 None，认为所有类别具有相同的权重。

调参的主要对象为 max_depth、min_samples_split、min_samples_leaf、max_features。

【案例 6-11】决策树。

```
from sklearn.tree import DecisionTreeClassifier
clf = DecisionTreeClassifier(criterion="gini", splitter="best", max_depth=None, min_samples_split=2,
    min_samples_leaf=1, min_weight_fraction_leaf=0.0, max_features=None,
    random_state=None, max_leaf_nodes=None, min_impurity_decrease=0.0,
    min_impurity_split=None, class_weight=None)
print(clf.fit(x_train, y_train))
print(clf.score(x_test, y_test))
```

运行结果为：

DecisionTreeClassifier()
0.9333333333333333

### 6.4.3　支持向量机

支持向量机的部分参数如下。

（1）C：惩罚系数，默认值为 1。

（2）kernel：核函数，默认使用 rbf 径向基函数，可选 linear、poly、sigmoid、recomputed 或一个可调用的函数。

（3）degree：多项式核函数的维度，仅在核函数选择 poly 时有效。默认值为 3。

（4）gamma：rbf、poly、sigmoid 的系数 gamma，默认为 auto，取特征数量的倒数，如果选择 scale，则取特征数量乘以变量二阶矩再取倒数。

（5）coef0：核函数中的独立项，仅在核函数选择 poly、sigmoid 时有效。默认值为 0。

（6）shrinking：表示是否使用 shrinking heuristic 方法，默认为 True。

（7）probability：表示是否使用概率估计，默认为 False。

（8）tol：停止训练的误差精度，默认值为 1e-3。

（9）cache_size：核函数缓存大小。

（10）class_weight：接收字典或字典的列表来指定各类别的权重，也可指定为 balanced，使用类别出现频率的倒数作为权重。默认为 None，认为所有类别具有相同的权重。

（11）max_iter：最大迭代次数，默认值为-1，即无限制。

（12）decision_function_shape：多分类策略，可选 ovo 或 ovr（默认）。

（13）random_state：随机数种子。

最重要的两个调参对象是 gamma 和 $C$。gamma 越大，支持向量越少，gamma 越小，支持向量越多。$C$ 可理解为逻辑回归中正则项系数 lambda 的倒数，$C$ 过大容易过拟合，$C$ 过小容易欠拟合。通常采用网格搜索法进行调参。

【案例 6-12】支持向量机。

```
from sklearn.svm import SVC
clf = SVC(C=1.0, kernel="rbf", degree=3, gamma="auto", coef0=0.0, shrinking=True,
          probability=False, tol=0.001, cache_size=200, class_weight=None, verbose=False,
          max_iter=-1, decision_function_shape="ovr", random_state=None)
print(clf.fit(x_train, y_train))
print(clf.score(x_test, y_test))
```

运行结果为：

```
SVC(gamma='auto')
1.0
```

### 6.4.4 KNN

KNN 部分参数如下。

（1）n_neighbors：最近邻单元的个数 $k$，默认值为 5。

（2）weights：表示是否考虑邻居的权重，默认为 uniform，表示每个邻居的权重相等，如果选择 distance 则表示给距离较近的单元更大的权重（取距离的倒数），也可以指定一个可调用的函数。

（3）algorithm：计算最近邻的算法，默认为 auto 表示自动挑选模型，可选 ball_tree、kd_tree、brute。

（4）leaf_size：叶节点数量，默认值为 30，只有在 algorithm 选择球树或 KD 树时有效。

（5）p：闵氏距离的度量，$p=1$ 时为曼哈顿距离，$p=2$ 时为欧氏距离（默认）。

n_neighbors 是最需要关注的超参数，weights 和 p 也可以适当调整。

【案例 6-13】KNN。

```
from sklearn.neighbors import KNeighborsClassifier
clf = KNeighborsClassifier(n_neighbors=5, weights="uniform", algorithm="auto", leaf_size=30, p=2,
metric="minkowski", metric_params=None, n_jobs=None)
print(clf.fit(x_train, y_train))
print(clf.score(x_test, y_test))
```

运行结果为：

```
KNeighborsClassifier()
0.9333333333333333
```

### 6.4.5 朴素贝叶斯

Scikit-Learn 提供了以下 3 种朴素贝叶斯模型。

### 1. 高斯模型

当特征是连续变量时常采用高斯模型。其参数如下。

（1）priors：先验概率，如果指定为一个形如（n_classes）的数组，那么不根据数据调整先验概率。

（2）var_smoothing：为保证估计的稳定性而加入的方差，默认值为 1e-9。

### 2. 多项式模型

当特征是离散变量时常采用多项式模型。其参数如下。

（1）alpha：平滑参数，默认值为 1。

（2）fit_prior：表示是否要考虑先验概率，如果选择 False，那么对所有类别使用一致的先验概率。

（3）class_prior：先验概率，如果指定为一个形如（n_classes）的数组，那么不根据数据调整先验概率。

### 3. 伯努利模型

当特征是布尔型变量时常采用伯努利模型。其参数如下。

（1）alpha：平滑参数，默认值为 1。

（2）binarize：对特征进行二值化的阈值，默认值为 0，如果设为 None，那么假定输入特征已经二值化。

（3）fit_prior：表示是否要考虑先验概率，如果选择 False，那么对所有类别使用一致的先验概率。

（4）class_prior：先验概率，如果指定为一个形如（n_classes）的数组，那么不根据数据调整先验概率。

【案例 6-14】朴素贝叶斯。

```
from sklearn.naive_bayes import GaussianNB
clf = GaussianNB(priors=None, var_smoothing=1e-09)
print(clf.fit(x_train, y_train))
print(clf.score(x_test, y_test))
```

运行结果为：

```
GaussianNB()
1.0
```

## 6.4.6　集成模型：Bagging

随机森林参数如下。

（1）n_estimators：树的数量，默认值为 10。

（2）criterion：分枝的标准，默认为 gini，表示基尼不纯度，可选 entropy（信息增益）。

（3）max_depth：限制树的最大深度，默认为 None，表示一直分枝直到所有叶节点都是纯净的，或所有叶节点的样本数小于 min_samples_split。

（4）min_samples_split：分割一个节点所需要的最小样本数，默认值为2。

（5）min_samples_leaf：叶节点上所需要的最小样本数，叶节点样本数少于这个值时会被剪枝。默认值为1。

（6）min_weight_fraction_leaf：叶节点样本权重和所需要的最小值，默认值为0，表示样本具有相同的权重。

（7）max_features：分枝时考虑的特征数量最大值，默认为 auto，相当于 sqrt。可以指定整数或者浮点数（表示占特征总数的比例）。也可选 sqrt（特征数的开根）log2（特征数的以2为底的对数）、None（等于特征数）。

（8）max_leaf_nodes：叶节点数最大值，默认为 None，表示不对叶节点数量做限制。

（9）min_impurity_decrease：默认值为0，如果叶节点的分枝导致不纯度的减少大于等于该值，则节点将被分枝。

（10）min_impurity_split：该值决定树的生长，默认值为 1e-7，如果某节点的不纯度超过这个值，则该节点会分枝，否则该节点不再生成子节点，即该节点为叶节点。

（11）bootstrap：对于样本是否有放回抽样，默认为 True。如果为 False，则使用整个数据集构建每个树。

（12）oob_score：是否使用包外样本。默认为 False。

（13）random_state：随机数种子。

（14）warm_start：默认为 False，如果选择 True，表示下一次训练以上一次模型的参数为初始参数。

（15）class_weight：接收字典或字典的列表来指定各类别的权重，也可指定为 balanced，使用类别出现频率的倒数作为权重，指定为 balanced_subsample 表示每棵树使用其抽样样本计算权重。默认为 None，表示所有类别具有相同的权重。

除了 n_estimators，还可以考虑适当调整 max_depth、min_samples_split、min_samples_leaf、max_features 这些决策树的参数。

【案例 6-15】Bagging 随机森林。

```
from sklearn.ensemble import RandomForestClassifier
clf = RandomForestClassifier(n_estimators=10, criterion="gini", max_depth=None, min_samples_split=2,
    min_samples_leaf=1, min_weight_fraction_leaf=0.0, max_features="auto",
    max_leaf_nodes=None, min_impurity_decrease=0.0, min_impurity_split=None,
    bootstrap=True, oob_score=False, n_jobs=None, random_state=None, verbose=0,
    warm_start=False, class_weight=None)
print(clf.fit(x_train, y_train))
print(clf.score(x_test, y_test))
```

运行结果为：

```
RandomForestClassifier(n_estimators=10)
0.9333333333333333
```

### 6.4.7 集成模型：Boosting

Gradient Boosting 回归，其中，决策树部分的参数不列举。

Boosting 参数如下。

（1）loss：损失函数，默认值为 deviance，表示使用对数损失函数，可选 exponential，它是 Adaboost 的损失函数。

（2）learning_rate：每棵树的权重缩减系数，默认值为 0.1，与 n_estimators 相互牵制，是调参的重点。

（3）n_estimators：最大迭代次数，默认值为 100。

（4）subsample：子采样率，用于训练每棵树的样本占样本总数的比例，默认值为 1，如果使用小于 1 的值，Boosting 模型就为随机梯度提升，减小方差、增大偏差。

（4）init：默认为 None，可指定具有 fit 和 predict 方法的预测器对象，它用于初始化参数。

【案例 6-16】Boosting。

```
from sklearn.ensemble import GradientBoostingClassifier
clf = GradientBoostingClassifier(loss="deviance", learning_rate=0.1, n_estimators=100, subsample=1.0,
        criterion="friedman_mse", min_samples_split=2, min_samples_leaf=1,
        min_weight_fraction_leaf=0.0, max_depth=3, min_impurity_decrease=0.0,
        min_impurity_split=None, init=None, random_state=None, max_features=None,
        verbose=0, max_leaf_nodes=None, warm_start=False,
        validation_fraction=0.1, n_iter_no_change=None, tol=0.0001)
print(clf.fit(x_train, y_train))
print(clf.score(x_test, y_test))
```

运行结果为：

GradientBoostingClassifier()
1.0

## 6.5　聚类模型

聚类和降维都可以作为分类等问题的预处理步骤。虽然二者都可以实现对数据的约减，但使用情况不同，聚类针对的是数据点，而降维针对的是数据的特征。

### 1. 聚类

（1）k-Means。
（2）DBSCAN。

### 2. 降维

PCA。

### 6.5.1　聚类

#### 1. k-Means

k-Means 的参数如下。

（1）n_clusters：要分成的类别数，默认值为 8。

（2）init：初始化聚类中心的方法，默认为 k-means++，它将智能选择初始聚类中心；如果为 random 则将随机选择初始聚类中心；也可传入一组数组指定为初始聚类中心。

（3）n_init：用不同的初始化聚类中心运行算法的次数，默认值为 10。

（4）max_iter：最大迭代次数，默认值为 300。

（5）tol：容差，默认值为 1e-4。

（6）precompute_distances：是否预先计算距离（速度更快但消耗更多内存）。选 auto 会在 n_samples * n_clusters > 12 时不预先计算距离。

（7）verbose：表示是否冗余输出，默认值为 0。

（8）random_state：随机数种子。

（9）copy_x：表示是否复制训练集，默认为 True，如果为 False，则会直接在原数据上修改。

（10）n_jobs：使用的核心数。默认为 None（单核）。

（11）algorithm：可选 auto（默认）、full、elkan，auto 自动选择，elkan 处理稠密数据，full 处理稀疏数据。

属性如下。

（1）cluster_centers_：返回聚类中心。

（2）labels_：返回聚类后每个点的标签。

（3）inertia_：返回样本到最近聚类中心距离的平方和。

（4）n_iter_：返回迭代次数。

【案例 6-17】k-Means。

```
from sklearn.cluster import KMeans
clf = KMeans(n_clusters=8, init="k-means++", n_init=10, max_iter=300, tol=0.0001,
        precompute_distances="auto", verbose=0, random_state=None, copy_x=True,
        n_jobs=None, algorithm="auto")
print(clf.fit(x_train, y_train))
print(clf.score(x_test, y_test))
```

运行结果为：

KMeans(n_jobs=None, precompute_distances='auto')

−15.155467604387818

## 2. DBSCAN

DBSCAN 的参数如下。

（1）eps：两个样本被认为在同一邻域内的最大距离。默认值为 0.5。

（2）min_samples：表示如果一个点被视为核心点，它邻域内至少包含的点的数量（包括这个点本身）。默认值为 5。

（3）metric：距离度量函数，默认为 euclidean。

（4）metric_params：距离度量函数的附加参数。

（5）algorithm：计算近邻距离的算法，可选 auto（默认）、ball_tree、kd_tree、brute。

（6）leaf_size：算法选择 KD 树或球树时，该参数用于控制叶节点数量，默认值为 30。

（7）$p$：闵氏距离的度量，$p=1$ 时为曼哈顿距离，$p=2$ 时为欧氏距离。

属性如下。

（1）core_sample_indices_：返回核心点的 index 列表。

（2）components_：返回核心点的副本列表。

（3）labels_：返回聚类后每个点的标签，噪声点用-1 表示。

【案例 6-18】DBSCAN。

```
from sklearn.cluster import DBSCAN
clf = DBSCAN(eps=0.5, min_samples=5, metric="euclidean", metric_params=None,
        algorithm="auto", leaf_size=30, p=None, n_jobs=None)

print(clf.fit(x_train, y_train))
print(clf.fit_predict(x_test, y_test))
```

运行结果为：

```
DBSCAN()
[-1 -1 -1  0 -1  0 -1 -1 -1 -1 -1 -1 -1  0 -1 -1 -1 -1 -1 -1 -1 -1 -1  0
 -1 -1 -1  0 -1 -1]
```

## 6.5.2  PCA 降维

PCA 降维的参数如下。

（1）n_components：降维之后保留的维数，如果不指定则该值取样本数和特征数间的较小值。可指定为一个整数，即所需保留的维数。如果设为 mle 且 svd_solver == full，会采用 MLE 算法自动选择一个合适的维度。如果是一个浮点数且 svd_solver == full，它代表降维后的能保留的信息比值。如果 svd_solver == arpack，该值会被严格限制为小于样本数和特征数的数值。

（2）copy：表示是否创建数据副本而不覆盖原数据，默认为 True。

（3）whiten：表示是否白化，即去除降维后的特征之间的相关性且方差相同。默认为 False。

（4）svd_solver：SVD 采用的算法，默认为 auto，会根据输入数据自动挑选最优解，具体方法有 full、arpack、randomized。

（5）tol：当 svd_solver == arpack 时，奇异值的误差容忍度，默认值为 0。

（6）iterated_power：当 svd_solver == randomized 时的迭代次数，默认为 auto。

（7）random_state：随机数种子。

属性如下。

（1）components_：主成分的轴的方向。

（2）explained_variance_：降维后各成分的方差。

（3）explained_variance_ratio_：降维后各成分的方差所占的比值。

（4）singular_values_：降维后主成分的奇异值。

（5）mean_：降维后主成分的经验均值。

（6）n_components_：降维之后保留的维数。

（7）noise_variance_：噪声协方差。

【案例 6-19】PCA 降维。

```
from sklearn.decomposition import PCA
clf = PCA(n_components=None, copy=True, whiten=False, svd_solver="auto",
```

```
            tol=0.0, iterated_power="auto", random_state=None)
print(clf.fit(x_train, y_train))
print(clf.score(x_test, y_test))
```

运行结果为：

```
PCA()
-3.42468531126464
```

# 6.6 项目实训——手写数字识别

## 6.6.1 实训需求

通过使用机器学习算法实现手写数字识别。

## 6.6.2 项目分析

项目对数字 0~9 进行识别，是分类问题，可以使用分类模型。在此项目中，可以选用多种算法模型进行训练，然后通过验证测试集的正确率来选出表现最优的模型。

## 6.6.3 数据集导入及处理

数据集：使用 sklearn 自带的 digits 手写数字数据集。

```
# 导入所需要的包
from sklearn.datasets import load_digits
from sklearn.ensemble import RandomForestClassifier
from sklearn.linear_model import LogisticRegressionCV
from sklearn.neighbors import KNeighborsClassifier
from sklearn.model_selection import train_test_split
import matplotlib.pyplot as plt
# 加载 digits 手写数字数据集
digits=load_digits()
# 打印 digits 手写数字数据集的结构
print(digits.data.shape)
```

运行结果为：(1797, 64)

## 6.6.4 划分训练集和测试集

```
# 划分训练集和测试集，测试集比例占总样本的 20%
train_x, test_x, train_y, test_y= train_test_split(digits.data,digits.target,test_size=0.2)
```

运行结果为：

```
(1437, 64)
(360, 64)
```

## 6.6.5 随机森林模型

```
# 随机森林模型
rf = RandomForestClassifier(n_estimators=100)
# 训练模型
```

```
rf.fit(train_x,train_y)
# 输出测试集的准确率
print(rf.score(test_x,test_y))
```

运行结果为：0.9805555555555555

### 6.6.6　k 近邻模型

```
# k 近邻模型
knn = KNeighborsClassifier()
# 训练模型
knn.fit(train_x,train_y)
# 输出测试集的准确率
print(knn.score(test_x,test_y))
```

运行结果为：0.9861111111111112

### 6.6.7　逻辑回归模型

```
# 逻辑回归模型
lr = LogisticRegressionCV()
# 训练模型
lr.fit(train_x,train_y)
# 输出测试集的准确率
print(lr.score(test_x,test_y))
```

运行结果为：0.975

### 6.6.8　模型选择及分类

从上面 3 个分类模型来看，测试集的准确率都很高，可以选取其中准确率最高的 k 近邻模型作为最后分类的模型。

```
# 对测试集进行分类
predict = knn.predict(test_x)
# 绘制测试集前 64 个数字并将分类值绘制到左下角
fig=plt.figure(figsize=(6,6))
fig.subplots_adjust(left=0,right=1,bottom=0,top=1,hspace=0.05,wspace=0.05)
# 绘制测试集前 64 个数字，每张图像有 8×8 个像素点
for i in range(64):
    ax=fig.add_subplot(8,8,i+1,xticks=[],yticks=[])
    # 绘制
ax.imshow(test_x.reshape(test_x.shape[0],8,8)[i],cmap=plt.cm.binary,interpolation='nearest')
    #用目标值标记图像
    ax.text(0,7,str(predict[i]))
plt.show()
```

运行结果如图 6-7 所示。

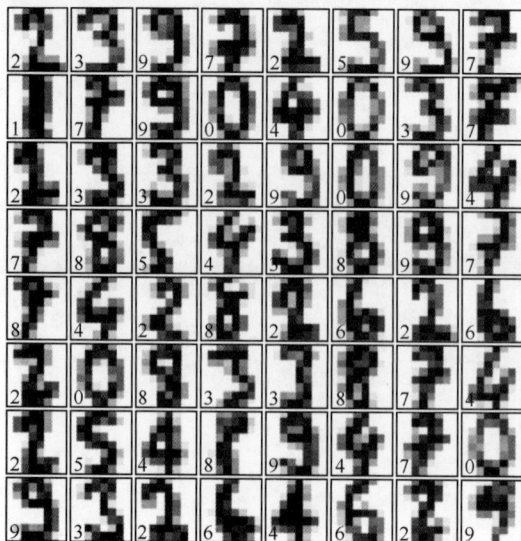

图6-7　分类结果

### 6.6.9　项目结果分析

导入数据后，通过3种模型（随机森林模型、k近邻模型、逻辑回归模型）对digits手写数字数据集进行分类。

其中，k近邻模型对测试集的分类准确率最高，因此优选k近邻算法模型对测试集进行分类并进行可视化。

## 本 章 小 结

通过对本章的学习，我们可以使用机器学习的算法进行分类，并且可以轻松地调用sklearn中封装好的算法接口进行数据的处理及模型的训练、预测等工作，极大地简化了机器学习的流程。

## 习　题

**选择题**

1. sklearn 中的 RandomForestRegressor 属于（　　　）。

A. 分类模型　　　　　B. 回归模型　　　　　C. 聚类模型　　　　　D. 以上都不是

2. 以下算法中属于非监督算法的算法是（　　　）。

A. KNN　　　　　B. k-Means　　　　　C. LogisticRegression　　　　　D. 以上都不是

3. 对数据进行归一化使用的 sklearn.preprocessing 中的方法是（　　）。

A. StandardScaler　　　　B. MinMaxScaler　　C. scale　　　　　　　D. MaxAbsScaler

4.（多选）非监督学习包含（　　）。

A. 分类　　　　　　　B. 聚类　　　　　C. 降维　　　　　　D. 回归

# 07

# 第7章

# 深度学习

目前，深度学习（DL，Deep Learning）在算法领域应用极广，生活中的各大领域都能反映出深度学习引领的巨大变革。要学习深度学习，首先要熟悉神经网络（NN，Neural Network）的一些基本概念。当然，这里所说的神经网络不是生物学的神经网络，我们将其称为人工神经网络（ANN，Artificial Neural Network）更为合理。神经网络最早是人工智能领域的一种算法模型，目前神经网络已经发展为一类多学科交叉的领域，并随着研究人员在深度学习上取得的进展重新受到重视和推崇。

为什么说是"重新"呢？其实，神经网络作为一种算法模型，人们很早就已经开始对其进行研究了，但是在取得一些进展后，神经网络的研究陷入了一段很长时间的低潮期，后来随着 Geoffrey Hinton 在深度学习上取得的研究进展，神经网络又再次受到人们的重视。本章以神经网络为主，着重总结一些与神经网络相关的基础知识，然后在此基础上引出深度学习的概念。

## 学 习 目 标

（1）了解神经网络的基础知识。

（2）了解基本的神经网络模型。

（3）掌握 Keras 的基本用法。

（4）掌握 DNN、CNN、RNN 的基本结构。

## 7.1 神经网络

### 7.1.1 认识神经网络

**1. 神经元模型**

神经元是神经网络中最基本的结构，也可以说是神经网络的基本单元，它的设计灵感来源于生物学中神经元的信息传播机制。学过生物的读者都知道，神经元有两种状态：兴奋和抑制。一般情况下，大多数的神经元处于抑制状态，但是如果某个神经元受到刺激，导致它的电位超过一个阈值，那么这个神经元就会被激活，处于"兴奋"状态，进而向其他的神经元传播化学物质（信息）。

生物学上的神经元结构如图 7-1 所示。

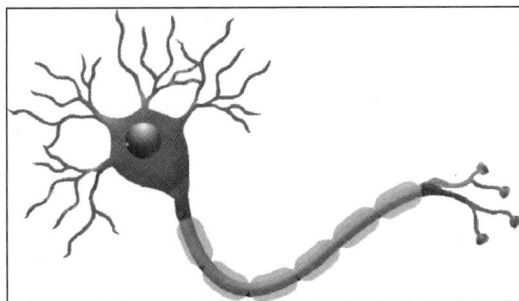

图 7-1　生物学上的神经元结构

1943 年，Warren McCulloch 和 Walter Pitts 将图 7-1 所示的神经元结构用一种简单的模型进行了表示，构成了一种人工神经元模型，也就是现在经常用到的"M-P 神经元模型"，如图 7-2 所示。

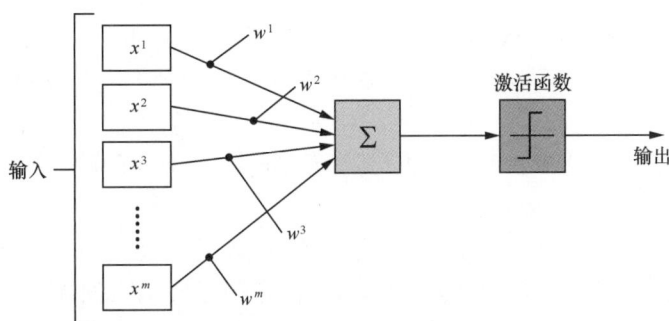

图 7-2　M-P 神经元模型

从图 7-2 中可以看出，神经元的输出如下。

$$y = f\left(\sum_{i=1}^{n} w_i x_i - \theta\right)$$

其中，$\theta$ 为神经元的激活阈值，函数 $f(\cdot)$ 也被称为激活函数。如图 7-2 所示，函数 $f(\cdot)$ 可以用一个阶跃方程表示，若 $y$ 大于阈值则神经元被激活，否则被抑制。但因为阶跃方程不光滑、不连续、不可导，因此我们常用 Sigmoid 函数来作为激活函数。

Sigmoid 函数的表达式和分布图如图 7-3 所示。

**2. 感知机和神经网络**

感知机是由两层神经元组成的结构，输入层用于接收外界输入信号，输出层（也被称为感知机的功能层）就是 M-P 神经元。图 7-4 表示了一个输入层具有 3 个神经元（分别为 $x_0$、$x_1$、$x_2$）的感知机结构。

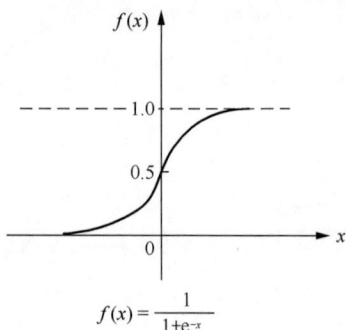

图 7-3　sigmoid 函数的表达式和分布

$$f(x) = \frac{1}{1+e^{-x}}$$

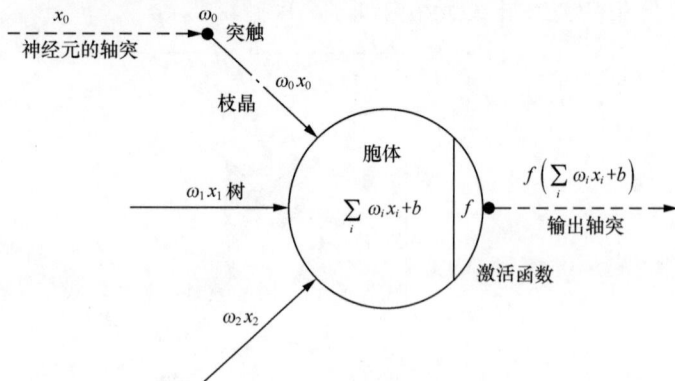

图 7-4　感知机结构

感知机模型可以由如下公式表示。

$$y = f(wx + b)$$

其中，$w$ 为感知机输入层到输出层连接的权重，$b$ 表示输出层的偏置。事实上，感知机是一种判别式的线性分类模型，可以解决与、或、非这样简单的线性可分（linearly separable）问题，线性可分问题如图 7-5 所示。

由于感知机只有一层功能神经元，所以学习能力非常有限。事实证明，单层感知机无法解决最简单的非线性可分问题——异或问题。

日常生活中的绝大多数问题都不是线性可分问题，那么非线性可分问题该怎样处理呢？所以要引出"多层"的概念。既然单层感知机解决不了非线性可分问题，那我们就采用多层感知机，两层感知机解决异或问题的示意如图 7-6 所示。

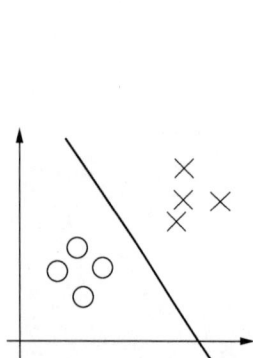

图 7-5　线性可分问题

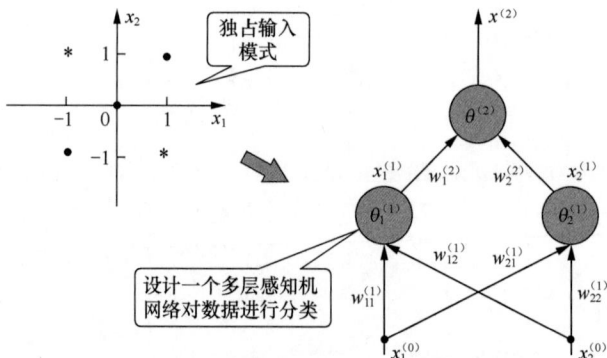

图 7-6　两层感知机解决异或问题

构建好上述网络后，通过训练得到最后的分类面，如图 7-7 所示。

由此可见，多层感知机可以很好地解决非线性可分问题，我们通常将多层感知机这样的多层结构称为神经网络，如图 7-8 所示。

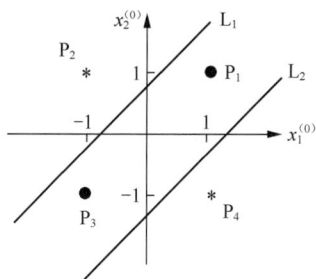

图 7-7  分类面

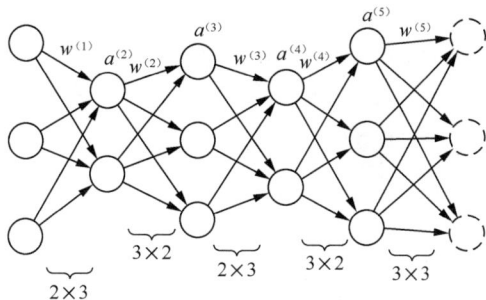

6+6+6+6+9=33

图 7-8  神经网络

## 7.1.2  神经网络基础

在 7.1.1 节中讲到，神经网络可以解决非线性可分问题，"非线性"意味着无法使用形式为 $y = b + w_1 x_1 + w_2 x_2$ 的模型准确预测标签。也就是说，"决策面"不是直线。现在，请考虑如图 7-9 所示的数据集。

图 7-9 所示的数据集问题无法用线性模型解决。

为了了解神经网络如何帮助我们解决非线性问题，一个线性模型如图 7-10 所示。

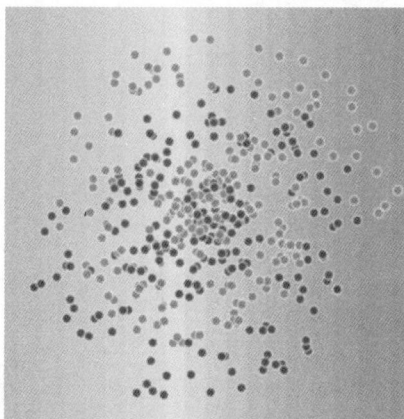

图 7-9  数据集

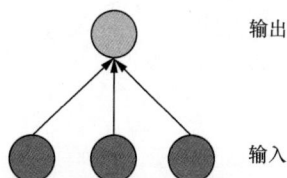

图 7-10  线性模型

下面的圆圈均表示一个输入特征，上面的圆圈表示各个输入的加权和。

要提高此模型处理非线性问题的能力，应该如何更改它呢？

### 1. 隐藏层

在图 7-11 所示的模型中，添加了一个表示中间值的"隐藏层"。隐藏层中的每个节点均是输入节点值的加权和。输出的是隐藏层中的节点的加权和。

此模型是线性的吗？是的，其输出仍是其输入的线性组合。

在图 7-12 所示的模型中，又添加了一个表示加权和的"隐藏层"。此模型仍是线性的吗？是的。当我们将输出表示为输入的函数并进行简化时，获得的是输入的另一个加权和。

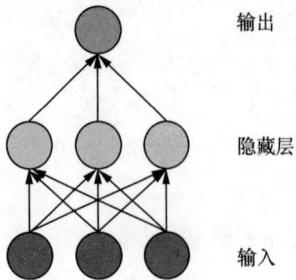

图 7-11　带隐藏层的模型　　　　图 7-12　带两层隐藏层的模型

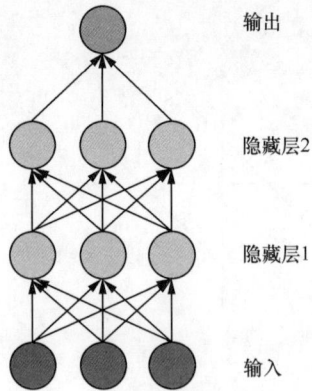

### 2. 激活函数

要对非线性问题进行建模，我们可以直接引入非线性函数，可以用非线性函数将每个隐藏层节点连接起来。

在图 7-13 所示的模型中，在隐藏层 1 中的各个节点值传递到下一层进行加权求和之前，采用了一个非线性函数对其进行转换。这种非线性函数被称为激活函数。

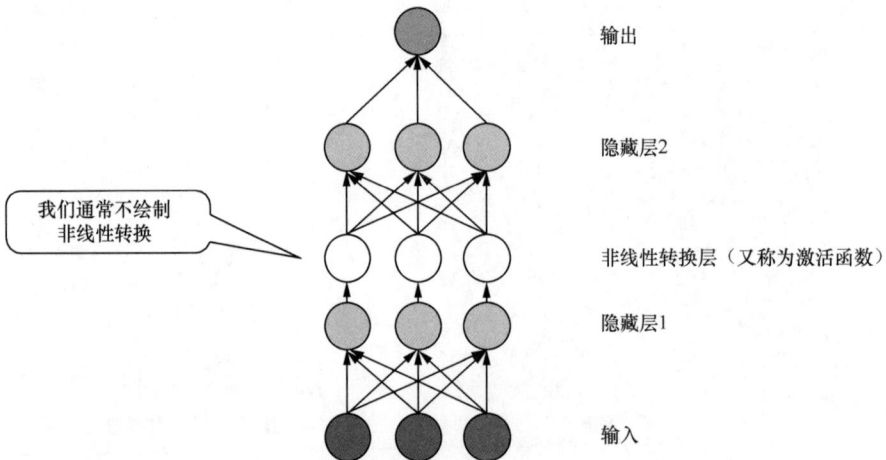

图 7-13　带激活函数的模型

现在，我们已经为模型添加了激活函数，如果添加层，将会对输出产生更多影响。通过在非线性上堆叠非线性，能够对输入和预测输出之间极其复杂的关系进行建模。简而言之，每一层均可通过原始输入有效学习更复杂、更高级别的函数。

### 3. 常见激活函数

Sigmoid 函数可以将加权和转换为介于 0 和 1 之间的值。Sigmoid 函数的曲线图如图 7-14 所示。

$$F(x) = \frac{1}{1 + e^{-x}}$$

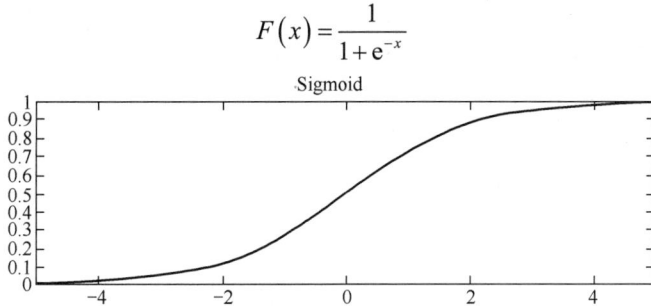

图 7-14　Sigmoid 函数

与 Sigmoid 函数等平滑函数相比，修正线性单元激活函数（以下简称 ReLU 函数）的效果通常更好一点，同时还非常易于计算。

$$F(x) = \max(0, x)$$

ReLU 函数的优势在于它是基于实证发现的（可能由 ReLU 驱动），拥有更实用的响应范围。ReLU 函数的曲线图如图 7-15 所示。

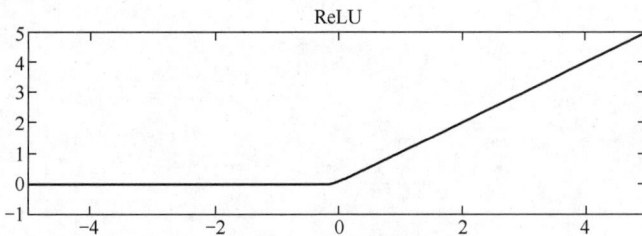

图 7-15　ReLU 函数

实际上，所有数学函数均可作为激活函数。假设 $\sigma$ 表示激活函数（ReLU、Sigmoid 函数等）。因此，网络中节点的值由以下公式指定：

$$\sigma(w \cdot x + b)$$

现在，模型拥有了"神经网络"的所有标准组件。

（1）一组节点，类似于神经元，位于层中。

（2）一组权重，表示每个神经网络层与其下方的层之间的关系。下方的层可能是另一个神经网络层，也可能是其他类型的层。

（3）一组偏差，每个节点一个偏差。

（4）一个激活函数，对层中每个节点的输出进行转换。不同的层可能拥有不同的激活函数。

## 7.2　深度学习框架 Keras

### 7.2.1　认识 Keras

Keras 是一个深度学习的框架，可以方便地定义和训练绝大多数类型的深度学习模型。Keras 最开始是为研究人员开发的，其目的在于快速实验。

Keras 具有以下重要特性。

（1）相同的代码可以在 CPU 或 GPU 上无缝切换运行。

（2）具有友好的用户 API，便于快速开发深度学习模型的原型。

（3）内置支持卷积网络（用于计算机视觉）、循环网络（用于序列处理）及二者的任意组合。

（4）支持任意网络架构：多输入或多输出模型、层共享、模型共享等。

### 7.2.2 Keras 的安装

使用命令 pip install keras 安装 Keras，如图 7-16 所示。

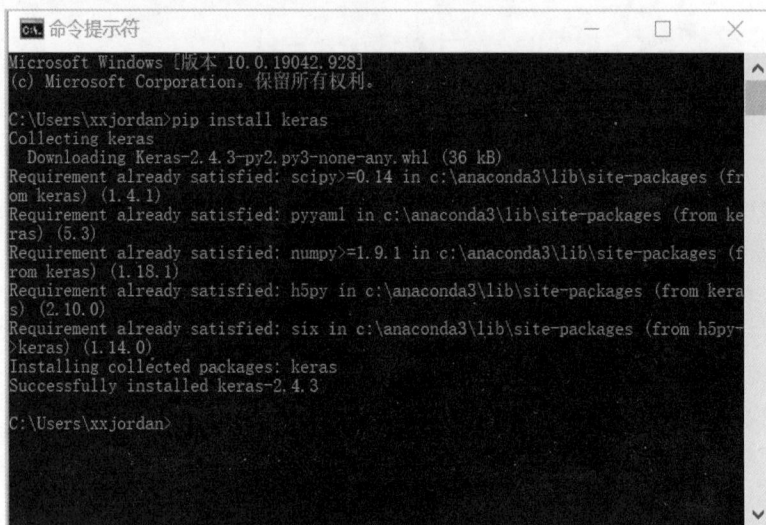

图 7-16　Keras 安装

不过由于 Keras 的后端依赖 TensorFlow，所以还需要使用命令 pip install tensorflow 安装 TensorFlow，如图 7-17 所示。

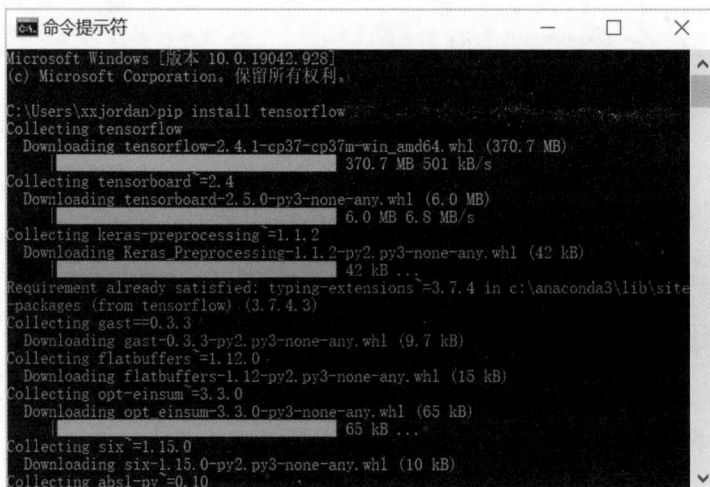

图 7-17　安装 TensorFlow

## 7.2.3　Keras 里的模块介绍

### 1. Optimizers

Optimizers 包含了一些优化的方法，比如最基本的随机梯度下降（SGD，Stochastic Gradient Decent），还有 Adagrad、Adadelta、RMSprop、Adam，一些新的方法也会不断被添加进来。

```
keras.optimizers.SGD(lr=0.01, momentum=0.9, decay=0.9, nesterov=False)
```

上面的代码是 SGD 的使用方法，参数 lr 表示学习速率，momentum 表示动量项，decay 是学习速率的衰减系数（每个 epoch 衰减一次），nesterov 的值是 False 或者 True，表示是否使用 nesterov momentum。

### 2. Objectives

Objectives 是目标函数模块，Keras 提供了 mean_squared_error、mean_absolute_error、squared_hinge、hinge、binary_crossentropy、categorical_crossentropy 等目标函数。

这里 binary_crossentropy 和 categorical_crossentropy 也就是 logloss。

### 3. Activations

Activations 是激活函数模块，Keras 提供了 linear、sigmoid、hard_sigmoid、tanh、softplus、relu、softplus，另外，softmax 也在 Activations 模块中（编者认为放在 layers 模块里更合理）。

### 4. Initializations

Initializations 是参数初始化模块，在添加 layer 时调用 init 进行初始化。Keras 提供了 uniform、lecun_uniform、normal、orthogonal、zero、glorot_normal、he_normal 等。

### 5. layers

layers 模块包含了 core、convolutional、recurrent、advanced_activations、normalization、embeddings 等几种 layer。

其中，core 包含了 flatten（将二维特征图转为一维特征图）、reshape（将一维向量转为二维向量）、dense（隐藏层）等。

### 6. Preprocessing

Preprocessing 是预处理模块，包括序列数据的处理、文本数据的处理、图像数据的处理。Keras 为图像数据的处理，提供了 ImageDataGenerator() 函数，可以扩增数据集，对图像进行一些弹性变换，比如水平翻转、垂直翻转、旋转等。

### 7. Models

Models 是最主要的模块、模型，可以将上面定义的各种基本组件组合起来。

### 7.2.4　Keras 工作流程

#### 1. 典型的 Keras 工作流程

（1）定义训练数据：定义输入张量和目标张量。

（2）定义层组成的网络，将输入映射到目标。

（3）配置学习过程：选择损失函数、优化器和需要监控的指标。

（4）调用模型的 fit() 方法，在训练数据上进行迭代。

#### 2. 定义模型的两种方法

（1）定义的两层模型（仅用于层的线性堆叠）

```
from keras import layers,models
model = models.Sequential()
model.add(layers.Dense(32,activation='relu',input_shape=(784,)))
model.add(layers.Dense(10,activation='softmax'))
```

（2）函数式 API 定义的相同模型

```
input_tensor = layers.Input(shape=(784,))
x = layers.Dense(32,activation='relu')(input_tensor)
output_tensor = layers.Dense(10,activation='softmax')(x)
model = models.Model(inputs=input_tensor,outputs=output_tensor)
```

配置学习过程（编译），需要指定模型使用的优化器和损失函数，以及训练过程中想要监控的指标。

```
from keras import optimizers
model.compile(optimizer=optimizers.RMSprop(lr=0.001),loss='mse',metrics=['accuracy'])
```

学习过程就是通过调用 fit() 方法将输入数据的 NumPy 数组传入模型。

```
model.fit(x=input_tensor, y=target_tensor, validation_split=0.1, batch_size=128, epochs=4)
```

## 7.3　深度学习的应用

### 7.3.1　Mnist 手写数字数据集

【案例 7-1】Mnist 手写数字数据集分类。

（1）使用深度学习对 Mnist 手写数字数据集进行分类。

```
import keras
dataset = keras.datasets.mnist.load_data()
```

（2）dataset 是一个元组，第一个元组是训练集数据，第二个元组是测试集数据。拆分出训练集和测试数据。

```
from keras.utils import np_utils
train_x, train_y = dataset[0]
test_x, test_y = dataset[1]
train_x = train_x/255 # 归一化
test_x = test_x /255 # 归一化
```

```
train_y = np_utils.to_categorical(train_y, 10) # 将训练集 label 转换为 one-hot 编码
```

（3）DNN。

DNN 是指包含多个隐层的神经网络，如图 7-18 所示的 MLP 神经网络。

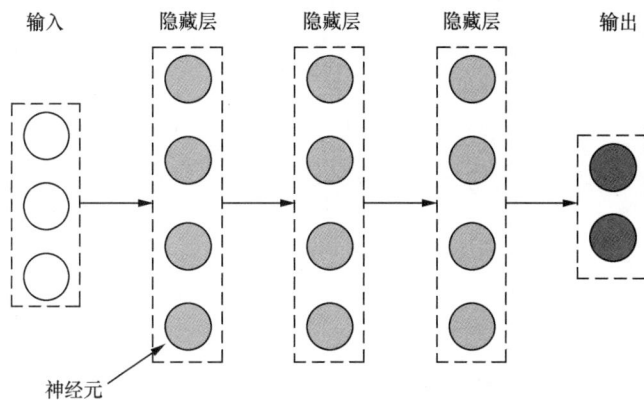

图 7-18　MLP 神经网络

MLP 神经网络是最简单的 DNN，它的每一层其实就是全连接层（fully connected layer，fc 层），其神经元如图 7-19 所示。

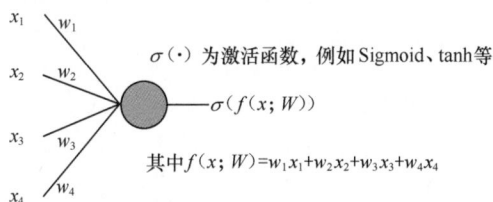

$\sigma(\cdot)$ 为激活函数，例如 Sigmoid、tanh 等

$\sigma(f(x;W))$

其中 $f(x;W)=w_1x_1+w_2x_2+w_3x_3+w_4x_4$

图 7-19　MLP 神经元

接下来，我们利用 DNN 对 Mnist 手写数字数据集进行分类。

① 对数据维度进行转换。

```
train_x.resize(60000,784) # 将数据由 （60000, 28, 28）转换为(60000,784)
test_x.resize(10000,784)
```

② 建立 DNN。

```
train_x.resize(60000,784) # 将数据由 （60000, 28, 28）转换为(60000,784)
test_x.resize(10000,784)
#生成一个 model
model = Sequential()
model.add(Dense(64, activation='relu'))
model.add(Dropout(0.3))
model.add(Dense(64, activation='relu'))
model.add(Dropout(0.3))
model.add(Dense(64, activation='relu'))
model.add(Dropout(0.3))
model.add(Dense(10, activation='softmax'))
```

③ 编译模型。

```
opt = Adam(lr=0.01)
model.compile(optimizer=opt, loss='categorical_crossentropy', metrics=['accuracy'])      # 交叉熵损失函数
```

这样整个模型就构建好了，包括了各个网络层、优化器的设置、损失函数的设置、评估器的设置及模型编译。

④ 使用 model.fit()训练模型。

```
model.fit(train_x,              # 训练样本
          train_y,              # 训练样本的标注
          batch_size=128,       # 每批次训练多少个样本
          epochs=10,            # 训练的轮数
          shuffle=True,         # 是否打乱数据集顺序
          validation_split=0.2  # 切分验证集比例
          )
```

运行结果为：

Epoch 1/10

375/375 [==============] － 2s 3ms/step － loss: 0.8879 － accuracy: 0.7120 － val_loss: 0.2659 － val_accuracy: 0.9273

Epoch 2/10

375/375 [==============] － 1s 3ms/step － loss: 0.4103 － accuracy: 0.8888 － val_loss: 0.2007 － val_accuracy: 0.9463

Epoch 3/10

375/375 [==============] － 1s 4ms/step － loss: 0.3821 － accuracy: 0.8973 － val_loss: 0.1944 － val_accuracy: 0.9479

Epoch 4/10

375/375 [==============] － 1s 3ms/step － loss: 0.3498 － accuracy: 0.9061 － val_loss: 0.2001 － val_accuracy: 0.9449

Epoch 5/10

375/375 [==============] － 1s 3ms/step － loss: 0.3505 － accuracy: 0.9082 － val_loss: 0.1930 － val_accuracy: 0.9490

Epoch 6/10

375/375 [==============] － 1s 2ms/step － loss: 0.3478 － accuracy: 0.9095 － val_loss: 0.1815 － val_accuracy: 0.9514

Epoch 7/10

375/375 [==============] － 1s 3ms/step － loss: 0.3298 － accuracy: 0.9110 － val_loss: 0.1794 － val_accuracy: 0.9535

Epoch 8/10

375/375 [==============] － 1s 4ms/step － loss: 0.3171 － accuracy: 0.9175 － val_loss: 0.1923 － val_accuracy: 0.9517

Epoch 9/10

375/375 [==============] － 1s 3ms/step － loss: 0.3312 － accuracy: 0.9114 － val_loss: 0.1822 － val_accuracy: 0.9532

Epoch 10/10

375/375 [==============] － 1s 4ms/step － loss: 0.3172 － accuracy: 0.9129 － val_loss: 0.1919 － val_accuracy: 0.9514

从输出的训练结果我们可以看到，训练集的 loss 在逐步减小，正确率在逐步增大，在第 10 轮训练完成之后，验证集的正确率达到了 95.14%。

⑤ 对测试集的 10000 个手写数字进行分类。

```
predict = model.predict_classes(test_x)
print(f'测试集分类正确率为{(len(predict[predict==test_y]) / len(predict)) * 100}%')
```

运行结果为：测试集分类正确率为 95.07%

### 7.3.2　CNN

CNN 相对于 MLP 神经网络而言，多了一个先验知识，即数据之间存在空间相关性（如图像），蓝天附近的像素点是白云的概率会大于是水桶的概率。滤波器会扫描整张图像，在扫描的过程中，参数共享。图 7-20、图 7-21、图 7-22、图 7-23、图 7-24 是一个 $3 \times 3$ 的输入经过一个 $2 \times 2$ 的卷积层执行过程，该卷积层的 stride 为 1，padding 为 0。最后的计算结果如图 7-24。

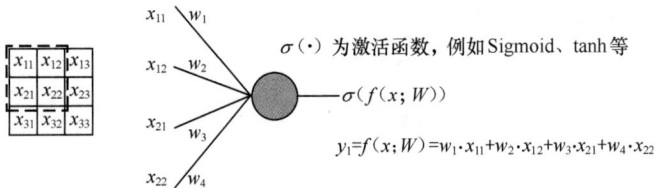

图 7-20　卷积过程 1

$\sigma(\cdot)$ 为激活函数，例如 Sigmoid、tanh 等

$$y_1 = f(x; W) = w_1 \cdot x_{11} + w_2 \cdot x_{12} + w_3 \cdot x_{21} + w_4 \cdot x_{22}$$

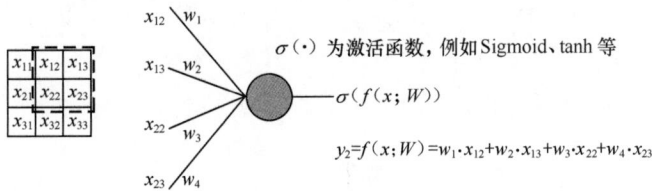

图 7-21　卷积过程 2

$\sigma(\cdot)$ 为激活函数，例如 Sigmoid、tanh 等

$$y_2 = f(x; W) = w_1 \cdot x_{12} + w_2 \cdot x_{13} + w_3 \cdot x_{22} + w_4 \cdot x_{23}$$

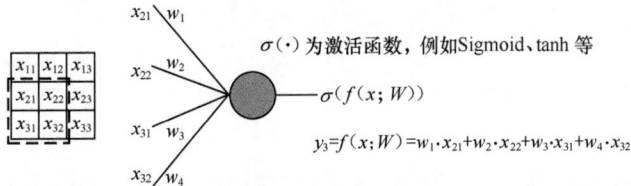

图 7-22　卷积过程 3

$\sigma(\cdot)$ 为激活函数，例如 Sigmoid、tanh 等

$$y_3 = f(x; W) = w_1 \cdot x_{21} + w_2 \cdot x_{22} + w_3 \cdot x_{31} + w_4 \cdot x_{32}$$

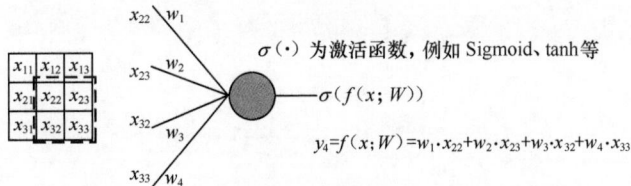

图 7-23　卷积过程 4

$\sigma(\cdot)$ 为激活函数，例如 Sigmoid、tanh 等

$$y_4 = f(x; W) = w_1 \cdot x_{22} + w_2 \cdot x_{23} + w_3 \cdot x_{32} + w_4 \cdot x_{33}$$

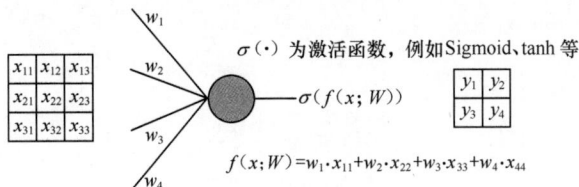

图 7-24　卷积过程 5

$\sigma(\cdot)$ 为激活函数，例如 Sigmoid、tanh 等

$$f(x; W) = w_1 \cdot x_{11} + w_2 \cdot x_{22} + w_3 \cdot x_{33} + w_4 \cdot x_{44}$$

接下来，我们利用 CNN 对 Mnist 手写数字数据集进行分类。

### 1. 对数据维度进行变换

```python
train_x = train_x.reshape(train_x.shape[0],28,28,1).astype('float32')
test_x = test_x.reshape(test_x.shape[0],28,28,1).astype('float32')
```

### 2. 建立 CNN 结构

```python
from keras import Sequential
from keras.layers import Dense,Dropout,Flatten,Conv2D,MaxPool2D
model=Sequential()
# 卷积层
model.add(Conv2D(filters=16,kernel_size=(5,5),padding='same',input_shape=(28,28,1),activation='relu'))
#池化层
model.add(MaxPool2D(pool_size=(2,2)))
model.add(Conv2D(filters=36,kernel_size=(5,5),padding='same',activation='relu'))
model.add(MaxPool2D(pool_size=(2,2)))
# 随机忽略部分节点
model.add(Dropout(0.25))
model.add(Flatten())
model.add(Dense(units=128,activation='relu'))
model.add(Dropout(0.5))
model.add(Dense(10,activation='softmax'))
```

### 3. 编译模型

```python
model.compile(loss='categorical_crossentropy',    # 设置损失函数
              optimizer='adam',                    # 设置优化器
              metrics=['accuracy']                 # 设置评估器
             )
```

### 4. 训练模型

```python
model.fit(train_x,            # 训练样本
          train_y,            # 训练样本的标注
          batch_size=128,     # 每批次训练多少个样本
          epochs=10,          # 训练的轮数
          shuffle=True,       # 是否打乱数据集顺序
          validation_split=0.2 # 切分验证集比例
         )
```

运行结果为：

Epoch 1/10

375/375 [==============] − 15s 39ms/step − loss: 0.7010 − accuracy: 0.7757 − val_loss: 0.0732 − val_accuracy: 0.9783

Epoch 2/10

375/375 [==============] − 15s 39ms/step − loss: 0.1246 − accuracy: 0.9641 − val_loss: 0.0581 − val_accuracy: 0.9831

Epoch 3/10

375/375 [==============] − 15s 40ms/step − loss: 0.0890 − accuracy: 0.9723 − val_loss: 0.0447 − val_accuracy: 0.9867

Epoch 4/10

375/375 [==============] − 15s 40ms/step − loss: 0.0698 − accuracy: 0.9783 − val_loss: 0.0390 − val_accuracy: 0.9886

Epoch 5/10

375/375 [==============] − 15s 40ms/step − loss: 0.0637 − accuracy: 0.9809 − val_loss: 0.0390 − val_accuracy: 0.9885

Epoch 6/10

375/375 [==============] − 15s 41ms/step − loss: 0.0486 − accuracy: 0.9853 − val_loss: 0.0376 − val_accuracy: 0.9898

Epoch 7/10

375/375 [==============] − 15s 41ms/step − loss: 0.0446 − accuracy: 0.9866 − val_loss: 0.0333 − val_accuracy: 0.9911

Epoch 8/10

375/375 [==============] − 15s 41ms/step − loss: 0.0399 − accuracy: 0.9883 − val_loss: 0.0331 − val_accuracy: 0.9916

Epoch 9/10

375/375 [==============] − 15s 41ms/step − loss: 0.0348 − accuracy: 0.9891 − val_loss: 0.0321 − val_accuracy: 0.9913

Epoch 10/10

375/375 [==============] − 15s 40ms/step − loss: 0.0335 − accuracy: 0.9893 − val_loss: 0.0293 − val_accuracy: 0.9918

从输出的训练结果我们可以看到，训练集的 loss 在逐步减小，正确率在逐步增大，在第 10 轮训练完成之后，验证集的正确率达到了 99.18%。

### 5. 对测试集的 10000 个手写数字分类

```
predict = model.predict_classes(test_x)
print(f'测试集分类正确率为{(len(predict[predict==test_y]) / len(predict)) * 100}%')
```

运行结果为：测试集分类正确率为 99.22999999999999%

### 7.3.3 RNN

RNN 相对于 MLP 神经网络而言，也多了一个先验知识，即数据之间存在时间相关性，如在一段文字中，前面的字是"上"，后面的字是"学"概率更大，是"狗"的概率很小。一个典型的 RNN 如图 7-25 所示，图 7-26 是将图 7-25 在时间上展开的结果，这里只展开了两步。

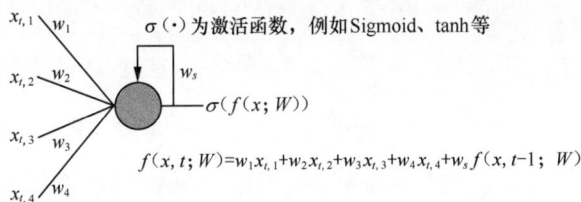

图 7-25　RNN1

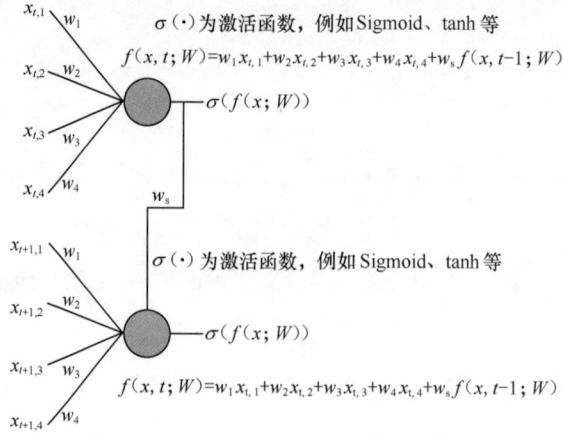

$\sigma(\cdot)$ 为激活函数，例如 Sigmoid、tanh 等

$$f(x, t; W) = w_1 x_{t,1} + w_2 x_{t,2} + w_3 x_{t,3} + w_4 x_{t,4} + w_s f(x, t-1; W)$$

$\sigma(\cdot)$ 为激活函数，例如 Sigmoid、tanh 等

$$f(x, t; W) = w_1 x_{t,1} + w_2 x_{t,2} + w_3 x_{t,3} + w_4 x_{t,4} + w_s f(x, t-1; W)$$

图 7-26　RNN2

## 1. 建立 RNN 结构

```
from keras import Sequential
from keras.models import Model
from keras.layers import Dense,SimpleRNN
from keras.optimizers import Adam
# 数据长度为一行有 28 个像素
input_size = 28
# 序列的长度
time_steps = 28
# 隐藏层 block 的个数
cell_size = 50
model = Sequential()
# 循环神经网络
model.add(SimpleRNN(
        units = cell_size, # 输出
        input_shape = (time_steps, input_size), # 输入
    ))
# 输出层
model.add(Dense(10, activation='softmax'))
```

## 2. 编译模型

```
model.compile(loss='categorical_crossentropy',    # 设置损失函数
            optimizer='adam',                      # 设置优化器
            metrics=['accuracy']                   # 设置评估器
            )
```

## 3. 训练模型

```
model.fit(train_x,             # 训练样本
        train_y,               # 训练样本的标注
        batch_size=128,        # 每批次训练多少个样本
```

```
        epochs=10,        # 训练的轮数
        shuffle=True,     # 是否打乱数据集顺序
        validation_split=0.2 # 切分验证集比例
        )
```

运行结果为：

Epoch 1/10

375/375 [=============] − 2s 5ms/step − loss: 2.1178 − accuracy: 0.2577 − val_loss: 1.4546 − val_accuracy: 0.5817

Epoch 2/10

375/375 [=============] − 2s 4ms/step − loss: 1.3505 − accuracy: 0.5962 − val_loss: 1.0452 − val_accuracy: 0.6839

Epoch 3/10

375/375 [=============] − 2s 4ms/step − loss: 1.0216 − accuracy: 0.6823 − val_loss: 0.8552 − val_accuracy: 0.7444

Epoch 4/10

375/375 [=============] − 2s 4ms/step − loss: 0.8582 − accuracy: 0.7366 − val_loss: 0.7266 − val_accuracy: 0.7853

Epoch 5/10

375/375 [=============] − 2s 4ms/step − loss: 0.7489 − accuracy: 0.7758 − val_loss: 0.6282 − val_accuracy: 0.8142

Epoch 6/10

375/375 [=============] − 2s 4ms/step − loss: 0.6488 − accuracy: 0.8097 − val_loss: 0.5569 − val_accuracy: 0.8423

Epoch 7/10

375/375 [=============] − 2s 4ms/step − loss: 0.5815 − accuracy: 0.8305 − val_loss: 0.5090 − val_accuracy: 0.8557

Epoch 8/10

375/375 [=============] − 2s 4ms/step − loss: 0.5312 − accuracy: 0.8464 − val_loss: 0.4659 − val_accuracy: 0.8673

Epoch 9/10

375/375 [=============] − 2s 4ms/step − loss: 0.4970 − accuracy: 0.8567 − val_loss: 0.4348 − val_accuracy: 0.8745

Epoch 10/10

375/375 [=============] − 2s 4ms/step − loss: 0.4586 − accuracy: 0.8680 − val_loss: 0.4109 − val_accuracy: 0.8824

从输出的训练结果我们可以看到，训练集的 loss 在逐步减小，正确率在逐步增大，在第 10 轮训练完成之后，验证集的正确率达到了 88.24%。

### 4. 对测试集的 10000 个手写数字分类

```
predict = model.predict_classes(test_x)
print(f'测试集分类正确率为{(len(predict[predict==test_y]) / len(predict)) * 100}%')
```

运行结果为：测试集分类正确率为 88.16000000000001%

## 7.4 项目实训——CIFAR-10 图像识别

### 7.4.1 实训需求

使用 CNN 模型对 CIFAR-10 数据集进行分类。

### 7.4.2 CIFAR-10 数据集简介

CIFAR-10 数据集是由 Geoffrey Hinton 的学生 Alex Krizhevsky 和 Ilya Sutskever 整理的一个用于识别普适物体的小型数据集，共包含 10 个类别的 RGB 彩色图片：飞机（airPlane）、汽车（automobile）、鸟类（bird）、猫（cat）、鹿（deer）、狗（dog）、蛙类（frog）、马（horse）、船（ship）和卡车（truck）。图片的尺寸为 32 像素×32 像素，数据集中共有 50000 张训练图片和 10000 张测试图片。CIFAR-10 数据集的图片样例如图 7-27 所示。

图 7-27 就是列举了 10 个类别，每一类展示了随机的 10 张图片。

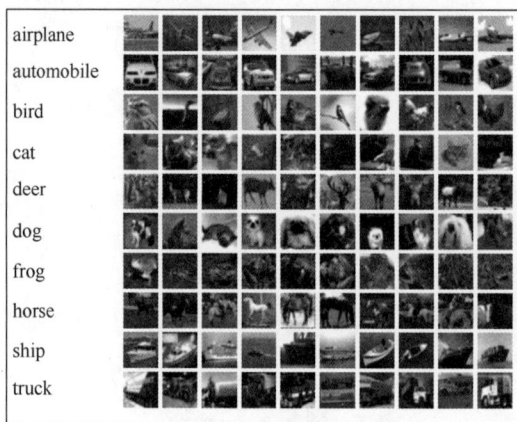

图 7-27 数据集展示

与 Mnist 数据集中相比，CIFAR-10 数据集具有以下不同点。

（1） CIFAR-10 数据集的图像是 3 通道的彩色 RGB 图像，而 Mnist 数据集的图像是灰度图像。

（2）CIFAR-10 数据集的图片尺寸为 32 像素×32 像素，而 Mnist 数据集的图片尺寸为 28 像素×28 像素。

（3）相比于手写字符，CIFAR-10 数据集含有的是现实世界中真实的物体，不仅噪声很大，而且物体的比例、特征都不尽相同，这为识别带来很大困难。直接的线性模型（如 Softmax）在 CIFAR-10 数据集上表现得很差。

### 7.4.3 项目实践

#### 1. CIFAR-10 数据集下载

直接使用 Keras 自带的数据集进行下载与加载，如下。

```
from keras.datasets import cifar10
(x_train, y_train), (x_test, y_test) = cifar10.load_data()
```

## 2. 数据处理

```
from keras.utils import np_utils
y_train = np_utils.to_categorical(y_train, 10)     # 将训练集 label 转换为 one-hot 编码
y_test = np_utils.to_categorical(y_test, 10)       # 将测试集 label 转换为 one-hot 编码
x_train = x_train / 255  # 归一化
x_test = x_test /255
```

## 3. 模型搭建

```
from keras import Sequential
from keras.layers import Dense, Dropout, Flatten, Conv2D, MaxPool2D
from keras.optimizers import Adam
model=Sequential()
# 卷积层
model.add(Conv2D(filters=16, kernel_size=(3,3), padding='same', input_shape=(32,32,3), activation='relu'))
#池化层
model.add(MaxPool2D(pool_size=(2,2)))
model.add(Conv2D(filters=16, kernel_size=(3,3), padding='same', activation='relu'))
model.add(MaxPool2D(pool_size=(2,2)))
model.add(Dropout(0.5))
model.add(Conv2D(filters=32, kernel_size=(3,3), padding='same', activation='relu'))
model.add(MaxPool2D(pool_size=(2,2)))
model.add(Dropout(0.5))
model.add(Conv2D(filters=64, kernel_size=(3,3), padding='same', activation='relu'))
model.add(MaxPool2D(pool_size=(2,2)))
model.add(Dropout(0.5))
model.add(Conv2D(filters=128, kernel_size=(3,3), padding='same', activation='relu'))
model.add(MaxPool2D(pool_size=(2,2)))
# 随机忽略部分节点
model.add(Dropout(0.5))
model.add(Flatten())
model.add(Dense(units=128, activation='relu'))
model.add(Dropout(0.5))
model.add(Dense(10, activation='softmax'))

# 定义优化器
adam = Adam(lr=1e-4)
model.compile(loss='categorical_crossentropy',       # 设置损失函数
              optimizer=adam,                         # 设置优化器
              metrics=['accuracy']                    # 设置评估器
             )
```

## 4. 模型训练及预测

```
history = model.fit(x_train,          # 训练样本
          y_train,                    # 训练样本的标注
          epochs=350,                 # 训练的轮数
          shuffle=True,
          batch_size=128,             # 每批次训练多少个样本
          validation_data=(x_test, y_test),# 设置测试集
          )
```

运行结果为：

Epoch 1/350

391/391 [==============] − 14s 36ms/step − loss: 2.3214 − accuracy：0.0976 − val_loss: 2.2993 − val_accuracy：0.1708

Epoch 2/350

391/391 [==============] − 14s 36ms/step − loss: 2.2734 − accuracy：0.1243 − val_loss: 2.2318 − val_accuracy：0.1903

Epoch 3/350

391/391 [==============] − 14s 36ms/step − loss: 2.1723 − accuracy：0.1812 − val_loss: 2.1479 − val_accuracy：0.1784

Epoch 4/350

391/391 [==============] − 14s 37ms/step − loss: 2.0619 − accuracy：0.1990 − val_loss: 2.0093 − val_accuracy：0.2265

Epoch 5/350

391/391 [==============] − 14s 37ms/step − loss: 1.9855 − accuracy：0.2194 − val_loss: 1.9400 − val_accuracy：0.2494

· · · · · ·

Epoch 345/350

391/391 [==============] − 15s 37ms/step − loss: 1.1966 − accuracy：0.5741 − val_loss: 1.0163 − val_accuracy：0.6414

Epoch 346/350

391/391 [==============] − 15s 37ms/step − loss: 1.1954 − accuracy：0.5758 − val_loss: 1.0074 − val_accuracy：0.6409

Epoch 347/350

391/391 [==============] − 15s 37ms/step − loss: 1.1933 − accuracy：0.5757 − val_loss: 1.0115 − val_accuracy：0.6358

Epoch 348/350

391/391 [==============] − 15s 37ms/step − loss: 1.1928 − accuracy：0.5753 − val_loss: 1.0066 − val_accuracy：0.6355

Epoch 349/350

391/391 [==============] − 15s 37ms/step − loss: 1.2025 − accuracy：0.5750 − val_loss: 1.0021 − val_accuracy：0.6417

Epoch 350/350

391/391 [==============] − 15s 37ms/step − loss: 1.1809 − accuracy：0.5792 − val_loss: 1.0399 − val_accuracy：0.6252

### 5. 绘制 loss 和 accuracy 曲线图

```
import matplotlib.pyplot as plt
plt.figure()
iters = [i for i in range(len(history.history['accuracy']))]
# loss
plt.plot(iters, history.history['loss'], 'g', label='train loss')
# val_loss
plt.plot(iters, history.history['val_loss'], 'k', label='val loss')
plt.grid(True)
```

```
plt.xlabel('epoch')
plt.ylabel('loss')
plt.legend(loc="upper right")
plt.show()
```

运行结果如图 7-28 所示。

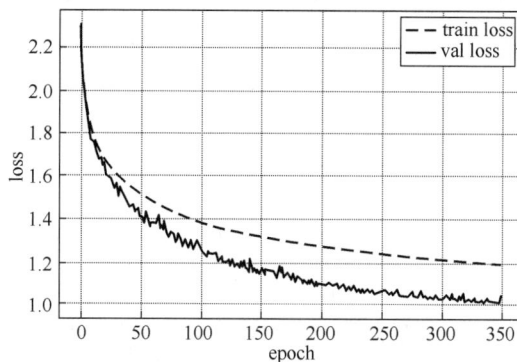

图 7-28　loss 曲线图

```
plt.figure()
iters = [i for i in range(len(history.history['accuracy']))]
# acc
plt.plot(iters, history.history['accuracy'], 'r', label='train acc')
plt.plot(iters, history.history['val_accuracy'], 'b', label='val acc')

plt.grid(True)
plt.xlabel('epoch')
plt.ylabel('acc')
plt.legend(loc="upper right")
plt.show()
```

运行结果如图 7-29 所示。

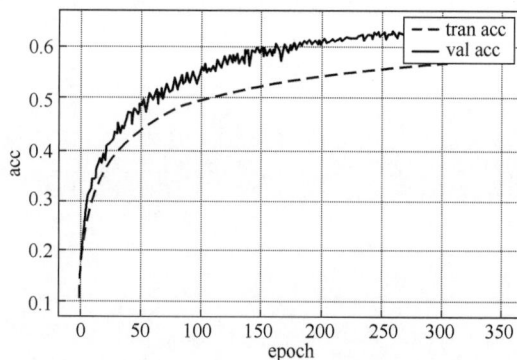

图 7-29　accuracy 曲线图

### 7.4.4　项目总结

从训练过程中的输出结果可知：测试集的 loss 由最初的 2.2993 降低至 1.0399，正确率由 17.08% 提升至 62.52%，从输出图像也能清楚地看到训练过程中 loss 曲线和 accuracy 曲线的变化情况。

# 本 章 小 结

通过本章的学习，我们比较清楚地认知了一些简单结构的 DNN、CNN 及 RNN，并且能够使用 Keras 对这些网络模型进行搭建、训练和预测。在项目实训中也呈现了神经网络的强大之处，并且也对 3 种网络模型运用在图片识别上的效果进行了简单的对比。

# 习 题

**选择题**

1. （多选）深度学习在以下哪些领域取得了较大进步（　　）。

A. 图像识别　　　　　　B. 机器翻译　　　　　　C. 语音识别　　　　　　D. 自动驾驶

2. （多选）Keras 具有哪些特性（　　）。

A. 相同的代码可以在 CPU 或 GPU 上无缝切换运行

B. 具有友好的用户 API，便于快速开发深度学习模型的原型

C. 内置支持卷积网络（用于计算机视觉）、循环网络（用于序列处理）及二者的任意组合

D. Keras 方便逐段调试代码

3. 一般来说，以下哪种神经网络结构更适用于图像识别（　　）。

A. LSTM　　　　　　B. RNN　　　　　　C. DNN　　　　　　D. CNN

# 08

# 第8章
# 推荐系统

**本章导学**

推荐算法具有非常多的应用场景和非常高的商业价值。推荐算法种类很多,但是目前应用较广泛的是协同过滤类的推荐算法,本章将对协同过滤类推荐算法进行介绍。

**学习目标**

(1)了解协同过滤的基本概念。

(2)掌握协同过滤的常用算法。

## 8.1 认识协同过滤

协同过滤(Collaborative Filtering)在信息过滤和信息系统中正迅速成为一项很受欢迎的推荐算法。与传统的基于内容过滤直接分析内容向用户进行推荐不同,协同过滤推荐算法分析用户兴趣,在用户群中找到与指定用户拥有相似兴趣的用户,综合这些相似用户对某一信息的评价,形成系统对该指定用户对此信息的喜好程度预测。

协同过滤在很多成功的推荐系统中应用。电子商务推荐系统可根据其他用户的评论信息,采用协同过滤推荐算法为目标用户推荐商品。

协同过滤推荐算法主要分为启发式协同过滤推荐算法和模型式协同过滤推荐算法两种。

其中,启发式协同过滤推荐算法,又可以分为基于用户(User-Based)的协同过滤推荐算法和基于项目(Item-Based)的协同过滤推荐算法。

启发式协同过滤推荐算法主要包含 3 个步骤。

① 收集用户偏好信息。

② 寻找相似的商品或者用户。

③ 产生推荐。

"巧妇难为无米之炊",协同过滤的输入数据集主要是用户评论数据集或用户行为数据集。这些数据集主要分为显性数据和隐性数据两种类型。

显性数据主要是用户的打分数据,例如用户对商品的打分,5 分制的 1 分、2 分等。但是,显性数据存在一定的问题,如用户很少参与评论,从而造成显性打分数据较为稀疏;用户可能存在欺骗嫌疑或仅给定了部分信息；用户一旦评分，就不会去更新用户评分分值等。

隐性数据主要是用户的点击行为、购买行为和搜索行为等用户行为数据，这些数据揭示了用户对商品的喜好。隐性数据也存在一定的问题，例如如何识别用户是为自己购买商品，还是购买礼物赠送给朋友等。

## 8.2 基于用户的协同过滤推荐算法

基于用户的协同过滤推荐算法用相似统计的方法得到具有相似爱好或兴趣的相邻用户，又被称为基于邻居的协同过滤推荐算法。

### 1. 方法步骤

（1）收集用户信息。

收集可以代表用户兴趣的信息。一般的网站系统使用用户评分的方式或是用户给予评价的方式，这两种方式被称为"主动评分"。还有一种方式是用户进行"被动评分"，是根据用户的行为模式由系统代替用户完成评价，不需要用户直接打分或输入评价数据。电子商务网站在被动评分的数据获取上具有其优势，例如用户购买的商品记录就是相当有用的数据。

（2）最近邻搜索。

基于用户的协同过滤推荐算法的出发点是利用与用户兴趣爱好相同的另一组用户，即计算两个用户的相似度。例如，查找 $n$ 个和用户 A 有相似兴趣的用户，把他们对用户 M 的评分作为 A 对 M 的评分预测。一般会根据数据的不同选择不同的计算方法，目前使用较多的相似度计算方法有皮尔逊相关系数、余弦相似度、调整后的余弦相似度。

基于用户的协同过滤推荐算法首要根据用户的历史行为信息，寻找与新用户相似的其他用户；同时，根据这些相似用户对其他项的评价信息预测当前新用户可能喜欢的项。

给定用户评分数据矩阵 $R$，基于用户的协同过滤推荐算法需要定义相似度函数 $s: U \times U \rightarrow R$，以计算用户之间的相似度，然后根据评分数据和相似矩阵计算推荐结果。

### 2. 如何选择合适的相似度计算方法

在协同过滤推荐算法中，一个重要的环节就是选择合适的相似度计算方法，常用的两种相似度计算方法有皮尔逊相关系数和余弦相似度。皮尔逊相关系数的计算，如公式（8-1）所示。

$$s(u,v) = \frac{\sum_{i \in I_u \cap I_v}(r_{u,i} - \overline{r}_u)(r_{v,i} - \overline{r}_v)}{\sqrt{\sum_{i \in I_u \cap I_v}(r_{u,i} - \overline{r}_u)^2}\sqrt{\sum_{i \in I_u \cap I_v}(r_{v,i} - \overline{r}_v)^2}} \quad (8\text{-}1)$$

在公式（8-1）中，$i$ 表示项，例如商品；$I_u$ 表示用户 $u$ 评价的项集；$I_v$ 表示用户 $v$ 评价的项集；$r_{u,i}$ 表示用户 $u$ 对项 $i$ 的评分；$r_{v,i}$ 表示用户 $v$ 对项 $i$ 的评分；$\overline{r}_u$ 表示用户 $u$ 的平均评分；$\overline{r}_v$ 表示用户 $v$ 的平均评分。

余弦相似度的计算，如公式（8-2）所示。

$$s(u,v) = \frac{r_u \cdot r_v}{\|r_u\|_2 \|r_v\|_2} = \frac{\sum_i r_{u,i} r_{v,i}}{\sqrt{\sum_i r_{u,i}^2} \sqrt{\sum_i r_{v,i}^2}} \qquad (8\text{-}2)$$

### 3. 计算用户 u 对未评分商品的预测分值

计算用户 u 对未评分商品的预测分值，首先根据上一步的相似度计算结果，寻找用户 u 的邻居集 $N \in U$，其中 $N$ 表示邻居集，$U$ 表示用户集。然后，结合用户评分数据集，预测用户 u 对项 i 的评分，计算公式如式（8-3）所示。

$$p_{u,i} = \overline{r_u} + \frac{\sum_{u' \in N} s(u,u')\left(r_{u',i} - \overline{r_{u'}}\right)}{\sum_{u' \in N} |s(u,u')|} \qquad (8\text{-}3)$$

其中，$s(u,u')$ 表示用户 u 和用户 u' 的相似度。

### 4. 举例

假设有如下电子商务评分数据集，预测用户 C 对商品 4 的评分，如表 8-1 所示。

表 8-1　　　　　　　　　　　　　　　　电子商务评分数据集

| 用户 | 商品 1 | 商品 2 | 商品 3 | 商品 4 |
|------|--------|--------|--------|--------|
| 用户 A | 4 | ? | 3 | 5 |
| 用户 B | ? | 5 | 4 | ? |
| 用户 C | 5 | 4 | 2 | ? |
| 用户 D | 2 | 4 | ? | 3 |
| 用户 E | 3 | 4 | 5 | ? |

表中"?"表示用户评分未知。根据基于用户的协同过滤推荐算法步骤，计算用户 C 对商品 4 的评分，其步骤如下。

（1）寻找用户 C 的邻居。

从数据集中可以发现，只有用户 A 和用户 D 对商品 4 评分过，因此候选邻居只有 2 个，分别为用户 A 和用户 D。用户 A 的平均评分为 4，用户 C 的平均评分为 3.667，用户 D 的平均评分为 3，如图 8-1 所示。

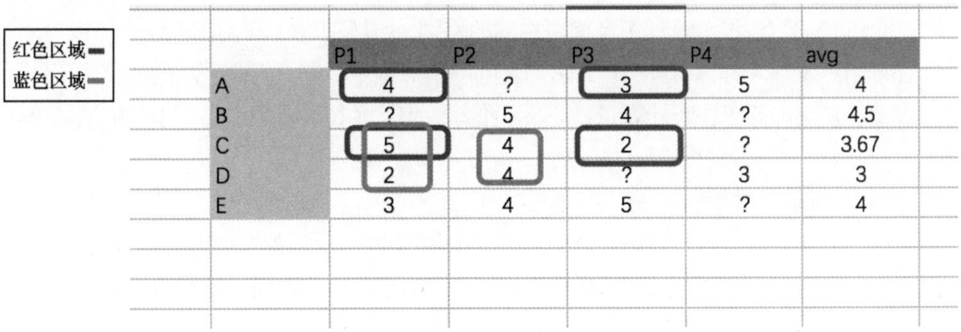

图 8-1　不同用户的平均评分

根据皮尔逊相关系数公式，红色区域计算用户 C 和用户 A 的相似度，如公式（8-4）所示。

$$s(C,A) = \frac{(5-3.667)(4-4)+(2-3.667)(3-4)}{\sqrt{(5-3.667)^2+(2-3.667)^2} \times \sqrt{(4-4)^2+(3-4)^2}} = 0.781 \qquad (8\text{-}4)$$

蓝色区域计算用户 C 与用户 D 的相似度，如公式（8-5）所示。

$$s(C,D) = \frac{(5-3.667)(2-3)+(4-3.667)(4-3)}{\sqrt{(5-3.667)^2+(4-3.667)^2} \times \sqrt{(2-3)^2+(4-3)^2}} = -0.515 \qquad (8\text{-}5)$$

（2）预测用户 C 对商品 4 的评分。

根据公式（8-4）和公式（8-5），计算用户 C 对商品 4 的评分，如公式（8-6）所示。

$$P_{c,4} = 3.667 + \frac{0.781 \times (5-4) + (-0.515) \times (3-3)}{0.781+0.515} = 4.27 \qquad (8\text{-}6)$$

由此可以计算出其他未知的评分。

## 8.3 基于项目的协同过滤推荐算法

随着用户数量的增多，以用户为基础的协同过滤推荐算法计算的时间增加，在 2001 年，Sarwar 提出了基于项目的协同过滤推荐算法。以项目为基础的协同过滤推荐算法有一个基本的假设——"能够引起用户兴趣的项目，必定与其之前评分高的项目相似"，通过计算项目之间的相似性来代替计算用户之间的相似性。

### 1. 方法步骤

（1）收集用户信息。

收集用户信息，基于项目的协同过滤推荐算法与基于用户的协同过滤推荐算法的方式相同。

（2）针对项目的最近邻搜索。

先计算已评价项目和待预测项目的相似度，并以相似度作为权重，加权各个已评价项目的分数，得到待预测项目的预测值。例如，对项目 A 和项目 B 进行相似度计算，要先找出同时对 A 和 B 打过分的组合，对这些组合进行相似度计算，常用的计算方法与基于用户的协同过滤推荐算法相同。

（3）产生推荐结果

基于项目的协同过滤推荐算法不考虑用户间的差别，所以精度较差。但是不需要用户的历史数据，或是进行用户识别。对于项目而言，它们之间的相似度更稳定，因此可以离线完成工作量最大的相似度计算，从而降低了在线计算量，提高了推荐效率，尤其是在用户多于项目的情形下优势尤为显著。

基于项目的协同过滤推荐算法是另一种常见的推荐算法。与基于用户的协同过滤推荐算法不同的是，基于项目的协同过滤推荐算法计算项目之间的相似度，从而预测用户评分。也就是说，该算法可以预先计算项目之间的相似度，这样可提高性能。基于项目的协同过滤推荐算法是通过用户评分数据和计算的项目相似度矩阵，从而对目标项目进行预测。

## 2. 相似度计算方法

和基于用户的协同过滤推荐算法类似，基于项目的协同过滤推荐算法需要先计算项目之间的相似度。计算相似度的方法也可以采用皮尔逊关系系数或余弦相似度，这里给出一种电子商务系统常用的相似度计算方法，即基于物品的协同过滤推荐算法。其中，相似度计算如公式 8-7 所示。

$$w_{ij} = \frac{|N(i) \cap N(j)|}{|N(i)|} \tag{8-7}$$

如式（8-7）所示，分母 $|N(i)|$ 是喜欢物品 $i$ 的用户数，而分子 $|N(i) \cap N(j)|$ 是同时喜欢物品 $i$ 和物品 $j$ 的用户数，但是如果物品 $j$ 很热门，就会导致 $w_{ij}$ 很接近于 1。因此，为了避免推荐出热门的物品，可以使用公式（8-8）。

$$w_{ij} = \frac{|N(i) \cap N(j)|}{\sqrt{|N(i)\|N(j)|}} \tag{8-8}$$

从上面的定义可以看出，在协同过滤推荐算法中两个物品产生相似度是因为它们同时被很多用户喜欢，也就是说，每个用户都可以通过他们的历史兴趣列表为物品"贡献"相似度。

计算物品相似度首先要建立用户–物品倒排表（对每个用户建立一个包含他喜欢的物品的列表），然后对每个用户，将其物品列表中的物品两两在共现矩阵中加 1，如图 8-2 所示。

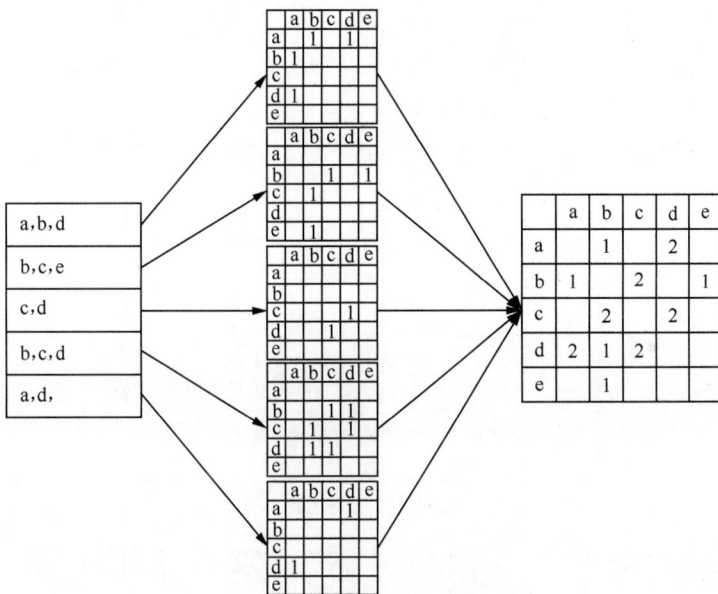

图 8-2　用户–物品倒排表建立

根据矩阵计算每两个物品之间的相似度 $w_{ij}$。

## 3. 用户 $u$ 对于物品 $j$ 的兴趣

得到物品之间的相似度后，可以根据图 8-3 中的公式计算用户 $u$ 对于物品 $j$ 的兴趣。

$$p_{uj} = \sum_{i \in N(u) \cap S(j,K)} w_{ji} r_{ui}$$

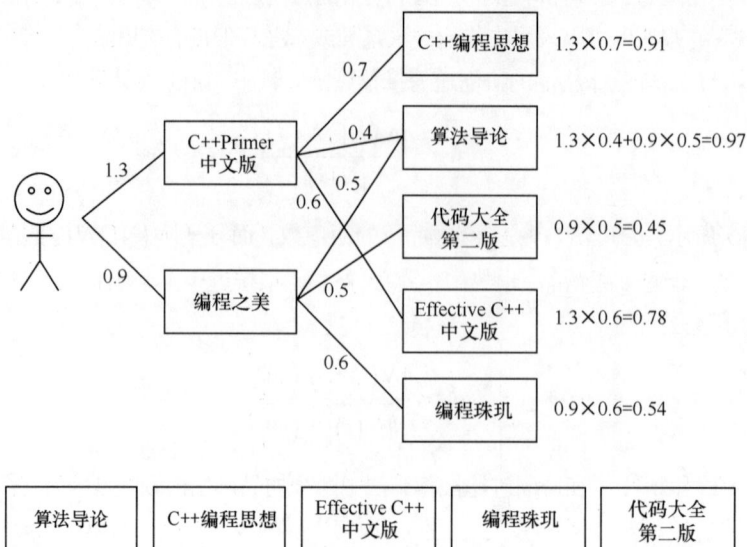

| | |
|---|---|
| C++编程思想 | 1.3×0.7=0.91 |
| 算法导论 | 1.3×0.4+0.9×0.5=0.97 |
| 代码大全第二版 | 0.9×0.5=0.45 |
| Effective C++中文版 | 1.3×0.6=0.78 |
| 编程珠玑 | 0.9×0.6=0.54 |

图 8-3 评分图

$N(u)$是用户喜欢的物品的集合，$S(j,K)$是和物品 $j$ 最相似的 $K$ 个物品的集合，$w_{ji}$是物品 $j$ 和物品 $i$ 的相似度，$r_{ui}$是用户 $u$ 对物品 $i$ 的兴趣。（对于隐反馈数据集，如果用户 $u$ 对物品 $i$ 有过行为，可令 $r_{ui}$=1。）图 8-3 中的公式的含义是，和用户历史上感兴趣的物品越相似的物品，越有可能在用户的推荐列表中获得比较高的排名。

当我们看到这里的时候，很可能由于自己功底不足，很难看懂公式中的 $i \in N(u) \cap S(j,K)$。

我们来看另外一种计算方式，如图 8-4 所示。

图 8-4 矩阵运算

其中，$P_a$ 为新用户对已有产品的向量，$T$ 为物品的共现矩阵，得到的 $P_a'$ 为新用户对每个产品的兴趣度。

### 4. 举例

现有用户的访问记录如图 8-5 所示。

| A | | a | b | d |
|---|---|---|---|---|
| B | | a | c | |
| C | | b | e | |
| D | | c | d | e |

图 8-5  用户的访问记录

其共现矩阵如图 8-6 所示。

| | a | b | c | d | e |
|---|---|---|---|---|---|
| a | - | 1 | 1 | 1 | 0 |
| b | 1 | - | 0 | 1 | 1 |
| c | 1 | 0 | - | 1 | 1 |
| d | 1 | 1 | 1 | - | 1 |
| e | 0 | 1 | 1 | 1 | - |

图 8-6  相似度的共现矩阵 1

通过公式（8-9）计算相似度。

$$W_{a,b} = \frac{1}{\sqrt{3 \times 3}} = \frac{1}{3} \qquad (8-9)$$

以此类推，得到相似度的共现矩阵，如图 8-7 所示。

| | a | b | c | d | e |
|---|---|---|---|---|---|
| a | - | 0.33 | 0.33 | 0.33 | 0 |
| b | 0.33 | - | 0 | 0.33 | 0.33 |
| c | 0.33 | 0 | - | 0.33 | 0.33 |
| d | 0.25 | 0.25 | 0.25 | - | 0.25 |
| e | 0 | 0.33 | 0.33 | 0.33 | - |

图 8-7  相似度的共现矩阵 2

此时，若有新用户 E 访问的 a、b、d 3 个物品，那么可以看作向量 $P$，如图 8-8 所示。

$$\begin{bmatrix} 1 \\ 1 \\ 0 \\ 1 \\ 0 \end{bmatrix}$$

图 8-8  向量 $P$

那么 $P'$ 为矩阵相乘的结果，如图 8-9 所示。

$$\begin{bmatrix} 0 & 0.33 & 0.33 & 0.33 & 0 \\ 0.33 & 0 & 0 & 0.33 & 0.33 \\ 0.33 & 0 & 0 & 0.33 & 0.33 \\ 0.25 & 0.25 & 0.25 & 0 & 0.25 \\ 0 & 0.33 & 0.33 & 0.33 & 0 \end{bmatrix} \begin{bmatrix} 1 \\ 1 \\ 0 \\ 1 \\ 0 \end{bmatrix} = \begin{bmatrix} 0.66 \\ 0.66 \\ 0.66 \\ 0.5 \\ 0.66 \end{bmatrix}$$

图 8-9　矩阵相乘

此时对于用户 E 来说，他对 c 和 e 两个物品的兴趣度是相同的。

### 5. 理解公式 $i \in N(u) \cap S(j,K)$

现在我们来理解公式 $i \in N(u) \cap S(j,K)$。

对于用户 E，已经访问了物品 a、物品 b、物品 d，那么，$N(u)=\{a,b,d\}$；还有两个未访问物品 c 和物品 e，那么 $j=\{c,e\}$。

当 $j=c$ 时，和物品 $j$ 最相似的 $K$ 个物品的集合为{a,d,e}，那么 $S(j,K)=\{a,d,e\}$，得出 $N(u) \cap S(j,K)=\{a,d\}$，如图 8-10 所示。

| | a | b | c | d | e |
|---|---|---|---|---|---|
| a | - | 1 | 1 | 1 | 0 |
| b | 1 | - | 0 | 1 | 1 |
| c | 1 | 0 | - | 1 | 1 |
| d | 1 | 1 | 1 | - | 1 |
| e | 0 | 1 | 1 | 1 | - |

图 8-10　相似度矩阵

再来看矩阵相乘中的 c 行，乘以 **P**，实际上就是上述 $N(u) \cap S(j,K)=\{a,d\}$ 的相似度求和，如图 8-11 所示。

$$\begin{bmatrix} 0 & 0.33 & 0.33 & 0.33 & 0 \\ 0.33 & 0 & 0 & 0.33 & 0.33 \\ 0.33 & 0 & 0 & 0.33 & 0.33 \\ 0.25 & 0.25 & 0.25 & 0 & 0.25 \\ 0 & 0.33 & 0.33 & 0.33 & 0 \end{bmatrix} \begin{bmatrix} 1 \\ 1 \\ 0 \\ 1 \\ 0 \end{bmatrix} = \begin{bmatrix} 0.66 \\ 0.66 \\ 0.66 \\ 0.5 \\ 0.66 \end{bmatrix}$$

图 8-11　相似度求和

同理，当 $j=e$ 时，和物品 $j$ 最相似的 $K$ 个物品的集合为{b,c,d}，那么 $S(j,K)=\{b,c,d\}$，得出 $N(u) \cap S(j,K)=\{b,d\}$，如图 8-12 所示。

红色 ———
蓝色 ———

| | P1 | P2 | P3 | P4 | avg |
|---|---|---|---|---|---|
| A | 4 | ? | 3 | 5 | 4 |
| B | ? | 5 | ? | ? | 4.5 |
| C | 5 | 4 | 2 | ? | 3.67 |
| D | 2 | 4 | ? | 3 | 3 |
| E | 3 | 4 | 5 | ? | 4 |

图 8-12　相似度矩阵

再来看矩阵相乘中的 e 行，乘以 $P$，实际上就是上述 $N(u)\cap S(j,K)=\{b,d\}$ 的相似度求和，如图 8-13 所示。

$$\begin{bmatrix} 0 & 0.33 & 0.33 & 0.33 & 0 \\ 0.33 & 0 & 0 & 0.33 & 0.33 \\ 0.33 & 0 & 0 & 0.33 & 0.33 \\ 0.25 & 0.25 & 0.25 & 0 & 0.25 \\ 0 & 0.33 & 0.33 & 0.33 & 0 \end{bmatrix} \begin{bmatrix} 1 \\ 1 \\ 0 \\ 1 \\ 0 \end{bmatrix} = \begin{bmatrix} 0.66 \\ 0.66 \\ 0.66 \\ 0.5 \\ 0.66 \end{bmatrix}$$

图 8-13　矩阵 e 行相乘

## 8.4　项目实训——电影推荐系统

### 8.4.1　实训需求

训练协同过滤推荐算法模型，基于用户历史数据对用户进行电影推荐。

### 8.4.2　数据集介绍

数据集 ratings.json 是每个用户对其看过电影的评分，数据结构如下。

```
{
"John Carson":
    {
"Inception": 2.5,
"Pulp Fiction": 3.5,
"Anger Management": 3.0,
"Fracture": 3.5,
"Serendipity": 2.5,
"Jerry Maguire": 3.0
    },
"Michelle Peterson":
    {
"Inception": 3.0,
"Pulp Fiction": 3.5,
"Anger Management": 1.5,
"Fracture": 5.0,
"Jerry Maguire": 3.0,
"Serendipity": 3.5
    },
"William Reynolds":
    {
"Inception": 2.5,
"Pulp Fiction": 3.0,
"Fracture": 3.5,
"Jerry Maguire": 4.0
    },
"Jillian Hobart":
    {
"Pulp Fiction": 3.5,
```

```
                 "Anger Management": 3.0,
                 "Jerry Maguire": 4.5,
                 "Fracture": 4.0,
                 "Serendipity": 2.5
                   },
                 "Melissa Jones":
                   {
                 "Inception": 3.0,
                 "Pulp Fiction": 4.0,
                 "Anger Management": 2.0,
                 "Fracture": 3.0,
                 "Jerry Maguire": 3.0,
                 "Serendipity": 2.0
                   },
                 "Alex Roberts":
                   {
                 "Inception": 3.0,
                 "Pulp Fiction": 4.0,
                 "Jerry Maguire": 3.0,
                 "Fracture": 5.0,
                 "Serendipity": 3.5
                   },
                 "Michael Henry":
                   {
                 "Pulp Fiction": 4.5,
                 "Serendipity": 1.0,
                 "Fracture": 4.0
                   }
             }
```

### 8.4.3　项目实施

#### 1. 读取数据集中的数据

```
import json
import numpy as np
import matplotlib.pyplot as mp
# 从数据集 ratings.json 中读取数据，保存在 ratings 变量中
with open('../data/ratings.json') as f:
    ratings = json.load(f)
print(ratings)
# 从 ratings 中获得用户列表 users
users = list(ratings.keys())
print(users)
```

运行结果如图 8-14 所示。

{'John Carson': {'Inception': 2.5, 'Pulp Fiction': 3.5, 'Anger Management': 3.0, 'Fracture': 3.5, 'Serendipity': 2.5,
 'Jerry Maguire': 3.0}, 'Michelle Peterson': {'Inception': 3.0, 'Pulp Fiction': 3.5, 'Anger Management': 1.5, 'Fracture':
 5.0, 'Jerry Maguire': 3.0, 'Serendipity': 3.5}, 'William Reynolds': {'Inception': 2.5, 'Pulp Fiction': 3.0, 'Fracture':
 3.5, 'Jerry Maguire': 4.0}, 'Jillian Hobart': {'Pulp Fiction': 3.5, 'Anger Management': 3.0, 'Jerry Maguire': 4.5,
 'Fracture': 4.0, 'Serendipity': 2.5}, 'Melissa Jones': {'Inception': 3.0, 'Pulp Fiction': 4.0, 'Anger Management': 2.0,
 'Fracture': 3.0, 'Jerry Maguire': 3.0, 'Serendipity': 2.0}, 'Alex Roberts': {'Inception': 3.0, 'Pulp Fiction': 4.0,
 'Jerry Maguire': 3.0, 'Fracture': 5.0, 'Serendipity': 3.5}, 'Michael Henry': {'Pulp Fiction': 4.5, 'Serendipity': 1.0,
 'Fracture': 4.0}}
['John Carson', 'Michelle Peterson', 'William Reynolds', 'Jillian Hobart', 'Melissa Jones', 'Alex Roberts', 'Michael
Henry']

图 8-14　json 数据

## 2. 将数据进行转换，并且使用相关度计算用户相似度

```
# 初始化欧氏距离矩阵 scmat
scmat = []
# 遍历 users，获取每行的用户
for user_row in users:
    # 初始化每行的欧氏距离分数列表
    scrow = []
    # 遍历 users，获取每列的用户
    for user_col in users:
        # 初始化用户看过相同电影的集合 movies
        movies = set()
        # 判定行用户和列用户看过的相同电影，并将其加入 movies 中
        for movie in ratings[user_row]:
            if movie in ratings[user_col]:
                movies.add(movie)
        # 如果 movies 中没有数据，说明两个用户没有共同看过的电影。此时，将分数置为 0
        if len(movies) == 0:
            score = 0
        # 反之计算欧氏距离分数 score
        else:
            x, y = [], []
            for movie in movies:
                x.append(ratings[user_row][movie])
                y.append(ratings[user_col][movie])
            x = np.array(x)
            y = np.array(y)
            score = np.corrcoef(x, y)[0, 1]
        # 将计算得到的分数加到 scrow 中
        scrow.append(score)
    # 将每行的欧氏距离分数列表追加到 scmat 中得到欧氏距离嵌套列表
    scmat.append(scrow)
# 将 users 转为 Numpy 数组
users = np.array(users)
# 将 scmat 转为 Numpy 数组
scmat = np.array(scmat)
# 将 users 转为 Numpy 数组
users = np.array(users)
# 将 scmat 转为 Numpy 数组
scmat = np.array(scmat)
```

```
# 初始化一个用户推荐的电影字典
recomm_user = {}
# 遍历 users 获取索引和用户
for i, user in enumerate(users):
    # 从矩阵中获取该行的分数，并按照从大到小的顺序进行排序，得到 sorted_indices
    sorted_indices = scmat[i].argsort()[::-1]
    # 筛选排好序的 sorted_indices，去除自身的分数
    sorted_indices = sorted_indices[sorted_indices != i]
    # 从 users 中通过索引获取相似的用户
    similar_users = users[sorted_indices]
    # 从分数矩阵中通过索引获取分数
    similar_scores = scmat[i][sorted_indices]
    # 获取正相关掩码 positive_mask
    positive_mask = similar_scores > 0
    # 通过正相关掩码筛选出相似用户
    similar_users = similar_users[positive_mask]
    # 通过正相关掩码筛选出相似分数
    similar_scores = similar_scores[positive_mask]
    # 初始化分数乘以相似度加权和，权重和的字典 score_sums(相似用户所打的分数乘以该相似用户和本用户
    # 的相似度), weight_sums
    score_sums, weight_sums = {}, {}
    # 联合遍历 similar_users, similar_pi_scores
    for similar_user, similar_score in zip(similar_users, similar_scores):
        # 从 ratings 中获取这个相似用户看过的电影 movie 和评分数据 score
        for movie, score in ratings[similar_user].items():
            # 如果相似用户看过的该部电影不在本用户所看的电影中，则计算相似用户所打的分数乘以相似度的
            # 加权和及权重和
            if movie not in ratings[user].keys():
                if movie not in score_sums.keys():
                    score_sums[movie] = 0
                score_sums[movie] += similar_score * score
                if movie not in weight_sums.keys():
                    weight_sums[movie] = 0
                weight_sums[movie] += similar_score
    # 计算 score_sums, weight_sums 后，初始化 movie_ranks 字典用于存放推荐列表
    movie_ranks = {}
    # 遍历 score_sums，获取电影及分数乘以相似度加权和
    for movie, score_sum in score_sums.items():
        # 计算该部电影的加权和/权重和，放入 movie_ranks 中
        movie_ranks[movie] = score_sum / weight_sums[movie]
    # 将得到的推荐字典的值进行降序排列得到排序索引 sort_indices，并得到推荐分数数组 recomm_score_sort
    recomm_scores = np.array(list(movie_ranks.values()))
    sorted_indices = recomm_scores.argsort()[::-1]
    recomm_scores_sort = recomm_scores[sorted_indices]
    # 从 movie_ranks 的 key 中获取电影并通过排序索引进行排序，得到推荐电影 recomms
    recomm_films = np.array(list(movie_ranks.keys()))[sorted_indices]
    # 将推荐电影 recomms 和推荐分数 recomm_score_sort 放入列表并存入 user_recomms 中
    recomm_user[user] = [recomm_films, recomm_scores_sort]
```

```
    # 打印当前用户及为该用户推荐的电影
print("用户：",user) # 用户
print("推荐的电影：",recomm_films)  # 用户推荐的电影
print("推荐的分值：",recomm_scores_sort) # 用户推荐的分值
```

运行结果为：

用户：John Carson

推荐的电影：[]

推荐的分值：[]

用户：Michelle Peterson

推荐的电影：[]

推荐的分值：[]

用户：William Reynolds

推荐的电影：['Anger Management' 'Serendipity']

推荐的分值：[2.80927601 2.6946367 ]

用户：Jillian Hobart

推荐的电影：['Inception']

推荐的分值：[2.68375627]

用户：Melissa Jones

推荐的电影：[]

推荐的分值：[]

用户：Alex Roberts

推荐的电影：['Anger Management']

推荐的分值：[2.150559]

用户：Michael Henry

推荐的电影：['Jerry Maguire' 'Inception' 'Anger Management']

推荐的分值：[3.34778953 2.83254992 2.5309807 ]

**3. 从终端得到需要推荐的用户的姓名 name，然后从 user_recomms 中获取该用户的推荐电影和推荐分数**

```
# 如果 name 不存在，给出提示
name = input("请输入用户名:")
if name not in recomm_user.keys():
    print("%s 不存在" % name)
    exit(1)
# 如果 recomm-user 的长度为 0，说明该用户没有电影可以推荐，给出提示
if len(recomm_user[name][0]) == 0:
    print("没有电影为%s 推荐" % name)
# 反之，对推荐电影进行可视化
else:
    mp.figure('recomm films')
    mp.title("recomm films for %s" % name, fontsize=16)
    mp.xlabel('films', fontsize=12)
    mp.ylabel('scores', fontsize=12)
    mp.bar(range(len(recomm_user[name][0])), recomm_user[name][1], color='dodgerblue')
    mp.xticks(range(len(recomm_user[name][0])), recomm_user[name][0])
    mp.show()
```

运行结果如图 8-15 所示。

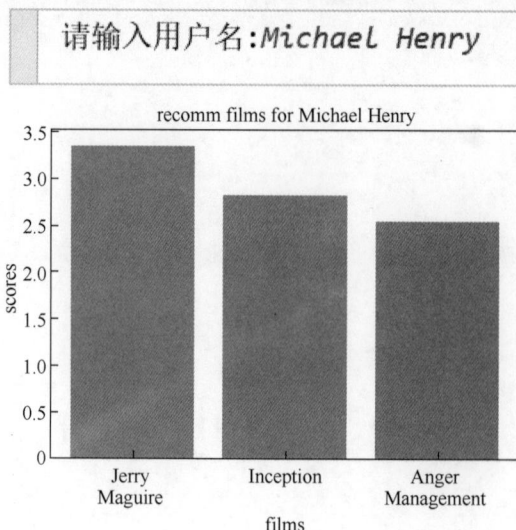

图 8-15　用户 Michael Henry 的推荐电影及推荐分数

### 8.4.4　结果分析

读取数据集之后，将得到所有的用户数据，根据用户所看的电影及打分情况，构建用户相似度矩阵，再根据相似用户评分及相似度权重，生成推荐清单并可视化显示。

# 本 章 小 结

通过本章的学习，读者可以初步掌握推荐系统中协同过滤推荐算法的思想及算法的实现方式，并且通过案例展现了协同过滤推荐算法在推荐系统中的应用方式，读者可以经常在生活中运用推荐系统的知识，从而极大地提高生产效率。

# 习　　题

**选择题**

1.（多选）在协同过滤推荐算法中常用的计算相似度的算法有（　　）。

A. 皮尔逊相关系数　　　　　B. 余弦相似度　　　　　C. 协方差　　　　　D. 欧氏距离

2.（多选）以下说法正确的有（　　）。

A. 对于稀疏数据集，基于项目的协同过滤推荐算法效果优于基于用户的协同过滤推荐算法

B. 对于密集数据集，基于用户的协同过滤推荐算法和基于项目的协同过滤推荐算法效果几乎相同

C. 基于用户的协同过滤推荐算法：适用于用户较少的场景

D. 基于项目的协同过滤推荐算法：用户有新行为，不一定造成推荐结果的立即变化